PLC 技术及应用

（第 2 版）

主　编　殷安全　杨帮明
副主编　田　方　李伟铭　罗　丽
参　编　甘洪敬　赵小梅　罗坤林
　　　　付少华　万成兵

重庆大学出版社

内容提要

本书是一门学习 PLC 理论知识及操作技能的教学用书。全书选取了工业控制中最典型的 13 个项目，围绕各个具体任务的完成组织教学。具体内容包括 PLC 基础知识、PLC 编程软件应用、典型工作任务 PLC 控制系统的安装与调试。教材编写融入了“做中学，学中做”的职教理念。本书内容通俗易懂，知识由浅入深，在部分程序段还加注了批注和说明。教学活动采用理实一体化教学，可在多媒体教室、PLC 实训室、PLC 仿真室等情境中进行。

本书适用于中职机电一体化专业学生使用，也可供工程技术人员和广大机电技术爱好者参考。

图书在版编目(CIP)数据

PLC 技术及应用 / 殷安全, 杨帮明主编. --2 版. --
重庆 : 重庆大学出版社, 2021.1(2022.7 重印)
国家中等职业教育改革发展示范学校教材
ISBN 978-7-5624-8153-9

Ⅰ.①P… Ⅱ.①殷…②杨… Ⅲ.①PLC 技术—中等专业学校—教材 Ⅳ.①TM571.61

中国版本图书馆 CIP 数据核字(2020)第 020041 号

PLC 技术及应用
(第 2 版)
主 编 殷安全 杨帮明
策划编辑:杨粮菊
责任编辑:李定群 高鸿宽 版式设计:杨粮菊
责任校对:关德强 责任印制:张 策
*
重庆大学出版社出版发行
出版人:饶帮华
社址:重庆市沙坪坝区大学城西路 21 号
邮编:401331
电话:(023) 88617190 88617185(中小学)
传真:(023) 88617186 88617166
网址:http://www.cqup.com.cn
邮箱:fxk@cqup.com.cn (营销中心)
全国新华书店经销
POD:重庆新生代彩印技术有限公司
*
开本:787mm×1092mm 1/16 印张:17.75 字数:443 千
2014 年 6 月第 1 版 2021 年 1 月第 2 版 2022 年 7 月第 10 次印刷
印数:2 516—3 015
ISBN 978-7-5624-8153-9 定价:48.00 元

序 言 Preface

加快发展现代职业教育，事关国家全局和民族未来。近年来，涪陵区乘着党和国家大力发展职业教育的春风，认真贯彻重庆市委、市政府《关于大力发展职业技术教育的决定》，按照“面向市场、量质并举、多元发展”的工作思路，推动职业教育随着经济增长方式转变而“动”，跟着产业结构调整升级而“走”，适应社会和市场需求而“变”，学生职业道德、知识技能不断增强，职教服务能力不断提升，着力构建适应发展、彰显特色、辐射周边的职业教育，实现由弱到强、由好到优的嬗变，迈出了建设重庆市职业教育区域中心的坚实步伐。

作为涪陵中职教育排头兵的涪陵区职业教育中心，在中共涪陵区委、区政府的高度重视和各级教育行政主管部门的大力支持下，以昂扬奋进的姿态，主动作为，砥砺奋进，全面推进国家中职教育改革发展示范学校建设，在人才培养模式改革、师资队伍建设、校企合作、工学结合机制建设、管理制度创新、信息化建设等方面大胆探索实践，着力促进知识传授与生产实践的紧密衔接，取得了显著成效，毕业生就业率保持在97%以上，参加重庆市、国家中职技能大赛屡创佳绩，成为全区中等职业学校改革创新、提高质量和办出特色的示范单位，成为区域产业建设、改善民生的重要力量。

为了构建体现专业特色的课程体系，打造精品课程和教材，涪陵区职业教育中心对创建国家中职教育改革发展示范学校的实践成果进行总结梳理，并在重庆大学出版社等单位的支持帮助下，将成果汇编成册，结集出版。此举既是学校创建成果的总结和展示，又是对该校教研教改成效和校园文化的提炼与传承。这些成果云水相关、相映生辉，在客观记录涪陵职教中心干部职工献身职教奋斗历程的同时，也必将成为涪陵区职业教育内涵发展的一个亮点。因此，无论是对该校还是对涪陵职业教育，都具有十分重要的意义。

党的十八大提出“加快发展现代职业教育”，赋予了职业教育改革发展新的目标和内涵。最近，国务院召开常务会，部署了加快发展现代职业教育的任务措施。今后，我们必须坚持以面向市场、面向就业、面向社会为目标，整合资源、优化结构，高端引领、多元办学，内涵发展、提升质量，努力构建开放灵活、发展协调、特色鲜明的现代职业教育，更好地适应地方经济社会发展对技能人才和高素质劳动者的迫切需要。

衷心希望涪陵区职业教育中心抓住国家中职示范学校建设契机，以提升质量为重点，以促进就业为导向，以服务发展为宗旨，努力创建库区领先、重庆一流、全国知名的中等职业学校。

是为序。

项显文

2014 年 2 月

前　言
（第2版）

职业教育发展至今，传统的“填鸭式”教学方法已不能适应现代的中职学校教学。为此，行动导向、任务引领、项目驱动等教学方法应运而生，并在一线中职老师的积极探索和实践中得到丰富和完善。

本教材的编写者长期工作在教学一线，教学经验非常丰富。教材体现了以能力为本位，以职业活动为导向，以任务为引领，以项目为驱动的特点。教材的内容编排上克服了传统学科所要求的以知识为先导的编写思路，从实际操作能力的培养入手，力求使学生在完成相关“工作任务”中实现“做学合一”的目标。

本书由重庆市涪陵区职业教育中心殷安全、杨帮明任主编；重庆市涪陵区职业教育中心田方、罗丽，重庆市三峡水利电力学校李伟铭任副主编；项目1和项目12由杨帮明编写，项目10和项目11由李伟铭编写，项目6和项目7由重庆市永川区职教中心甘洪敌编写，项目2和项目3由重庆市涪陵区职业教育中心罗坤林编写，项目8由重庆市永川区职业教育中心赵小梅编写，项目9由重庆市机械电子高级技工学校付少华编写，项目13由罗丽、付少华编写，项目4和项目5由重庆市武隆县职业教育中心万成兵编写。

本书在编写过程中，各位参编教师学校的领导给予了大力的支持和指导，并得到了李亚陵等几位教学同仁的大力帮助、支持，在此一并表示感谢。

由于编写者的经验和时间有限，教材中不足之处在所难免，敬请各位读者批评指正。

编　者

2019年2月

目 录

基 础 篇

项目1

初识可编程逻辑控制器及控制系统

●项目描述

可编程控制器(PLC)是一种数字运算操作的新型工业控制器件,专为在工业环境下应用而设计。它采用了可编程序的存储器,用来在其内部存储执行逻辑运算、顺序控制、定时、计数和算术运算等面向用户的指令,并通过数字式或模拟式输入及输出接口,控制各式各样的生产机械或生产过程。

●项目目标

知识目标:

●能列举 PLC 的产生过程、作用、结构及分类。

●能复述 PLC 的组成、硬件的结构、工作原理及工作方式。

●能列举 PLC 仿真软件的安装方法及步骤。

●能复述 PLC 仿真软件的基本使用要点。

技能目标:

●能识读电气控制原理图。

●能选用合适的 PLC 组成控制系统。

●能够正确连接 PLC 的输入、输出外部设备。

●能组建工作台警示灯控制系统。

●能用仿真软件制作简单的工作案例。

任务1.1　初识可编程逻辑控制器及其控制系统

【任务教学环节】

教学步骤	时间安排	教学方式
阅读教材	课余	自学、查资料、组内相互讨论
知识讲解	1课时	重点讲授PLC的结构、工作原理
实训操作	2课时	1. 认识三菱FX2N-48MR控制器 2. 三菱仿真软件的使用

【任务描述】

在现代工业生产现场，为防止意外事故发生，常需要在机电设备上设置各种标志，告诉人们设备处于何种状态，以引起人们的注意，保证设备和人身安全。警示灯就是一种可实时显示设备当前工作状况的一种装置。利用PLC为核心搭建好设备工作警示灯控制系统也就成为了各种控制设备中的一项重要工作任务。

【任务分析】

需要组建的警示灯控制系统的具体工作要求如下：

①设备通电，工作设备待机，红灯闪亮。

②按下启动按钮，设备运行，绿灯闪亮。

【任务相关知识】

知识1.1.1　基本概念

可编程逻辑控制器（Programmable Logic Controller，PLC）取代传统的继电-接触器控制系统，在自动化控制系统中已广泛应用，它是一种专用的计算机控制系统。

PLC的定义：可编程逻辑控制器是一种数字运算的操作系统，专为在工业环境下应用而设计。它采用可编程序的存储器，用来在其内部存储逻辑运算、顺序控制、定时、计数和算术运算等操作指令，并通过数字式或模拟式的输入输出，控制各种类型的机械或生产过程。可编程逻辑控制器及其有关外围设备，都应按易于与工业控制系统连成一个整体，易于扩充其功能的原则设计。

PLC具有通用性强、使用方便、适应面广、可靠性高、抗干扰能力强、编程简单等特点。可以预料，在工业控制领域中，PLC控制技术的应用必将形成世界潮流。

PLC程序既有生产厂家的系统程序，又有用户自己开发的应用程序，系统程序提供运行平台,同时,还为PLC程序可靠运行及信息与信息转换进行必要的公共处理。用户程序由用户按控制要求设计。

知识1.1.2 可编程逻辑控制器的一般结构

PLC主要由中央处理单元、存储器、输入/输出接口单元、电源、编程装置组成,如图1.1所示。各个部分说明见表1.1。

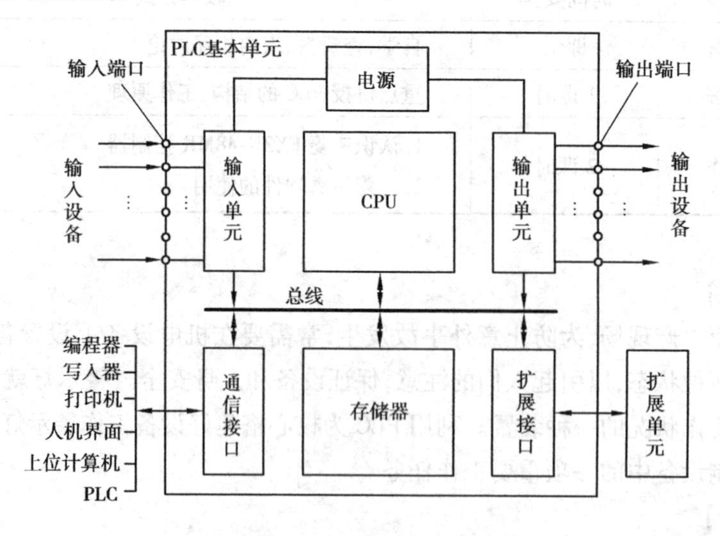

图1.1 PLC结构示意图

表1.1 可编程逻辑控制器的结构说明

结构		说明
中央处理单元(CPU)		相当于PLC的大脑,总是不断地采集输入信号,执行用户程序,刷新系统输出
存储器	系统程序存储器	系统程序存储器用来存放厂家系统程序,用户不能随意修改,它保证PLC具有基本功能,完成各项控制实训
	用户程序存储器	用户程序存储器用来存放用户编写的程序,其内容可由用户任意修改或增删
输入/输出接口单元		是PLC的眼、耳、手、脚,是PLC与外部现场设备连接的桥梁 输入接口单元用来接收和采集输入信号,可以是按钮、限位开关、接近开关、光电开关等开关量信号,也可以是电位器、测速发电机等提供的模拟量信号 输出接口单元可用来控制接触器、电磁阀、电磁铁、指示灯、报警装置等开关量器件,也可控制变频器等模拟量器件

续表

结 构	说 明
电源	PLC 的供电电源一般为 AC220 V 或 DC24 V。一些小型 PLC 还提供 DC24 V 电源输出,用于外部传感器的供电
编程装置	编程装置用来生成用户程序,并用它进行检查、修改,对 PLC 进行监控等。可使用编程软件在计算机上直接生成用户程序,再下载到 PLC 进行系统控制;也可采用手持编程器,但它只能输入和编辑指令表,又因其体积小、价格便宜,故常用于现场调试和维护

知识 1.1.3 可编程逻辑控制器的基本工作原理

PLC 采用周而复始的循环扫描工作原理,工作过程如图 1.2 所示,其大致有 3 个阶段。

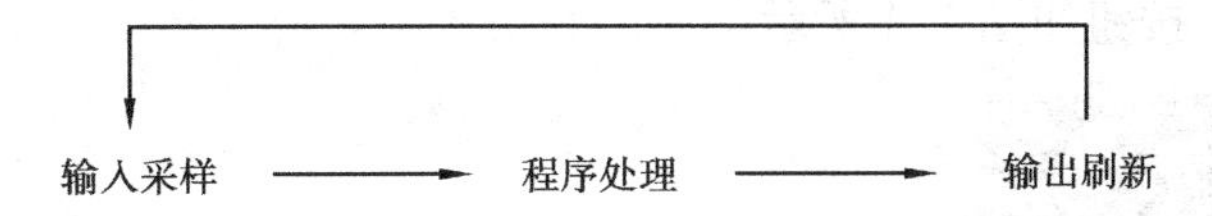

图 1.2 PLC 工作过程示意图

各阶段主要完成的工作见表 1.2。

表 1.2 PLC 工作过程描述

阶 段	工作过程描述
输入采样阶段	CPU 不断对输入接口进行扫描,采集输入端子的信号。在同一扫描周期,采集到的信号不会发生变化并一直保持
程序处理阶段	CPU 将用户程序执行结果一起送到输出接口电路,完成驱动处理,控制被控器件进行各种相应动作。然后 CPU 又返回执行下一个循环扫描周期
输出刷新阶段	CPU 将用户程序执行结果一起送到输出接口电路,完成驱动处理,控制被控器件进行各种相应动作。然后 CPU 又返回执行下一个循环扫描周期

知识 1.1.4 实训平台介绍

本书所有的工作任务都可以在 YL-235 实训平台上模拟操作,图 1.3 所示为其中的部分电气组件。

(1)电源模块

电源模块由三相电源总开关(带漏电和短路保护)、熔断器组成。单相电源插座用于模

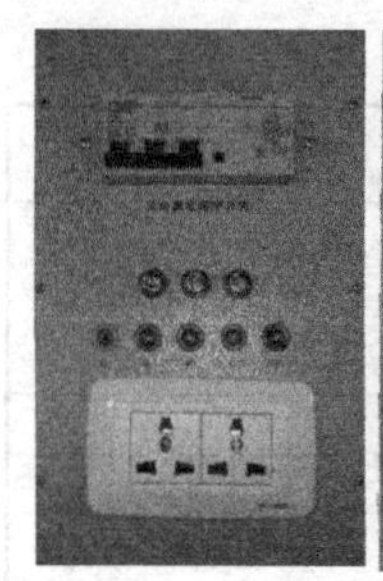
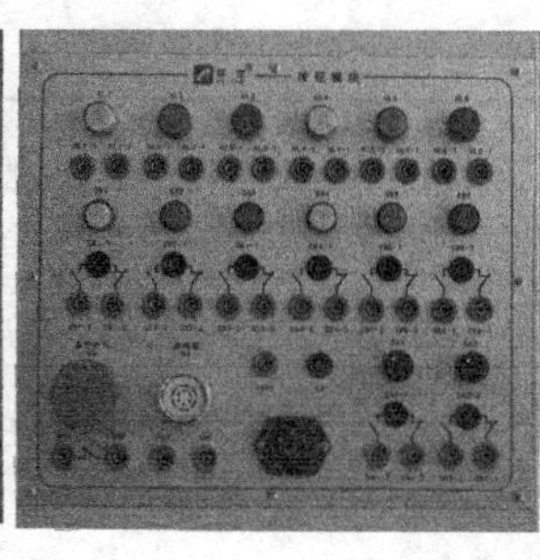
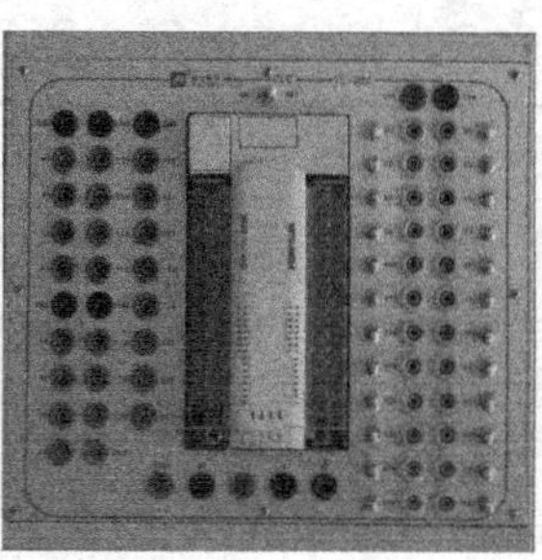
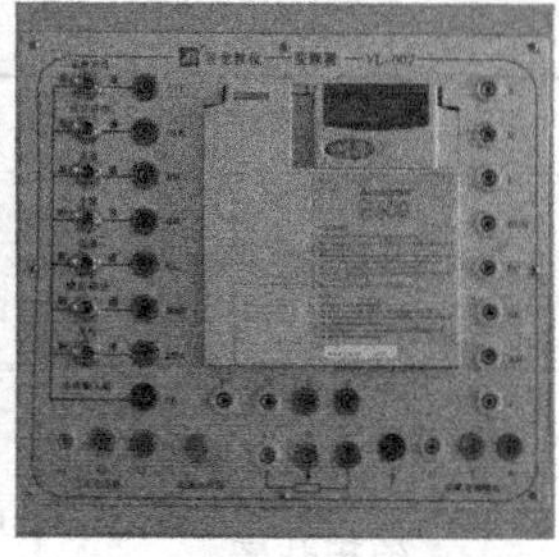

图1.3 实训平台电气组件图

块电源连接和给外部设备提供电源,模块之间电源连接采用安全导线方式连接。

(2)按钮模块

按钮模块提供了多种不同功能的按钮和指示灯(DC24 V)、急停按钮、转换开关、蜂鸣器。所有接口采用安全插连接。内置开关电源(24 V/6 A)为外部设备提供电源。

按钮是主令元件中的一种,其主要作用是发号施令,一般用红色按钮对设备进行停止控制,绿色按钮则用来启动设备。

本次任务用到的按钮如图1.4所示。

实物外形

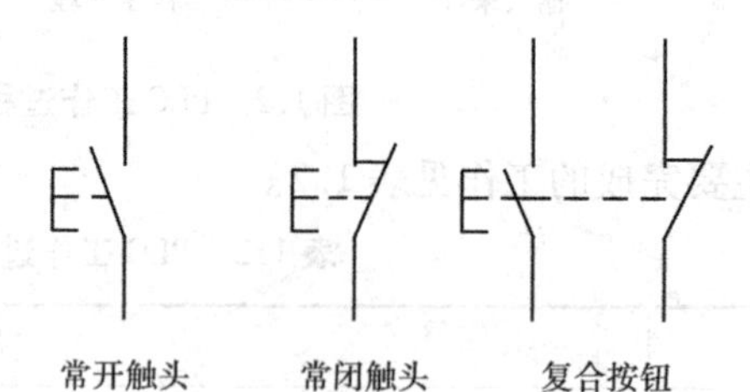

图1.4 控制按钮实物及原理符号图

(3)PLC模块

PLC模块采用三菱FX2N-48MR继电器输出,所有接口采用安全插连接。

(4)变频器模块

变频器模块采用三菱E540-0.75 kW控制传送带电机转动,所有接口采用安全插连接。

(5)警示灯

警示灯共有绿色和红色两种颜色。引出线5根,其中并在一起的两根粗线是电源线(红线接"+24",黑红双色线接"GND"),其余3根是信号控制线(棕色线为控制信号公共端,如果将控制信号线中的红色线和棕色线接通,则红灯闪烁,将控制信号线中的绿色线和棕色线接通,则绿灯闪烁)。外形及内部电路如图1.5所示。

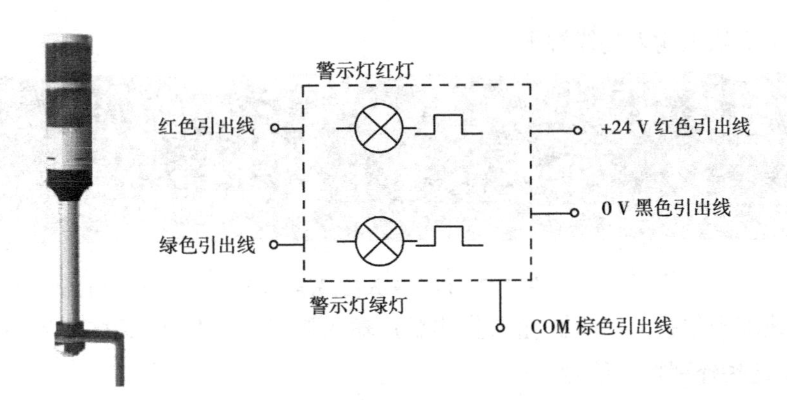

图1.5 警示灯外形及内部电路示意图

【做一做】

实训1.1.1 组建三菱FX2N-48MR可编程序控制器及实训台工作警示灯系统

(1)实训目的

①认识FX2N-48MR可编程序控制器。

②会组建实训台工作警示灯系统。

(2)实训器件

①个人计算机PC。

②三菱FX2N-48MR可编程序控制器。

③亚龙YL-235A按钮模块、电源模块。

④亚龙YL-235A警示灯组件。

⑤RS-232数据通信线。

⑥连接线若干。

(3)实训方法及步骤

1)认识FX2N-48MR型PLC

对应图1.6现场观察三菱FX2N-48MR型可编程逻辑控制器主机。

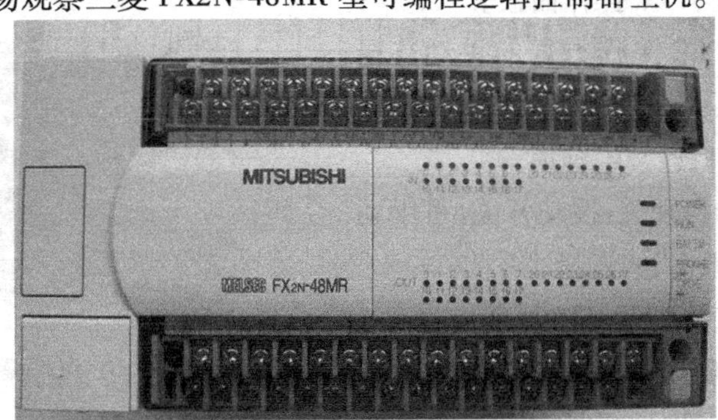

图1.6 可编程逻辑控制器主机图

对应图 1.7 认识输入接线端子。

图 1.7　PLC 输入接线端子图

输入接线端子包括 COM 端(输入公共端)、输入接线端(X000—X027)及 PLC 电源接线端,主要用于连接外部控制信号。

对应图 1.8 认识输出接线端子。

图 1.8　PLC 输出接线端子图

输出接线端子包括输出公共端(COM1—COM5)、输出接线端(Y000—Y027),其为分组式输出,用于连接被控设备。

对应图 1.9 认识 PLC 状态指示灯。

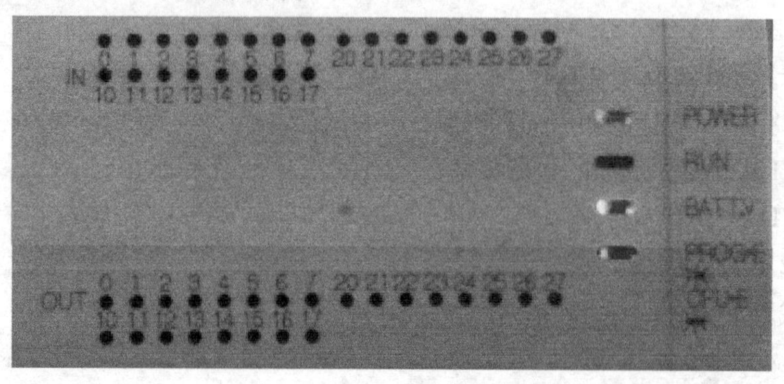

图 1.9　PLC 状态指示灯图

对应图 1.10 认识 PLC 操作面板。

操作面板包括 PLC 工作方式的手动选择开关、RS-422 通信接口。

RS-232 通信接口:连接电脑用。

PLC 工作方式选择开关:拨动开关,可手动对 PLC 进行“运行/停止”的选择。

图 1.10　PLC 操作面板图

2)组建实训台工作警示灯控制系统

按图 1.11 所示现场组建实训台工作警示灯控制系统。

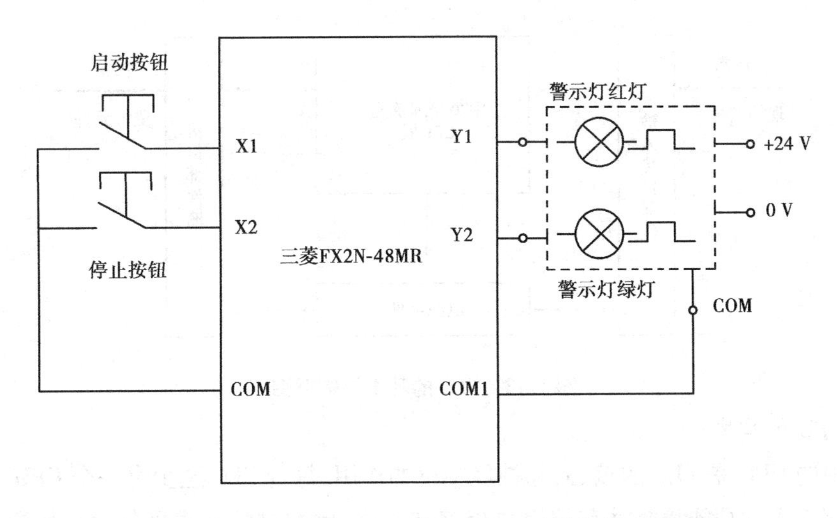

图 1.11　实训台工作警示灯控制系统接线图

3)编制实训台工作警示灯控制程序

按图 1.12 所示编制控制程序并传送到 PLC。

```
0  Y002
  ─┤/├──────────────────────────────( Y001 )
2  X001    X002
  ─┤ ├──┬──┤/├──────────────────────( Y002 )
   Y002 │
  ─┤ ├──┘
6 ──────────────────────────────────[ END ]
```

图 1.12　实训台工作警示灯控制程序图

4)通电校验控制系统

上电后设备警示灯红灯闪亮;按下启动按钮,警示灯绿灯闪亮,红灯熄灭。

(4)实训注意事项

①严格遵守安全用电操作规程。

②保护好现场设备和仪表。

【议一议】

PLC 的优点是什么?

【知识拓展】

拓展 1.1.1　PLC 的结构及基本配置

一般讲,PLC 分为箱体式和模块式两种。但它们的组成是相同的,对箱体式 PLC,有一块 CPU 板、I/O 板、显示面板、内存块、电源等,当然按 CPU 性能分成若干型号,并按 I/O 点数又有若干规格。对模块式 PLC,有 CPU 模块、I/O 模块、内存模块、电源模块、底板或机架。无论哪种结构类型的 PLC,都属于总线式开放型结构,其 I/O 能力可按用户需要进行扩展与组合。PLC 的基本结构框图如图 1.13 所示。

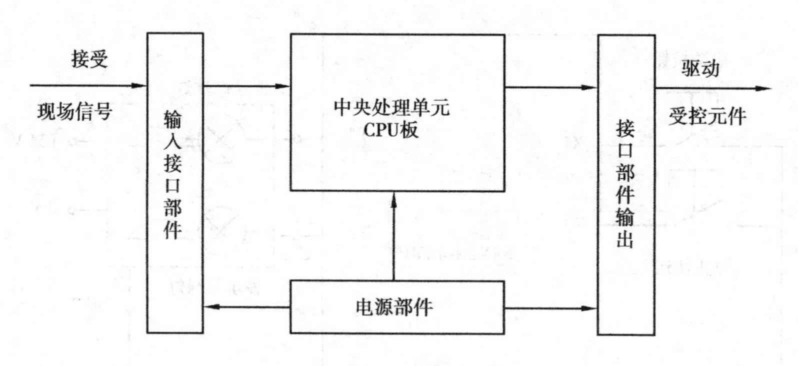

图 1.13　PLC 的基本结构框图

(1) CPU 的构成

PLC 中的 CPU 是 PLC 的核心,起神经中枢的作用,每台 PLC 至少有一个 CPU,它按 PLC 的系统程序赋予的功能接收并存储用户程序和数据,用扫描的方式采集由现场输入装置送来的状态或数据,并存入规定的寄存器中,同时,诊断电源和 PLC 内部电路的工作状态和编程过程中的语法错误等。进入运行后,从用户程序存储器中逐条读取指令,经分析后再按指令规定的任务产生相应的控制信号,去指挥有关的控制电路。

与通用计算机一样,CUP 主要由运算器、控制器、寄存器及实现它们之间联系的数据、控制及状态总线构成,还有外围芯片、总线接口及有关电路。它确定了进行控制的规模、工作速度、内存容量等。内存主要用于存储程序及数据,是 PLC 不可缺少的组成单元。

CPU 的控制器控制 CPU 工作,由它读取指令、解释指令及执行指令。但工作节奏由震荡信号控制。

CPU 的运算器用于进行数字或逻辑运算,在控制器指挥下工作。

CPU 的寄存器参与运算,并存储运算的中间结果,它也是在控制器指挥下工作。

CPU 虽然划分为以上几个部分,但 PLC 中的 CPU 芯片实际上就是微处理器,由于电路的高度集成,对 CPU 内部的详细分析已无必要,只要弄清它在 PLC 中的功能与性能,能正确地使用它就够了。

CPU 模块的外部表现就是它的工作状态的种种显示、种种接口及设定或控制开关。一般讲,CPU 模块总要有相应的状态指示灯,如电源显示、运行显示、故障显示等。箱体式 PLC 的主箱体也有这些显示。它的总线接口,用于接 I/O 模板或底板,有内存接口,用于安装内存,有外设口,用于接外部设备,有的还有通信口,用于进行通信。CPU 模块上还有许多设定开关,用以对 PLC 作设定,如设定起始工作方式、内存区等。

(2)I/O 模块

PLC 的对外功能,主要是通过各种 I/O 接口模块与外界联系的,按 I/O 点数确定模块规格及数量,I/O 模块可多可少,但其最大数受 CPU 所能管理的基本配置的能力,即受最大的底板或机架槽数限制。I/O 模块集成了 PLC 的 I/O 电路,其输入暂存器反映输入信号状态,输出点反映输出锁存器状态。

(3)电源模块

有些 PLC 中的电源,是与 CPU 模块合二为一的,有些是分开的,其主要用途是为 PLC 各模块的集成电路提供工作电源。同时,有的还为输入电路提供 24 V 的工作电源。电源以其输入类型有:交流电源,加的为交流 220 VAC 或 110 VAC;直流电源,加的为直流电压,常用的为 24 V。

(4)底板或机架

大多数模块式 PLC 使用底板或机架,其作用是:电气上,实现各模块间的联系,使 CPU 能访问底板上的所有模块;机械上,实现各模块间的连接,使各模块构成一个整体。

(5)PLC 的外部设备

外部设备是 PLC 系统不可分割的一部分,它有以下 4 大类:

①编程设备:有简易编程器和智能图形编程器,用于编程、对系统作一些设定、监控 PLC 及 PLC 所控制的系统的工作状况。编程器是 PLC 开发应用、监测运行、检查维护不可缺少的器件,但它不直接参与现场控制运行。

②监控设备:有数据监视器和图形监视器。直接监视数据或通过画面监视数据。

③存储设备:有存储卡、存储磁带、软磁盘或只读存储器,用于永久性地存储用户数据,使用户程序不丢失,如 EPROM,EEPROM 写入器等。

④输入输出设备:用于接收信号或输出信号,一般有条码读入器、输入模拟量的电位器、打印机等。

(6)PLC 的通信联网

PLC 具有通信联网的功能,它使 PLC 与 PLC 之间、PLC 与上位计算机以及其他智能设备之间能够交换信息,形成一个统一的整体,实现分散集中控制。现在几乎所有的 PLC 新产品都有通信联网功能,它与计算机一样具有 RS-232 接口,通过双绞线、同轴电缆或光缆,可以在几千米甚至几十千米的范围内交换信息。

当然,PLC 之间的通信网络是各厂家专用的,PLC 与计算机之间的通信,一些生产厂家采用工业标准总线,并向标准通信协议靠拢,这将使不同机型的 PLC 之间、PLC 与计算机之间可以方便地进行通信与联网。

了解了 PLC 的基本结构,在购买 PLC 时就有了一个基本的概念,也就能将 PLC 功能得到最佳发挥。

拓展 1.1.2　可编程控制器的扫描周期及工作过程

可编程控制器的工作过程包括两部分:自诊断及通信响应的固定过程和用户程序执行过程,如图 1.14 所示。PLC 在每次执行用户程序之前,都先执行故障自诊断程序、复位、监视、定时等内部固定程序,若自诊断正常,继续向下扫描,然后 PLC 检查是否有与编程器、计算机等的通信请求。如果有与计算机等的通信请求,则进行相应处理。当 PLC 处于停止(STOP)状态时,只循环进行前两个过程。而在 PLC 处于运行(RUN)状态时,PLC 从内部处

理、通信操作、输入扫描、执行用户程序、输出刷新5个工作阶段循环工作。每完成一次以上5个阶段所需要的时间，称为一个扫描周期。

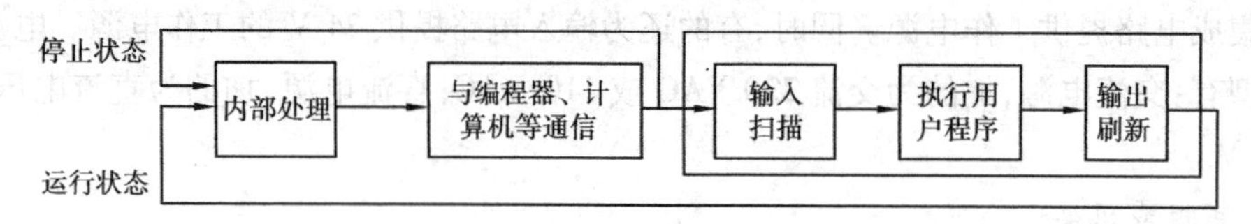

图1.14　PLC工作过程方框图

扫描周期是PLC的一个重要指标，小型PLC的扫描周期般为十几毫秒到几十毫秒。PLC的扫描周期长短取决于扫描速度和用户程序的长短。毫秒级的扫描时间对于一般工业设备通常是允许的，PLC对输入的短暂滞后也是允许的。但对某些I/O快速响应的设备，则应采取相应的处理措施。如选择高速CPU，提高扫描速度；选择快速响应模块、高速计数模块以及不同的中断处理等措施减少滞后时间。对于用户来说，要提高编程能力，尽可能优化程序；而在编写大型设备的控制程序时，尽量减少程序长度，选择分支或跳步程序等，都可以减少用户程序执行时间。

【评一评】

初识可编程逻辑控制器及控制系统任务评价表

学生姓名		日　期		自评	组评	师评
应知应会(80分)						
序号	评价要点					
1	能列举PLC的结构(20分)					
2	能描述PLC的工作过程(20分)					
3	能按照系统接线电路图正确接线(20分)					
4	能正确调试警示灯控制系统(20分)					
学生素养(20分)						
序号	评价要点	考核要求	评价标准			
1	德育(20分)	团队协作 自我约束能力	小组团结协作精神 考勤，操作认真仔细根据实际情况进行扣分			
整体评价						

任务 1.2　PLC 计算机仿真软件的使用

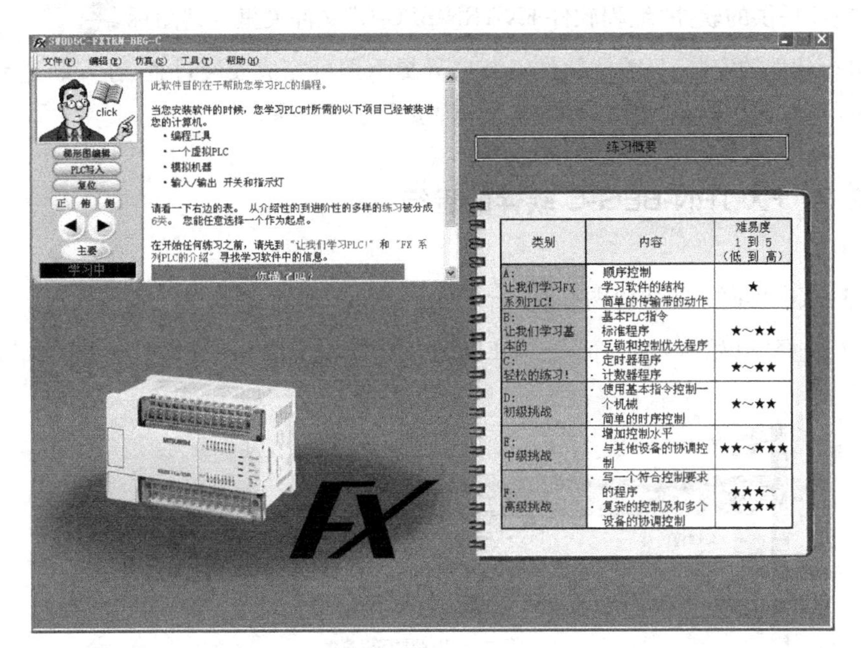

【任务教学环节】

教学步骤	时间安排	教学方式
阅读教材	课余	自学、查资料、组内相互讨论
知识讲解	1 课时	重点讲授 PLC 仿真软件的基本使用
实训操作	2 课时	现场操作三菱仿真软件

【任务描述】

学习 FX 系列 PLC 还可用"FX-TRN-BEG-C"仿真软件来进行。该软件既能够编制梯形图程序,也能够将梯形图程序转换成指令语句表程序,模拟写出到 PLC 主机,并模拟仿真 PLC 控制现场机械设备运行。

【任务分析】

本次工作任务如下:

①学会三菱 FX-TRN-BEG-C 仿真软件的安装及使用方法。

②能使用 FX-TRN-BEG-C 仿真软件制作各种典型工作任务。

通过学习,进一步加深对三菱 PLC 控制器的认识。学习使用"FX-TRN-BEG-C"仿真软件,首先须将显示器像素调整为 1 024×768,如果显示器像素较低,则无法运行该软件。

【任务相关知识】

知识 1.2.1　三菱 FX-TRN-BEG-C 仿真软件的安装

在供应商提供的软件“编程软件 FX-TRN-BEG-C”文件夹里找到图标 Setup 32-bit Setup Lau... InstallShield So... 并双击，即可进行软件的安装，只需按软件安装向导提示即可完成安装过程，在安装过程中软件安装的路径可以选择默认，也可以单击“浏览”按钮进行选择。

知识 1.2.2　FX-TRN-BEG-C 软件的运行

方法 1：双击桌面上的快捷图标 FX-TRN-BEG-C 快捷方式 1 KB。

方法 2：选择“开始”→“程序”→“MELSFT FX TRAINER”→“FX-TRN-BEG-C”即可，如图 1.15 所示。

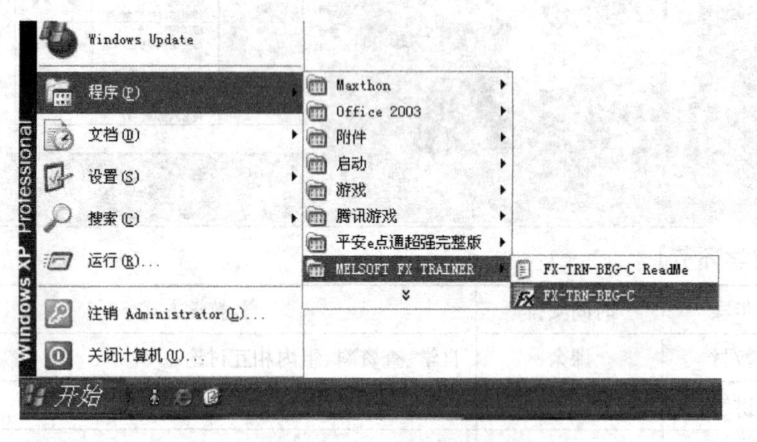

图 1.15　启动 FX-TRN-BEG-C 软件方法二

知识 1.2.3　仿真软件界面

启动“FX-TRN-BEG-C”仿真软件，进入仿真软件程序首页。软件的 A-1，A-2 两个章节，介绍 PLC 的基础知识，此处从略，请读者自行学习。从 A-3 开始，以后的章节可以进行编程和仿真培训练习，界面显示如图 1.16 所示。

编程仿真界面上侧为现场仿真区，下侧分为编程区、模拟 PLC 和控制室。

(1)现场仿真区

编程仿真界面的上半部分，左起依次为远程控制区、培训辅导提示和现场工艺仿真区。单击远程控制画面的教师图像，可关闭或打开培训辅导提示。

选择仿真区“编辑”菜单下的“I/O 清单”选项，显示该练习项目的现场工艺过程和工艺条件的 I/O 配置说明，需仔细阅读，正确运用。

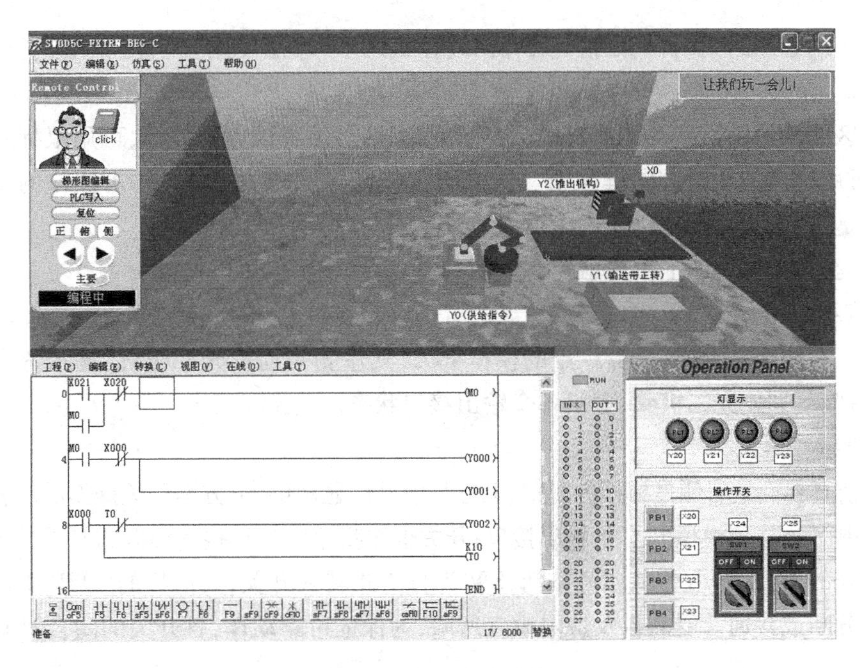

图 1.16　仿真编程界面

选择仿真区“工具”菜单下的“选项”,可选择仿真背景为“简易画面”,节省计算机系统资源;还可调整仿真设备运行速度。

远程控制画面的功能按钮,自上而下依次为:

“梯形图编辑”:将仿真状态转为编程状态,可以开始编程。

“PLC 写入”:将转换完成的用户程序,写入模拟的 PLC 主机。PLC 写入后,方可进行仿真操作,此时不可编程。

“复位”:将仿真运行的程序和仿真界面复位到初始状态。

“正俯侧”:选择现场工艺仿真画面的视图方向。

“<　>”:选择基础知识的上一画面和下一画面。

“主要”:返回程序首页。

“编程/运行”显示窗:显示编程界面当前状态。

仿真现场给出的 X,实际是该位置的传感器,连接到 PLC 的某个输入接口 X;给出的 Y 的位置,实际是该位置的执行部件被 PLC 的某个输出接口 Y 所驱动。本文也以 X 或 Y 的位置替代说明传感器或执行部件的位置。

仿真现场的机器人、推杆和分拣器的运行方式为点动工作,自动复位。

仿真现场的光电传感器开关,通光分断,遮光接通。

在某个仿真练习界面下,可根据该界面给定的工艺条件和工艺过程,编制 PLC 梯形图,写入模拟 PLC 主机,仿真驱动现场设备运行;也可不考虑给定的现场工艺过程,仅利用其工艺条件,编制其他梯形图,用灯光、响铃等显示运行结果。

(2)编程区

编程仿真界面的下半部分左侧为编程区,编程区上方有操作菜单,其中“工程”菜单,相当于其他应用程序的“文件”菜单。只有在编程状态下,才能使用“工程”菜单进行打开、保存等操作。

编程区两侧的垂直线是左右母线,之间为编程区。编程区中的光标,可用鼠标左键单击移动,也可用键盘的 4 个方向键移动。光标所在位置,是放置、删除元件等操作的位置。编程区下方是符号栏,可用鼠标单击等方法,取用各元件符号。

仿真运行时,梯形图上不论触点和线圈,蓝色显示表示该器件接通。

(3)模拟 PLC

编程区右侧为一台 48 个 I/O 点的模拟 PLC,其左侧一列发光二极管,显示各个输入接口状态;右侧一列发光二极管,显示各个输出接口状态。

(4)模拟控制室

编程仿真界面最右侧是模拟控制室,上方是信号灯显示屏,下方是开关操作屏。各指示灯已按照标识 Y 连接到模拟 PLC 的输出接口;开关也按照标识 X 连接到模拟 PLC 的输入接口。

操作屏的 PB 为自复位式常开按钮,SW 为自锁式转换开关,其面板的“OFF ON”系指其常开触点分断或接通。受软件反应灵敏度所限,为保证可靠动作,各开关的闭合时间应不小于 0.5 s。

知识 1.2.4 编程方式与符号栏

单击“梯形图编辑”进入编程状态,该软件只能利用梯形图编程,并通过单击界面左下角“转换程序”按钮或按“F4”键,将梯形图转换成语句表,以便写入模拟 PLC 主机。但是该软件不能用语句表编程,也不能显示语句表。

在编程区的左右母线之间编制梯形图,编程区下方显示可用鼠标左键单击或者热键调用的元件符号栏,如图 1.17 所示。

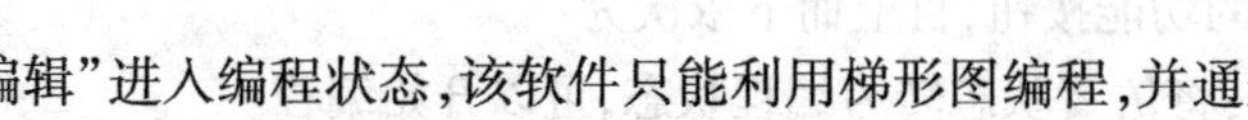

图 1.17 元件符号栏及编程热键图

常用元件符号的意义说明如下:

:将梯形图转换成语句表(F4 为其热键)。

:放置常开触点。

:并联常开触点。

:放置常闭触点。

:并联常闭触点。

:放置线圈。

:放置指令。

:放置水平线段。

:放置垂直线段于光标的左下角。

:删除水平线段。

:删除光标左下角的垂直线段。

:放置上升沿有效触点。

:放置下降沿有效触点。

元件符号下方的 F5—F9 等字母数字,分别对应键盘上方的编程热键,其中大写字母前的小写 s 表示“Shift +”;c 表示“Ctrl +”;a 表示“Alt +”。

知识 1.2.5　元件放置与梯形图编辑

(1)元件和指令放置方法

梯形图编程采用鼠标法、热键法和指令法均可调用、放置元件 。

①鼠标法。移动光标到预定位置,鼠标左键单击编程界面下方的某个触点、线圈或指令等符号,弹出元件对话框,如图 1.18 所示。输入元件标号、参数或指令,即可在光标所在位置放置元件或指令。

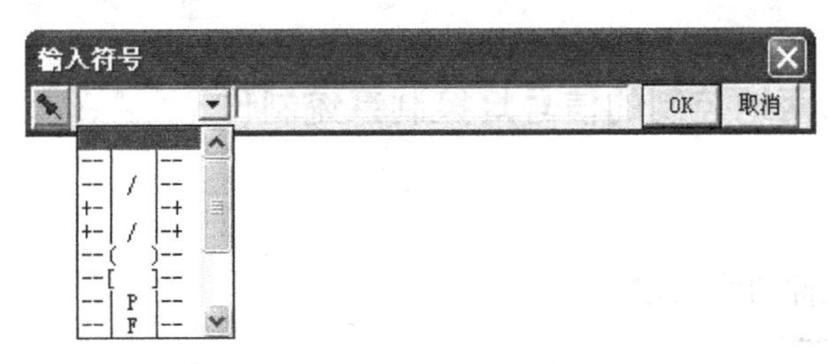

图 1.18　元件对话框图

②热键法。单击某个编程热键,也会弹出元件对话框,其他同上。

③指令法。如果对编程指令助记符及其含义比较熟悉,利用键盘直接输入指令和参数,可快速放置元件和指令。编程常用指令,参见“PLC 编程常用指令”。例如,输入“LD　X1”,将在左母线加载一个 X1 常开触点;输入“ANDF　X2”,将串联一个下降沿有效触点 X2;输入“OUT　T1　K100”,将一个 10 s 计时器的线圈连接到右母线。

线段只能使用鼠标法或者热键法放置,而且竖线段将放置在光标的左下角。

步进接点只能使用指令法放置。

(2)梯形图编辑

①删除元件。按“Del”键,删除光标处元件;按“←”键,删除光标前面的元件。线段只能使用鼠标法或者热键法删除,而且应使要删除的竖线在光标左下角。

②修改元件。鼠标左键双击某元件,弹出元件对话框。选择元件、输入元件标号,可对该元件进行修改编辑。

③右键菜单。单击鼠标右键,弹出右键菜单如图 1.19 所示,可对光标处进行撤销、剪切、复制、粘贴、行插入、行删除等操作。

撤消(U)	Ctrl+Z
剪切(T)	Ctrl+X
复制(C)	Ctrl+C
粘贴(P)	Ctrl+V
行插入(N)	Shift+Ins
行删除(E)	Shift+Del
自由连线输入(L)	F10
自由连线删除(R)	Alt+F9
转换(N)	F4

图 1.19　右键菜单图

知识 1.2.6　程序转换、保存与写入

(1)程序转换

鼠标左键单击“转换程序”按钮,进行程序转换。此时,如果编程区某部分显示为黄色,表示这部分编程有误,请查找原因予以解决。

(2)保存程序

左键单击“工程/保存”按钮,选择存盘路径和文件名存盘。

(3)程序调用

左键单击“工程/打开工程”按钮,选择路径和文件名,调入原有程序。

(4)程序写入

左键单击“PLC 写入”按钮,将程序写入模拟 PLC 主机,即可进行仿真试运行,并根据运行结果调试修改程序。

【做一做】

实训 1.2.1　甲乙两地控制的信号灯控制系统制作

(1)实训目的

学会三菱仿真软件的使用方法。

(2)实训器件

①个人计算机 PC。

②三菱 FX-TRN-BEG-C 仿真软件。

(3)实训方法及步骤

①预习仿真软件的安装及使用方法。

②打开三菱仿真软件,选择 B-1 项目。

③在 B-1 项目中录入如图 1.20 所示程序。

0 X020 X022 X023 (Y020)
X021
Y020
5 END

图 1.20　信号灯控制程序图

④在仿真软件中模拟运行,观察程序运行结果。

(4)实训注意事项

①严格遵守安全用电操作规程。

②保护好现场设备和仪表。

【议一议】

FX-TRN-BEG-C 仿真软件对学习 PLC 知识有什么帮助?

【知识拓展】

梯形图编程的基本概念

PLC 是专为工业控制而开发的装置,其主要使用者是工厂广大电气技术人员,为了适应他们的传统习惯和掌握能力,通常 PLC 不采用微机的编程语言,而常常采用面向控制过程、面向问题的“自然语言”编程。国际电工委员会(IEC)1994 年 5 月公布的 IEC1131-3(可编程控制器语言标准)详细地说明了句法、语义和下述 5 种编程语言:功能表图(sequential function chart)、梯形图(Ladder diagram)、功能块图(Function black diagram)、指令表(Instruction list)、结构文本(structured text)。梯形图和功能块图为图形语言,指令表和结构文本为文字语言,功能表图是一种结构块控制流程图。

梯形图是使用得最多的图形编程语言,被称为 PLC 的第一编程语言。梯形图与电器控制系统的电路图很相似,具有直观易懂的优点,很容易被工厂电气人员掌握,特别适用于开关量逻辑控制。梯形图常被称为电路或程序,梯形图的设计称为编程。

梯形图编程中,用到以下 4 个基本概念:

(1)软继电器

PLC 梯形图中的某些编程元件沿用了继电器这一名称,如输入继电器、输出继电器、内部辅助继电器等,但是它们不是真实的物理继电器,而是一些存储单元(软继电器),每一个软继电器与 PLC 存储器中映像寄存器的一个存储单元相对应。该存储单元如果为“1”状态,则表示梯形图中对应软继电器的线圈“通电”,其常开触点接通,常闭触点断开,称这种状态是该软继电器的“1”或“ON”状态。如果该存储单元为“0”状态,对应软继电器的线圈和触点的状态与上述的相反,称该软继电器为“0”或“OFF”状态。使用中也常将这些“软继电器”称为编程元件。

(2)能流

如图 1.21 所示触点 1,2 接通时,有一个假想的“概念电流”或“能流(Power Flow)”从左向右流动,这一方向与执行用户程序时的逻辑运算的顺序是一致的。能流只能从左向右流动。利用能流这一概念,可以帮助人们更好地理解和分析梯形图。如图 1.21(a)所示可能有两个方向的能流流过触点 5(经过触点 1,5,4 或经过触点 3,5,2),这不符合能流只能从左向右流动的原则,因此应改为如图 1.21(b)所示的梯形图。

(3)母线

梯形图两侧的垂直公共线称为母线(Bus bar)。在分析梯形图的逻辑关系时,为了借用继电器电路图的分析方法,可以想象左右两侧母线(左母线和右母线)之间有一个左正右负的直流电源电压,母线之间有“能流”从左向右流动。右母线可以不画出。

(4)梯形图的逻辑运算

根据梯形图中各触点的状态和逻辑关系,求出与图中各线圈对应的编程元件的状态,称

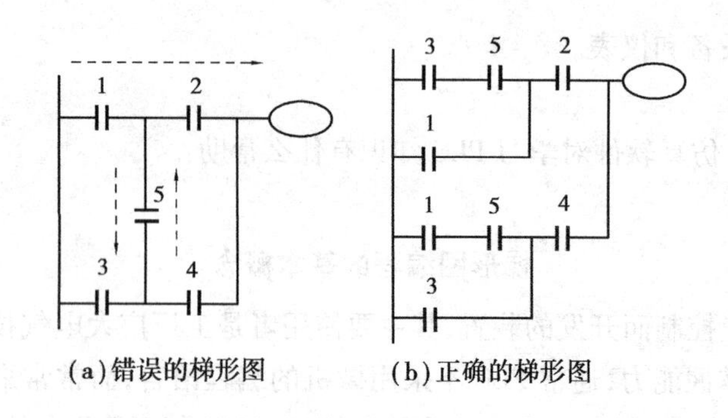

(a)错误的梯形图　(b)正确的梯形图

图 1.21　梯形图

为梯形图的逻辑解算。梯形图中逻辑解算是按从左至右、从上到下的顺序进行的。解算的结果立即可以被后面的逻辑解算所利用。逻辑解算是根据输入映像寄存器中的值,而不是根据解算瞬时外部输入触点的状态来进行的。

【评一评】

PLC 计算机仿真软件的使用任务评价表

学生姓名		日　期		自评	组评	师评
应知应会(80 分)						
序号	评价要点					
1	会正确安装 PLC 仿真软件(20 分)					
2	能正确使用 PLC 仿真软件(20 分)					
3	能用仿真软件编写简单的程序(20 分)					
4	通电校验程序运行结果是否正常(20 分)					
学生素养(20 分)						
序号	评价要点	考核要求	评价标准			
1	德育(20 分)	团队协作 自我约束能力	小组团结协作精神 考勤,操作认真仔细根据实际情况进行扣分			
整体评价						

项目2

初识可编程逻辑控制器的编程软件

●项目描述

由于市面上生产PLC的厂家主要有松下、NEZA、三菱等，因此使用的编程软件也有所不同。本书主要介绍的编程语言是三菱FX2N系列的编程软件SWOPC-FXGP/WIN-C及GX-Developer。本项目的目标是帮助学生掌握PLC的编程软件的主要功能以及使用方法。

●项目目标

知识目标：

- 能概述编程软件的安装、启动与通信。
- 能复述编程软件的基本使用方法。

技能目标：

- 能正确安装并运用三菱SWOPC-FX/WIN-C编程软件。
- 能正确安装并运用三菱PLC GX-Developer编程软件。
- 能使用编程软件进行程序的编写、修改、保存、下载、运行与监控等。

任务 2.1　初识三菱 SWOPC-FX/WIN-C 编程软件

【任务教学环节】

教学步骤	时间安排	教学方式
阅读教材	课余	自学、查资料、组内相互讨论
知识讲解	2 课时	重点讲授 PLC 编程软件的基本知识
实训操作	4 课时	1. SWOPC-FX/WIN-C 编程软件的安装、启动 2. SWOPC-FX/WIN-C 编程软件新文件的建立与保存

【任务描述】

三菱公司是日本生产 PLC 的主要厂家之一，FX2N 系列 PLC 是三菱公司于 20 世纪 90 年代在 FX 系列 PLC 的基础上推出的新产品。而三菱 SWOPC-FX/WIN-C 软件是三菱公司专门针对 FX 系列 PLC 提供的专用编程软件。它集编程与调试功能于一体，具有软件占据容量小(只有 2 MB 多)，编程界面友好，操作简单，显示直观等优点，不安装也可使用。它是 PLC 编程常用的一种开发工具。下面介绍 SWOPC-FX/WIN-C 软件的使用方法。

【任务分析】

本任务要求：认识 PLC 的编程软件 SWOPC-FX/WIN-C，并学会安装、启动。

【任务相关知识】

知识 2.1.1　SWOPC-FX/WIN-C 软件的安装

在供应商提供的软件"编程软件 FX/WIN-C"文件夹里找到图标并双击，即可进行软件的安装，只需按软件安装向导提示即可完成安装过程。在安装过程中，软件安装的路径可以选择默认，也可以单击"浏览"按钮进行选择。

知识 2.1.2　SWOPC-FX/WIN-C 软件的基本使用

打开 SWOPC-FX/WIN-C 软件的方法有以下两种；

方法一：双击桌面上的快捷图标。

方法二：选择"开始"→"所有程序\MELSEC-F FX Applications"→"FXGP_WIN-C"即可，如图 2.1 所示。

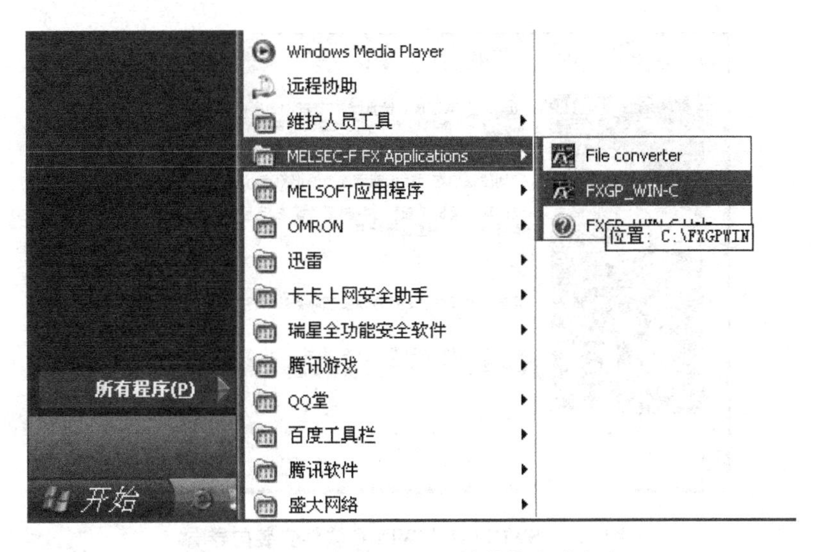

图2.1　SWOPC-FX/WIN-C 软件的启动方法二

【做一做】

实训2.1.1　安装 SWOPC-FX/WIN-C 软件

(1)实训目的

安装 SWOPC-FX/WIN-C 软件。

(2)实训器件

个人计算机 PC。

(3)实训方法与步骤

①在供应商提供的软件"编程软件 FX/WIN-C"文件夹里,找到图标 SETUP32 Setup La InstallS 并双击。双击后弹出一个"设置"界面提示框,如图2.2所示。

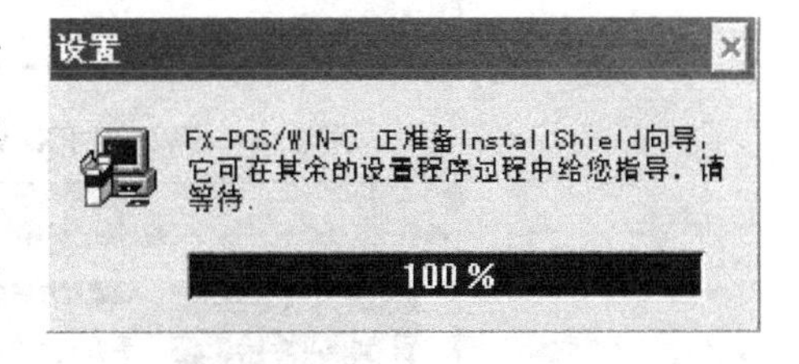

图2.2　SWOPC-FX/WIN-C 软件准备提示框

②准备完成后自动弹出"欢迎"界面,如图2.3所示。

③在图2.3的安装向导中单击"下一个"按钮,会弹出如图2.4所示的"用户信息"界面,并单击"下一个"按钮。

④在图2.4中单击"下一个"按钮,会弹出如图2.5所示的"选择目标位置"界面,可以单击"浏览"按钮来自己指定安装路径,也可以按照默认路径,然后单击"下一个"按钮。

⑤在图2.5中单击"下一个"按钮,会弹出如图2.6所示的"选择程序文件夹"界面,并单击"下一个"按钮。

⑥在图2.6中单击"下一个"按钮,会弹出如图2.7所示的"开始复制文件"界面,并单击"下一个"按钮,安装完成。

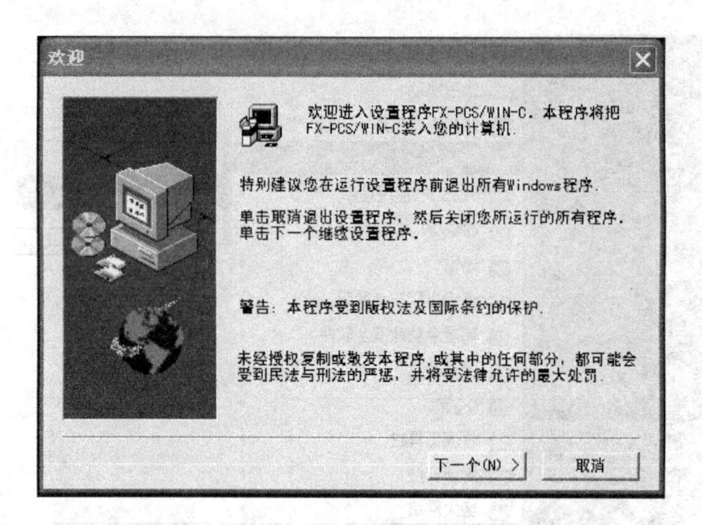

图 2.3　SWOPC-FX/WIN-C 软件安装向导

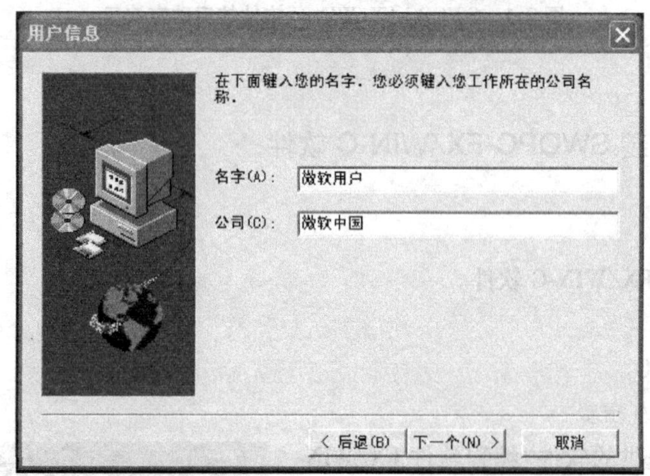

图 2.4　SWOPC-FX/WIN-C 软件"用户信息"界面

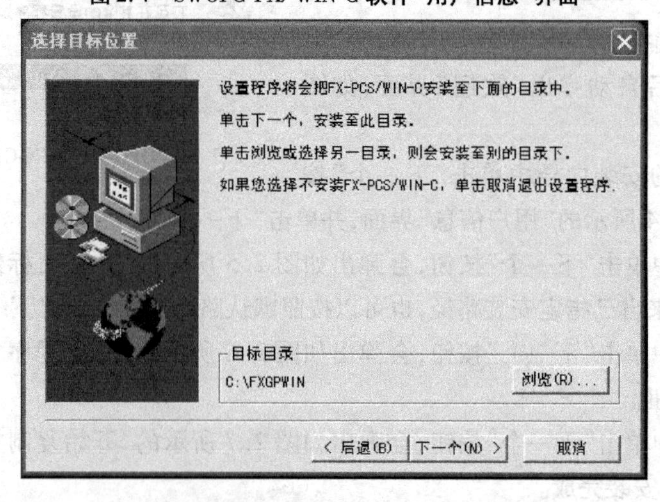

图 2.5　SWOPC-FX/WIN-C 软件安装路径界面

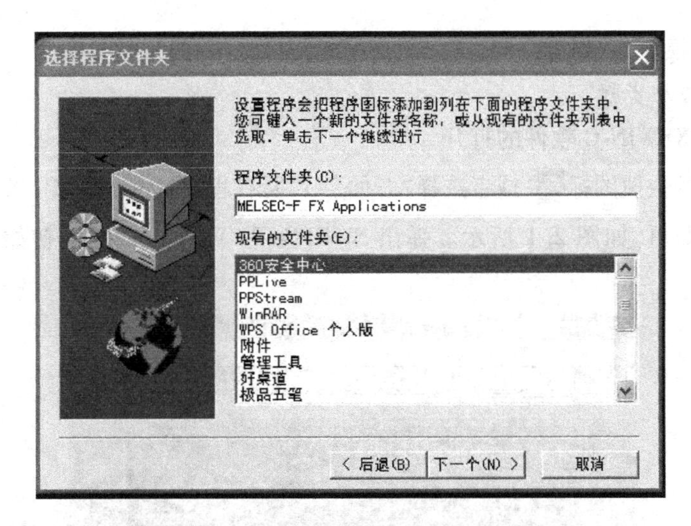

图2.6　SWOPC-FX/WIN-C软件选择“程序文件夹选择”界面

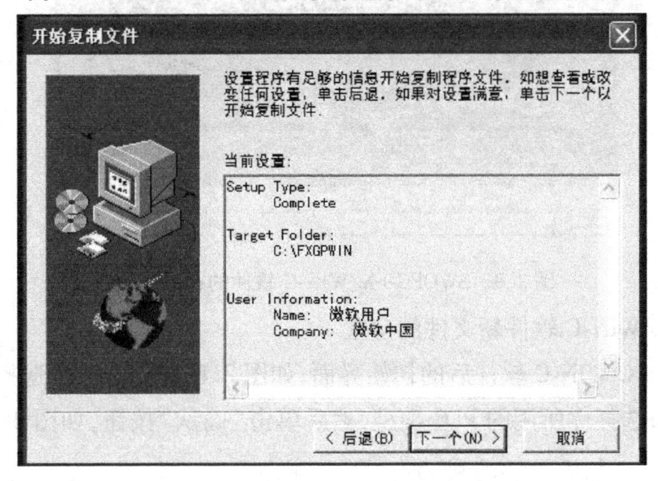

图2.7　SWOPC-FX/WIN-C软件“开始复制文件”界面

(4)实训注意事项

①严格遵守安全用电操作规程。

②保护好现场设备和仪表。

实训2.1.2　SWOPC-FX/WIN-C软件的基本使用

(1)实训目的

①打开SWOPC-FX/WIN-C软件。

②建立新文件并保存、录入、打开。

③传送程序至PLC。

(2)实训器件

①个人计算机PC。

②三菱 PLC 模块、数据线。

(3)实训方法及步骤

1)SWOPC-FX/WIN-C 软件的打开

双击桌面上的快捷图标，或者选择“开始”→“所有程序\MELSEC-F FX Applications”→“FXGP_WIN-C”即可，如图 2.1 所示。弹出 SWOPC-FX/WIN-C 软件的初始界面，如图 2.8 所示。

图 2.8　SWOPC-FX/WIN-C 软件的初始界面

2)SWOPC-FX/WIN-C 软件新文件的建立

打开 SWOPC-FX/WIN-C 软件后的初始界面，如图 2.8 所示。然后选择“文件”→“新文件”。在对话框中，选择你所用的 PLC 类型，然后单击“确认”按钮，如图 2.9、图 2.10 所示。新文件建立完毕。

3)SWOPC-FX/WIN-C 软件程序的编辑

程序编辑区右边的工具栏的作用如图 2.11 所示。

图形工具栏录入法：从右边的工具栏中单击所需要的触点，然后在弹出的对话框中“输入元件”的编号并确定，如图 2.12、图 2.13 所示。

以“电动机正反转”控制程序为例，选择相应的工具按钮进行，出现如图 2.14 所示的程序。

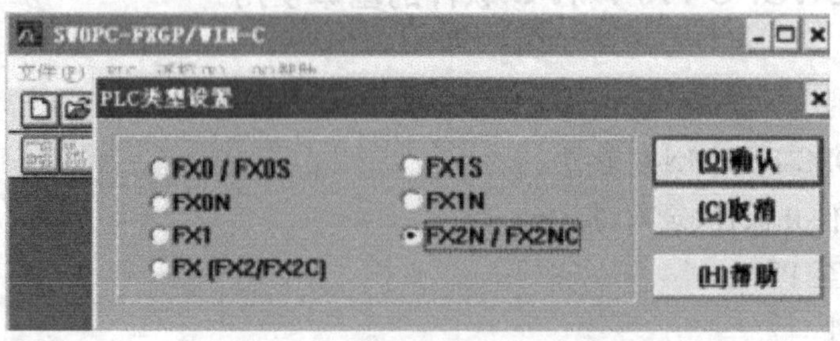

图 2.9　SWOPC-FX/WIN-C 软件选择 PLC 类型界面

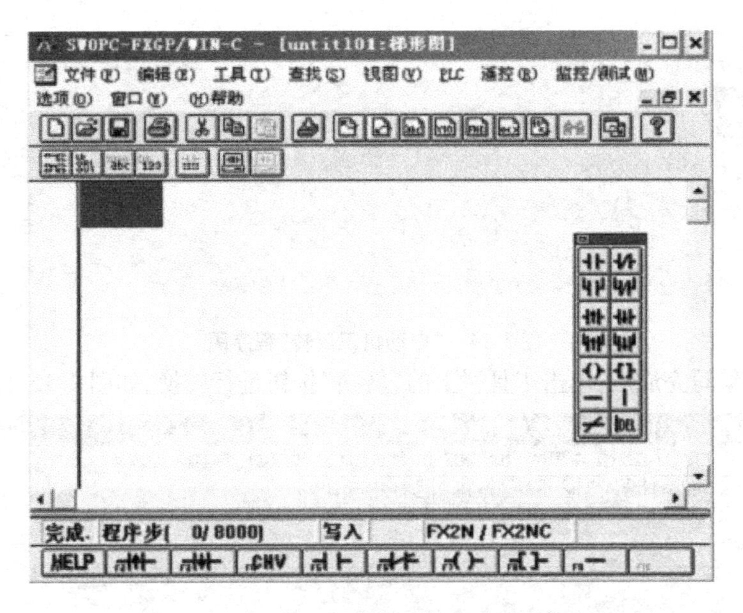

图2.10 SWOPC-FX/WIN-C 软件的新文件界面

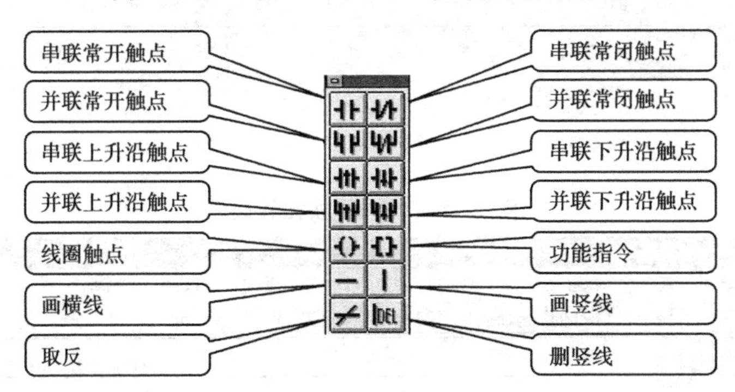

图2.11 工具栏的作用

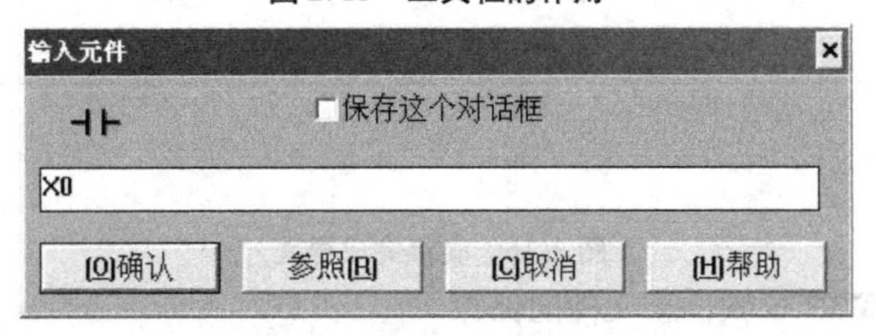

图2.12 软元件编号输入框

图2.13 程序编辑界面

图 2.14 “电动机正反转”程序图

程序编写完成后,单击工具栏上的“转换”按钮进行转换,如图 2.15、图 2.16 所示。

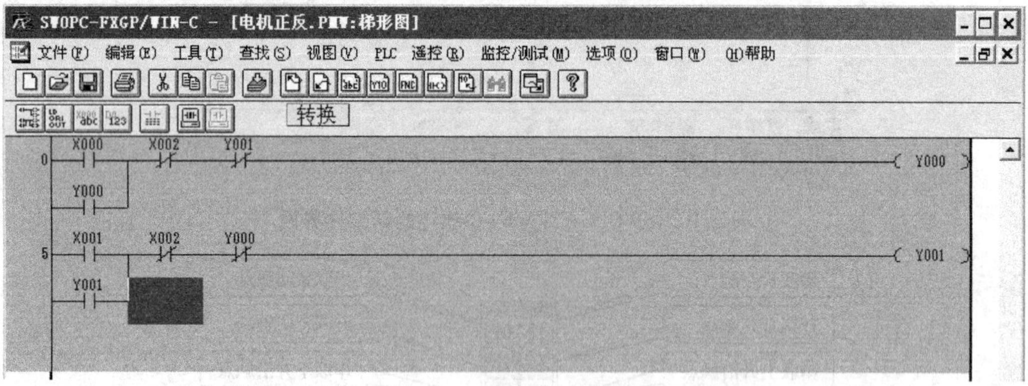

图 2.15 “转换”按钮界面

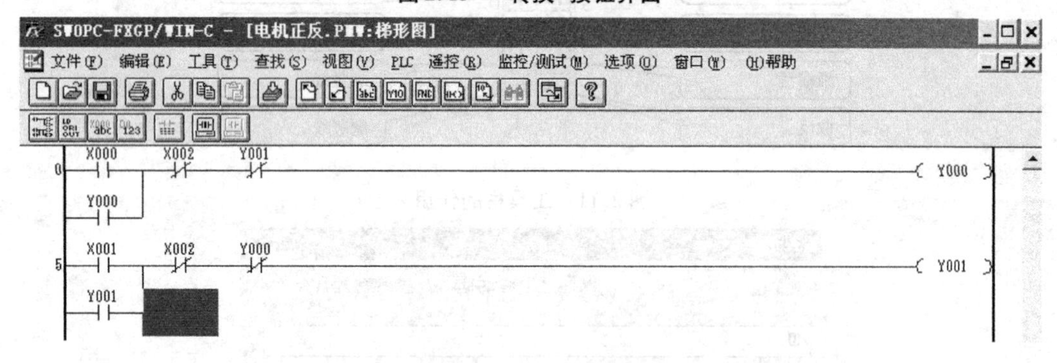

图 2.16 转换完成界面

4)SWOPC-FX/WIN-C 软件新文件的保存

选择新文件界面的“文件”选项界面,如图 2.17 所示。选择“保存”选项,会弹出如图 2.18所示的新文件保存界面。

如图 2.18 所示,在“文件名”中可以更改文件名称;在“文件夹”中选择保存路径;选择完毕后,单击“确定”按钮,弹出如图 2.19 所示的文件题头名选择界面。

如图 2.19 所示,可以在“文件题头名”中选择文件的题头名,然后单击“确定”按钮,新文件保存完毕。保存后,可以在相应的新文件保存到文件夹界面见到如图 2.20 所示的文件。

5)SWOPC-FX/WIN-C 软件新文件的打开

以电动机正反转为例子,如图 2.21 所示。首先打开 SWOPC-FX/WIN-C 软件,选择“文

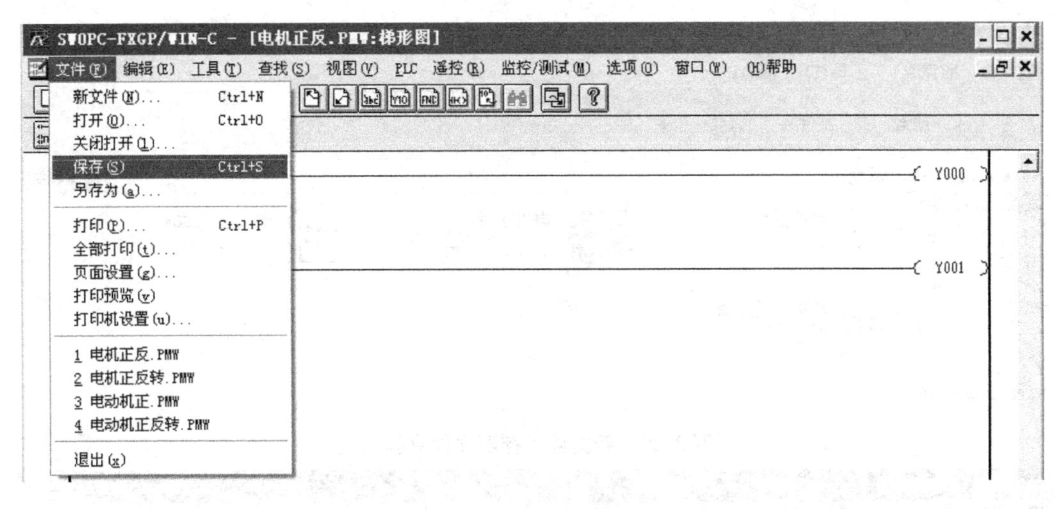

图2.17 “文件”选项界面

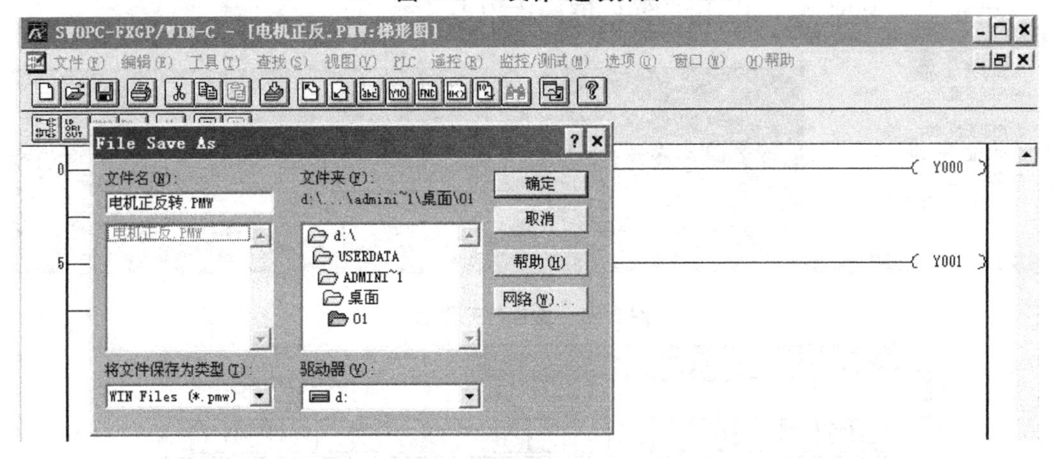

图2.18 新文件保存界面

图2.19 文件题头名选择界面

件”选项，选择“打开”选项，弹出如图2.22所示的选择文件路径界面，选择打开文件的路径。单击“确定”按钮，文件打开后如图2.23所示。

6）SWOPC-FX/WIN-C软件程序的写入

以“电动机正反转”为例，将程序写入PLC模块中。

第一步：将PLC停止运行。

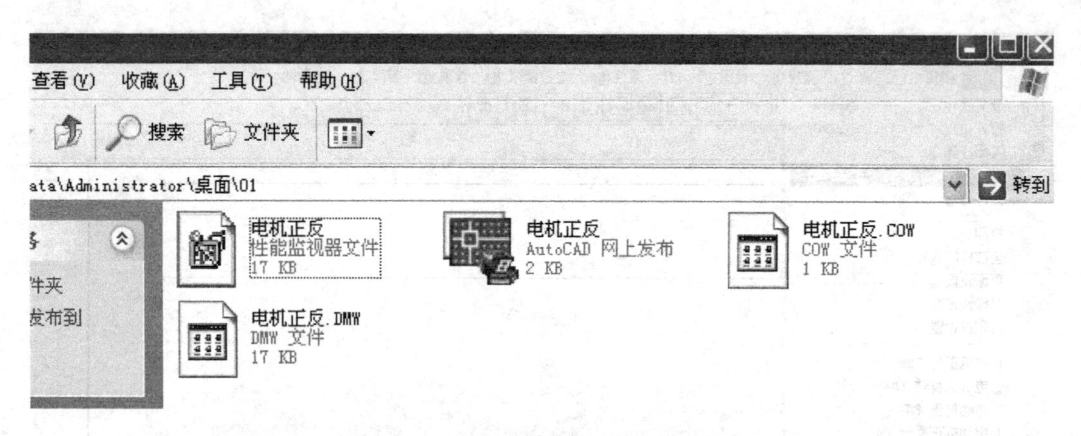

图2.20　新文件保存到文件夹界面

图2.21　文件打开界面

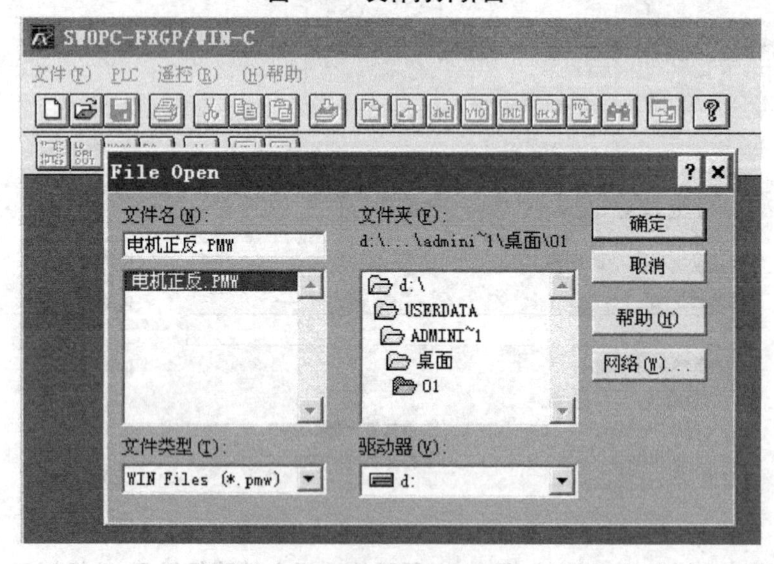

图2.22　选择文件路径界面

首先选择工具栏中“PLC”→“遥控运行与停止”选项。在弹出的提示框中，选择“中止”选项，并单击“确认”按钮。如图2.24、图2.25所示。

第二步：PLC内部存储器清空。

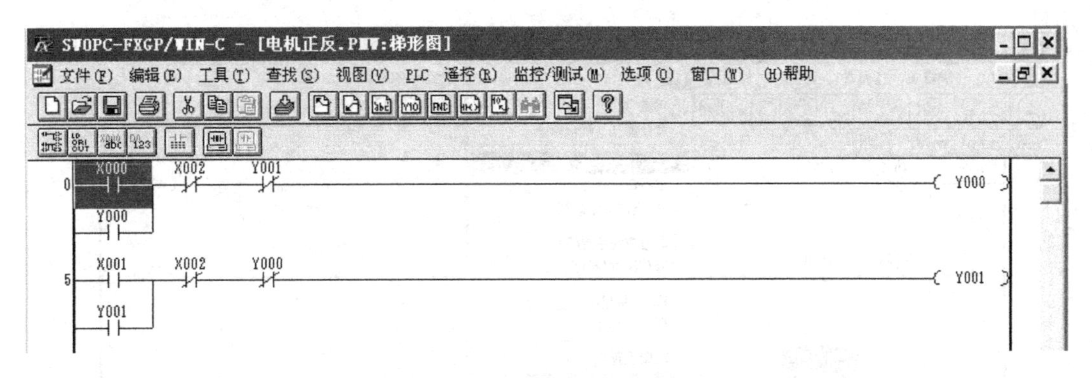

图 2.23　电动机正反转程序图

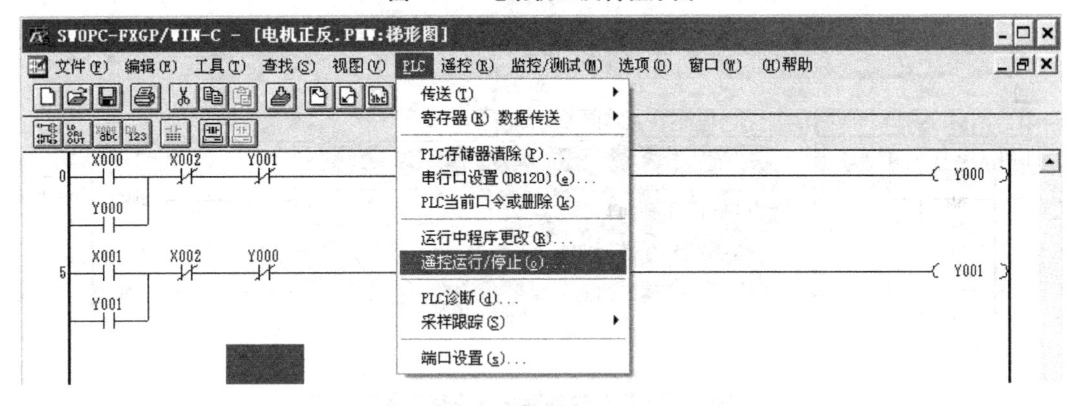

图 2.24　PLC 停止运行步骤一

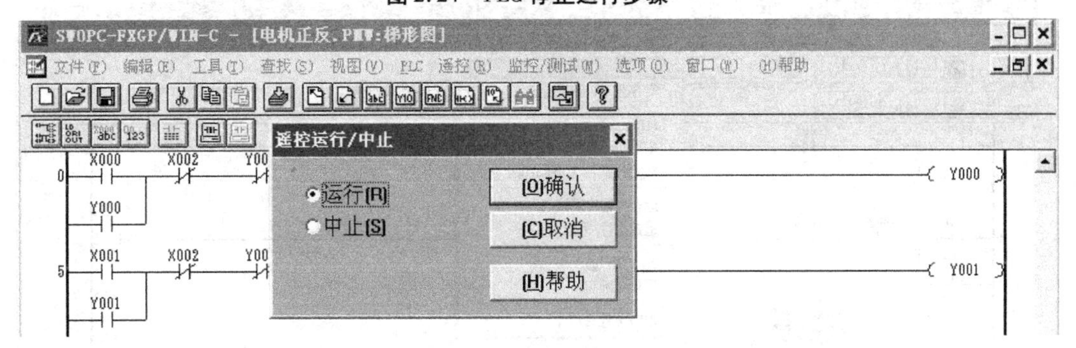

图 2.25　PLC 停止运行步骤二

首先选择工具栏中“PLC”→“PLC 存储器清除”选项。在弹出的提示框中，勾选所有选项，并单击“确认”按钮，如图 2.26、图 2.27 所示。

第三步：PLC 程序的写入。

首先选择工具栏中的“PLC”→“传送”→“写出”选项。在弹出的提示框中，单击“确认”按钮，如图 2.28、图 2.29 所示。

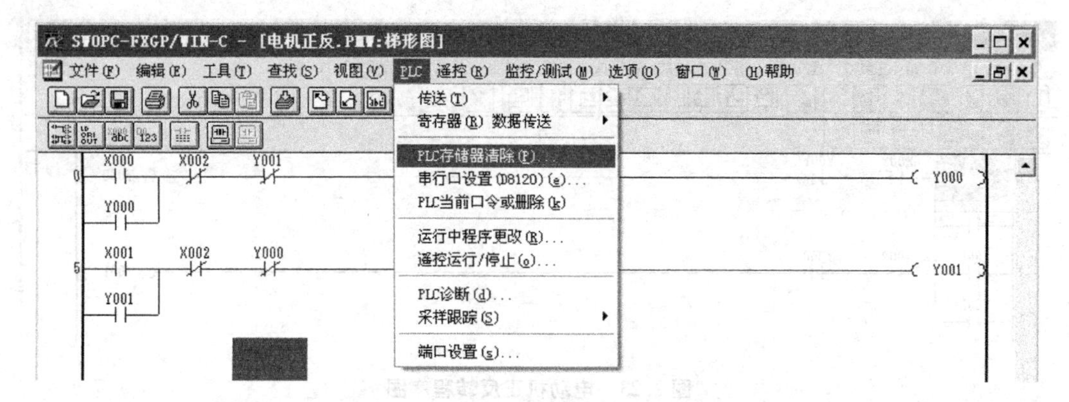

图 2.26　PLC 内部存储器清空步骤一

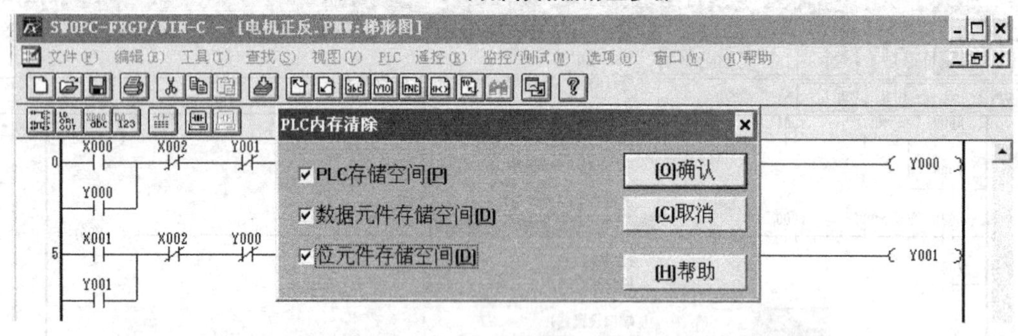

图 2.27　PLC 内部存储器清空步骤二

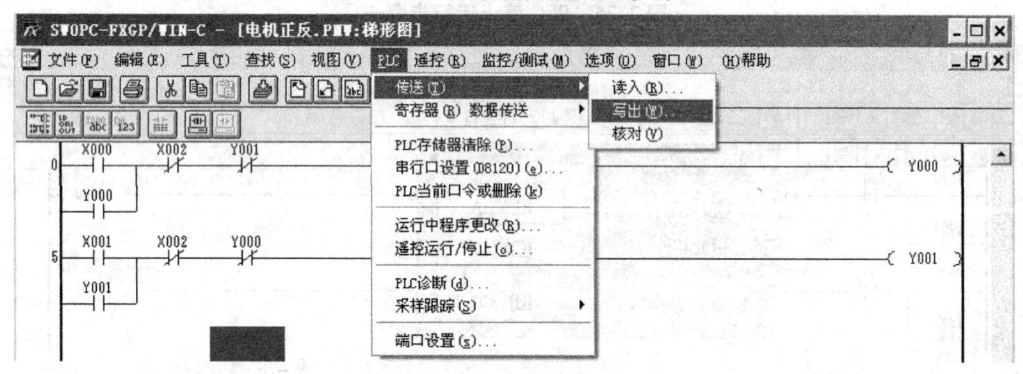

图 2.28　PLC 程序写入步骤一

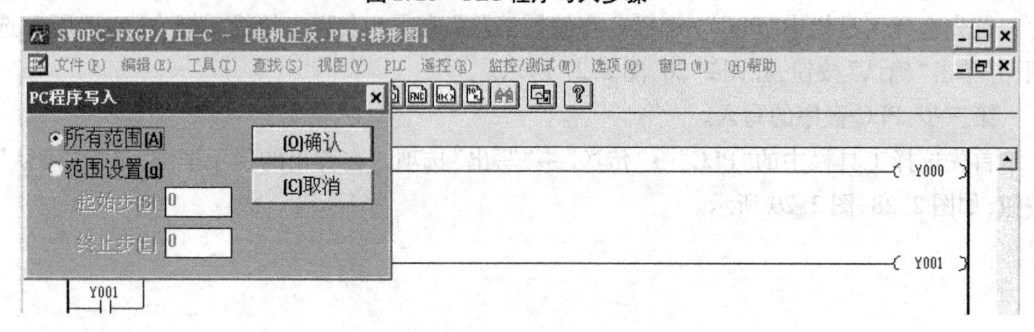

图 2.29　PLC 程序写入步骤二

【议一议】

讨论一下 SWOPC-FX/WIN-C 软件和其他通用应用软件的使用有什么不同?

【评一评】

初识三菱 SWOPC-FX/WIN-C 编程软件任务评价表

学生姓名		日　期		自评	组评	师评
应知应会(80 分)						
序号	评价要点					
1	能建立和保存一个新文件(20 分)					
2	能按照要求编写相应的程序(20 分)					
3	能将程序传入 PLC 模块(20 分)					
学生素养(40 分)						
1	德育 (40 分)	团队协作 自我约束能力	小组团结协作精神 考勤,操作认真仔细根据实际情况进行扣分			
整体评价						

任务 2.2　初识三菱 PLC GX Developer 编程软件

【任务教学环节】

教学步骤	时间安排	教学方式
阅读教材	课余	自学、查资料、组内相互讨论
知识讲解	2 课时	重点讲授 PLC 编程软件的基本知识
实训操作	4 课时	1. PLC GX-Developer 编程软件的安装、启动 2. PLC GX-Developer 编程软件新文件的建立与保存

【任务描述】

GX Developer 是三菱通用性比较强的编程软件,它能够完成 Q 系列、QnA 系列、A 系列(包括运动控制 CPU)、FX 系列 PLC 梯形图、指令表、SFC 等的编辑。该编程软件能够将编辑的程序转换成 GPPQ,GPPA 格式的文档,当选择 FX 系列时,还能将程序存储为 FXGP(DOS)、FXGP(WIN)格式的文档,以实现与 FX-GP/WIN-C 软件的文件互换。该编程软件能够将 Excel,Word 等软件编辑的说明性文字、数据,通过复制、粘贴等简单操作导入程序中,使软件的使用、程序的编辑更加便捷。下面介绍 PLC GX Developer 软件的使用方法。

【任务分析】

本任务主要如下：

①认识 PLC 的编程软件 PLC GX Developer 并学会安装、启动。

②学会 PLC 编程软件 PLC GX Developer 的基本使用。

【任务相关知识】

知识 2.2.1　GX Developer 软件的安装

在供应商提供的软件“GX Developer 编程软件”文件夹里，找到图标 并双击，即可进行软件的安装。在安装过程中，软件安装的路径可以选择默认，也可以单击“浏览”按钮进行选择。

知识 2.2.2　GX Developer 软件的基本使用

打开 GX Developer 软件的方法：

选择“开始”→“所有程序”→“GX Developer”即可，如图 2.30 所示。

图 2.30　GX Developer 软件的启动方法

【做一做】

实训 2.2.1　GX Developer 软件的安装

安装方法同前面一个实训，不再赘述。

实训 2.2.2　GX Developer 软件的基本使用

(1)实训目的

①打开 GX Developer 软件。

②建立新文件并保存、录入、打开。

③传送程序至 PLC。

(2)实训器件

①个人计算机 PC。

②三菱 PLC 模块、数据线。

(3)实训方法及步骤

1)GX Developer 软件的打开

选择“开始”→“所有程序”→“GX Developer”即可，如图 2.30 所示。弹出“GX Developer”

软件的初始界面如图2.31所示。

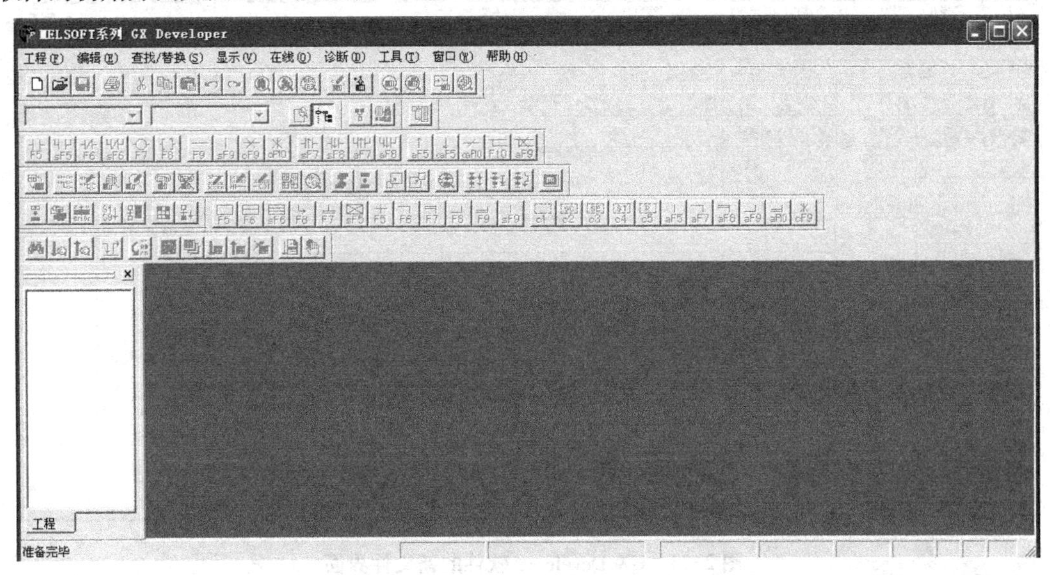

图2.31　GX Developer 软件的初始界面

2) GX Developer 软件新文件的建立

打开 GX Developer 软件后的初始界面,如图2.31所示。然后选择"工程"→"创建新工程",在对话框中选择你所用的 PLC 的系列、PLC 类型和程序类型。本书所讲的 PLC 系列是"FXCPU",PLC 类型是"FX2N(C)",程序类型默认梯形图逻辑。单击"确定"按钮,如图2.32所示;新文件建立完毕,如图2.33所示。

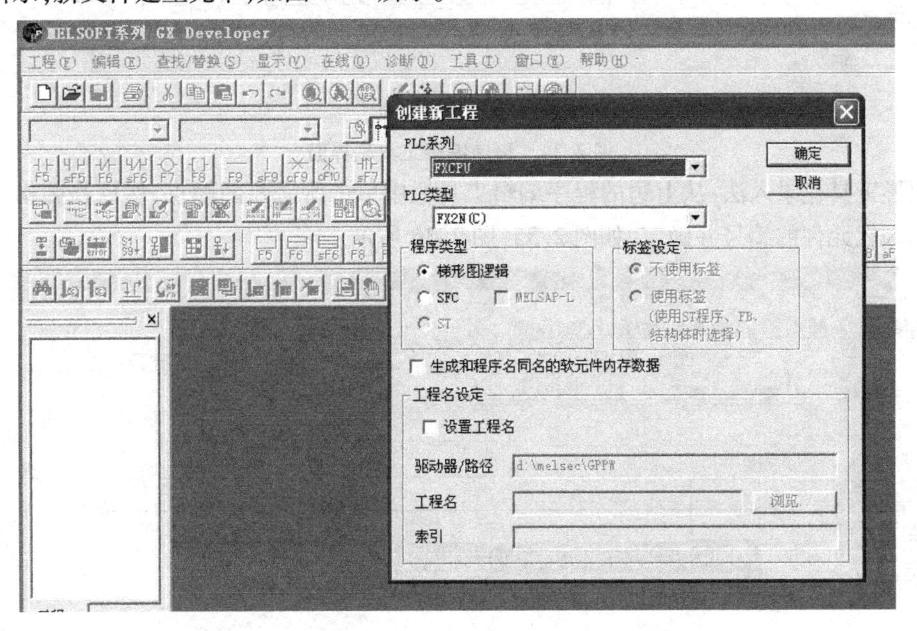

图2.32　GX Developer 软件选择 PLC 类型界面

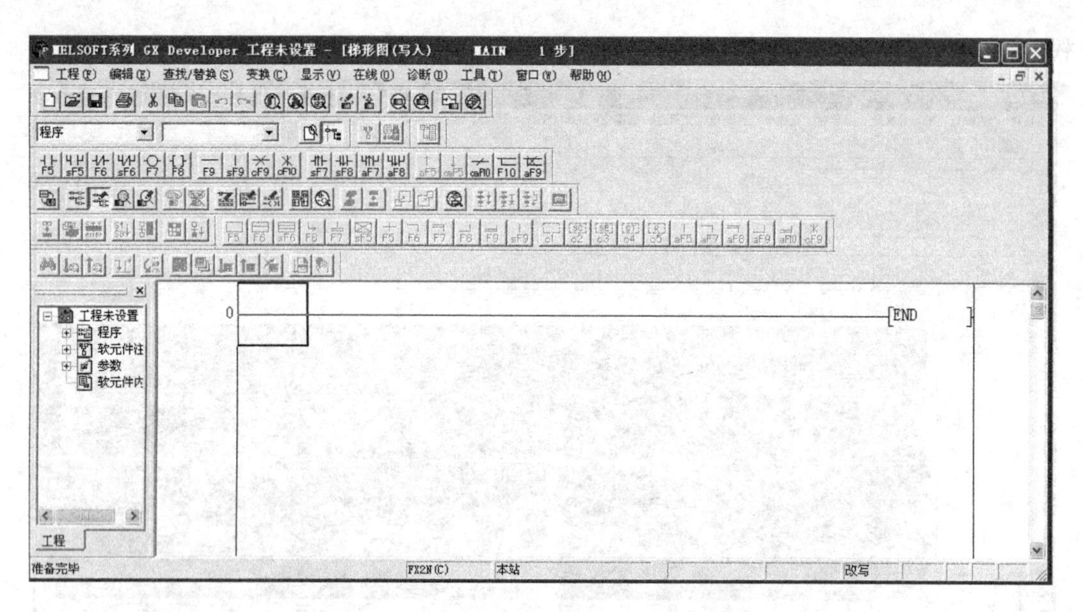

图 2.33　GX Developer 软件的新文件界面

3)GX Developer 软件程序的编辑

程序编辑区上边的工具栏如图 2.34 所示。程序编辑工具栏的含义如前面一个实训,不再赘述。

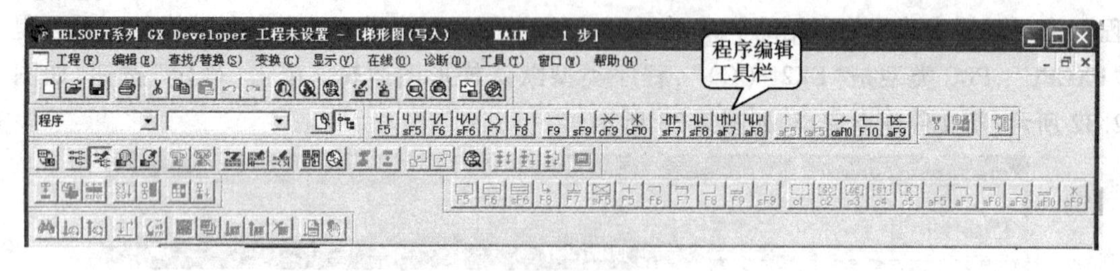

图 2.34　程序编辑工具栏界面

图形工具栏录入法:从上边的程序编辑工具栏中单击所需要的触点,然后在弹出的对话框中输入软元件的编号并确定,如图 2.35、图 2.36 所示。

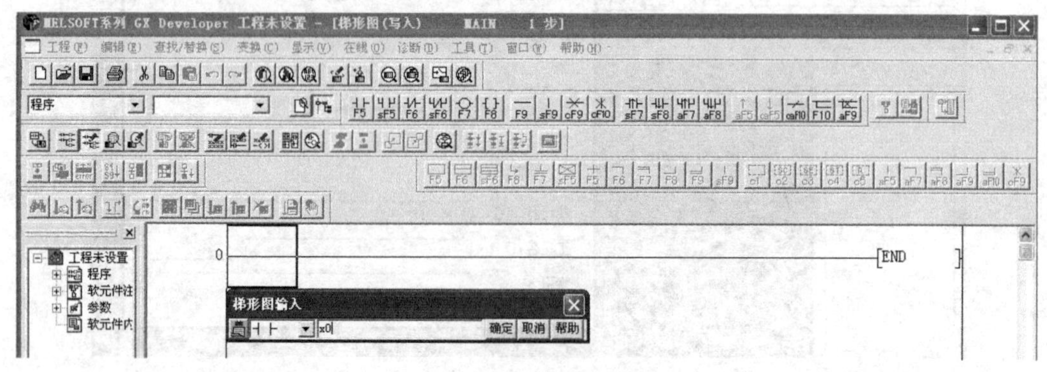

图 2.35　软元件编号输入框

以“两台电动机启动、保持、停止”控制程序为例,选择相应的工具按钮进行,出现如图

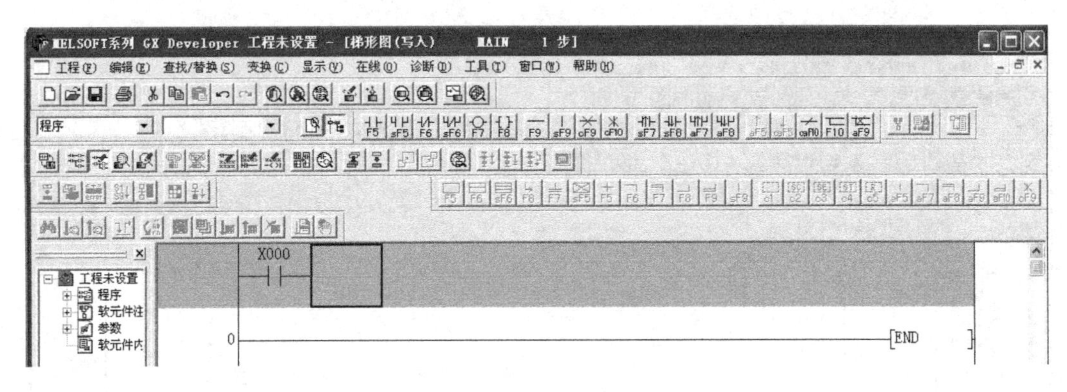

图 2.36　程序编辑界面

2.37 所示的程序。

程序编写完成后,单击工具栏上的“转换”按钮进行转换,如图 2.38、图 2.39 所示。

X000　X001　Y000
Y000
X002　X003　Y001
Y001

图 2.37　两台电动机启动、保持、停止程序图

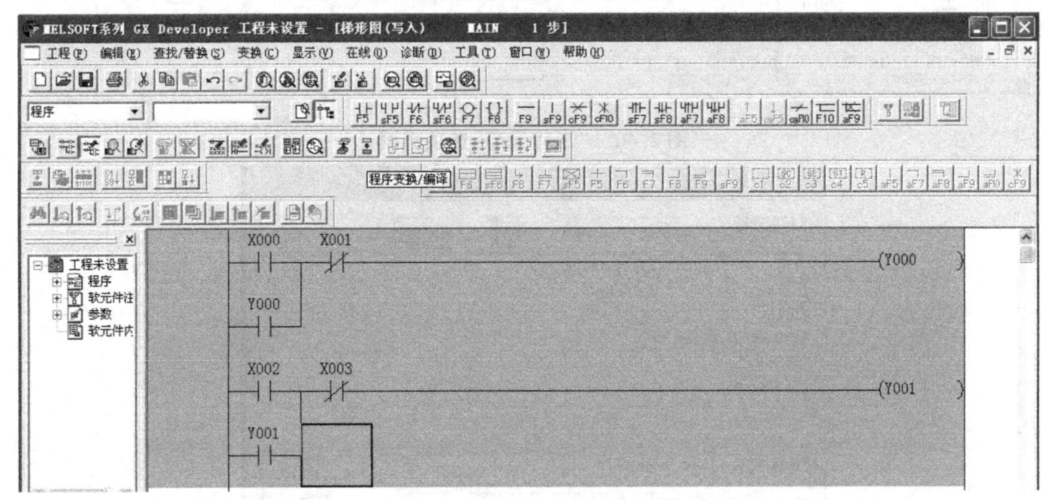

图 2.38　转换按钮界面

4)GX Developer 软件新工程的保存

选择新文件界面的“工程”选项,如图 2.40 所示。选择“保存工程”选项,弹出如图 2.41 所示的“工程保存”选项界面。

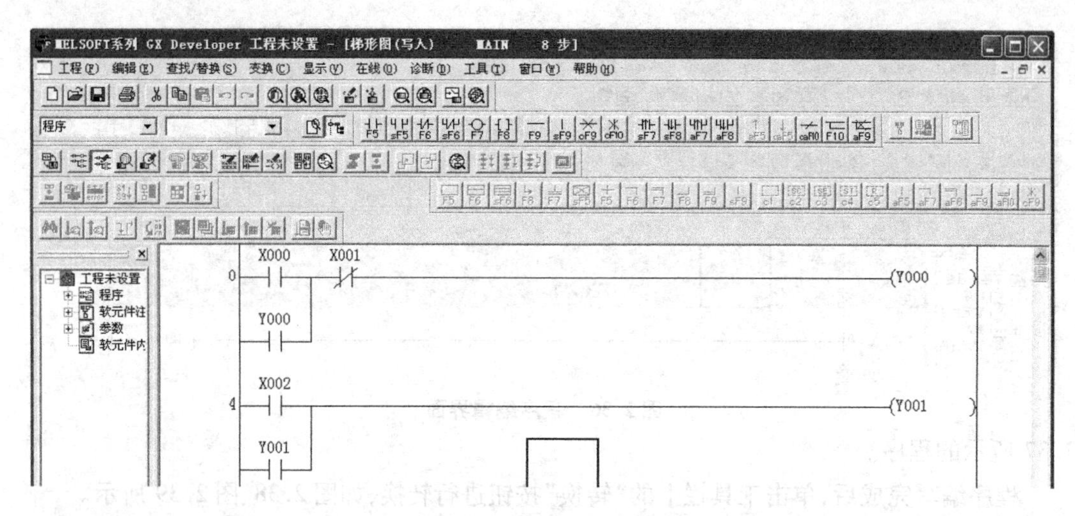

图 2.39　转换完成界面

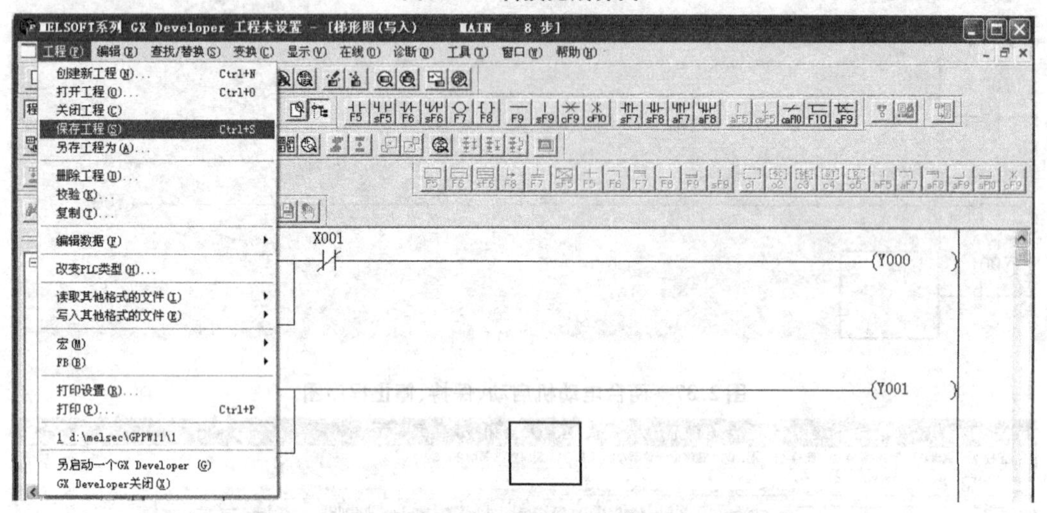

图 2.40　“工程保存”选项界面

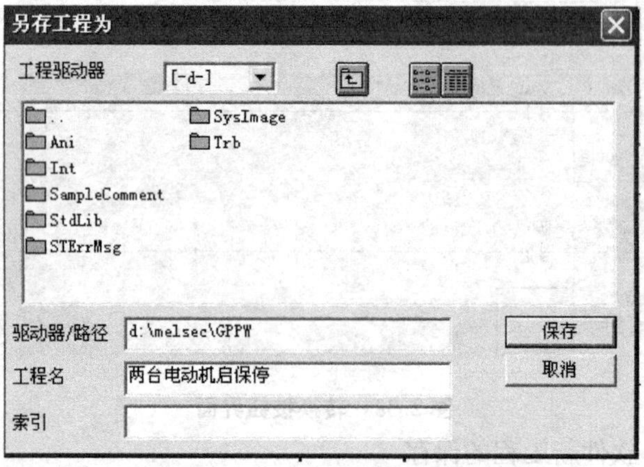

另存工程为

工程驱动器　[-d-]

..　Ani　Int　SampleComment　StdLib　STErrMsg　SysImage　Trb

驱动器/路径　d:\melsec\GPPW

工程名　两台电动机启保停

索引

保存　取消

图 2.41　新工程保存界面

如图2.41,在“工程名”中,可以更改工程的名称;在“驱动器/路径”中,选择保存路径;选择完毕后,单击“保存”按钮,工程保存完毕。保存后,可在相应的新工程保存到文件夹界面见到如图2.42所示的文件。

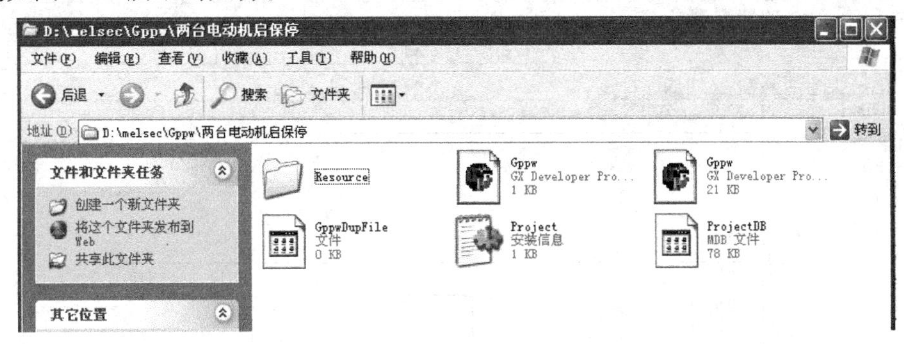

图2.42 新工程保存到文件夹界面

5)GX Developer软件新工程的打开

以两台电动机正启动、保持、停止为例子,如图2.43所示,先打开GX Developer软件,选择“工程”选项,选择“打开工程”选项,弹出如图2.44所示的选择工程路径界面,选择打开工程的路径和需要打开的工程文件,单击“打开”按钮。工程打开后的界面如图2.45所示。

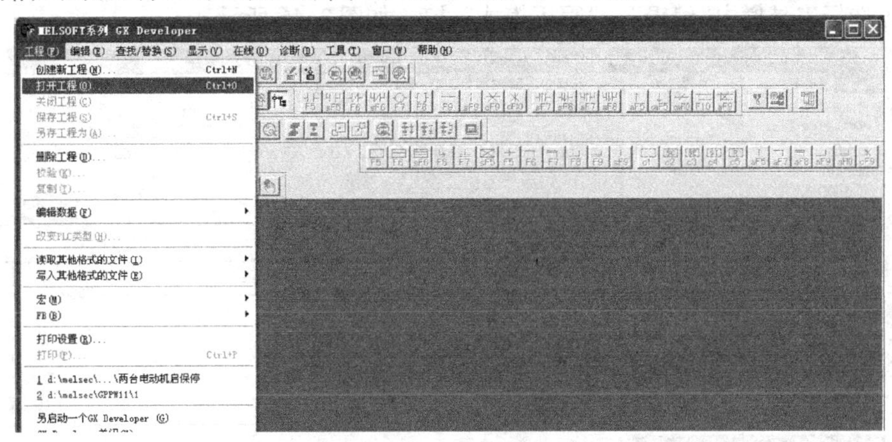

图2.43 工程打开界面

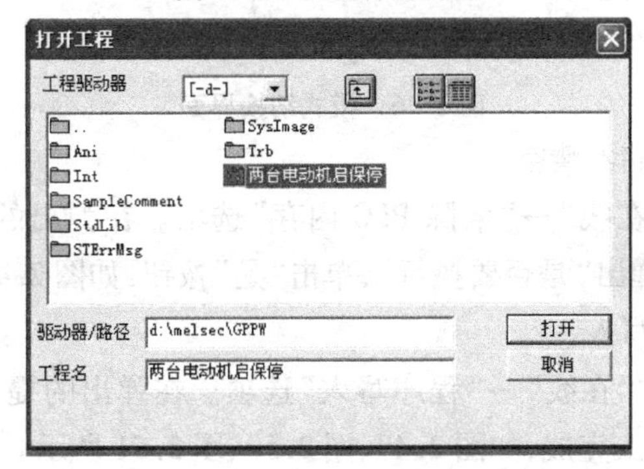

图2.44 选择工程路径界面

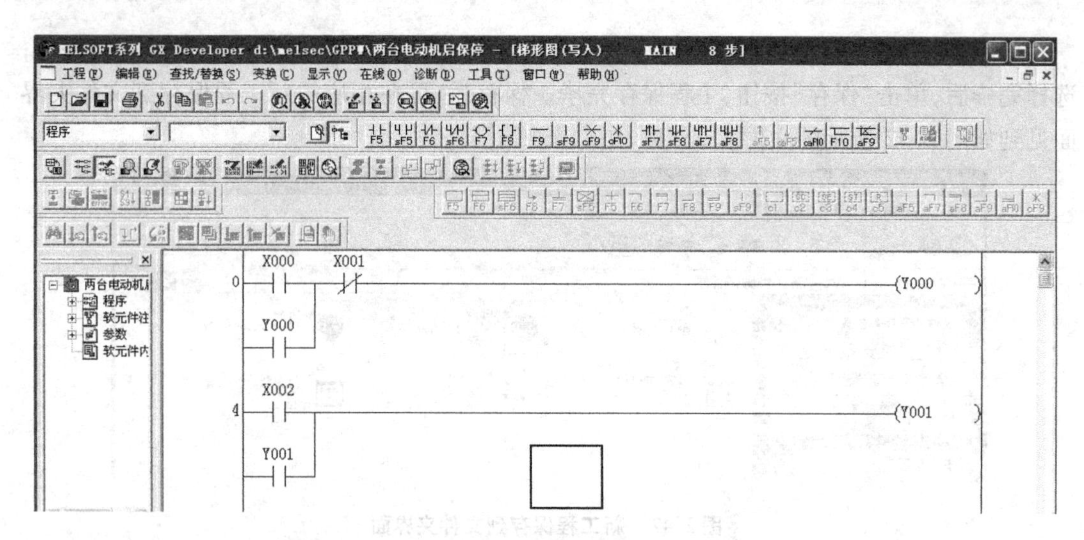

图 2.45　两台电动机启动、保持、停止程序图

6) GX Developer 软件程序的写入

以"两台电动机启动、保持、停止"为例，将程序写入 PLC 模块中。

第一步：选择写入模式。

首先选择工具栏中"编辑"→"写入模式"选项，如图 2.46 所示。

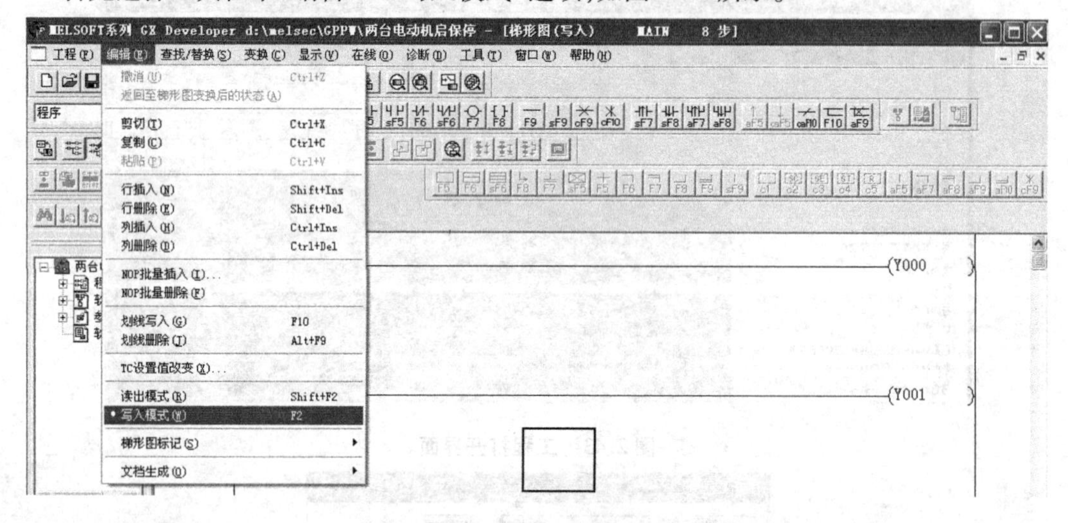

图 2.46　模式切换界面

第二步：PLC 内部存储器清空。

首先选择工具栏中"在线"→"清除 PLC 内存"选项。在弹出的提示框中，勾选所有选项，并单击"执行"按钮；弹出"是否要执行"，单击"是"按钮，如图 2.47、图 2.48 所示。

第三步：PLC 程序的写入。

首先选择工具栏中的"在线"→"程序写入"选项。在弹出的提示框中，勾选所有选项，单击"执行"按钮，程序写入完成，如图 2.49、图 2.50、图 2.51 所示。

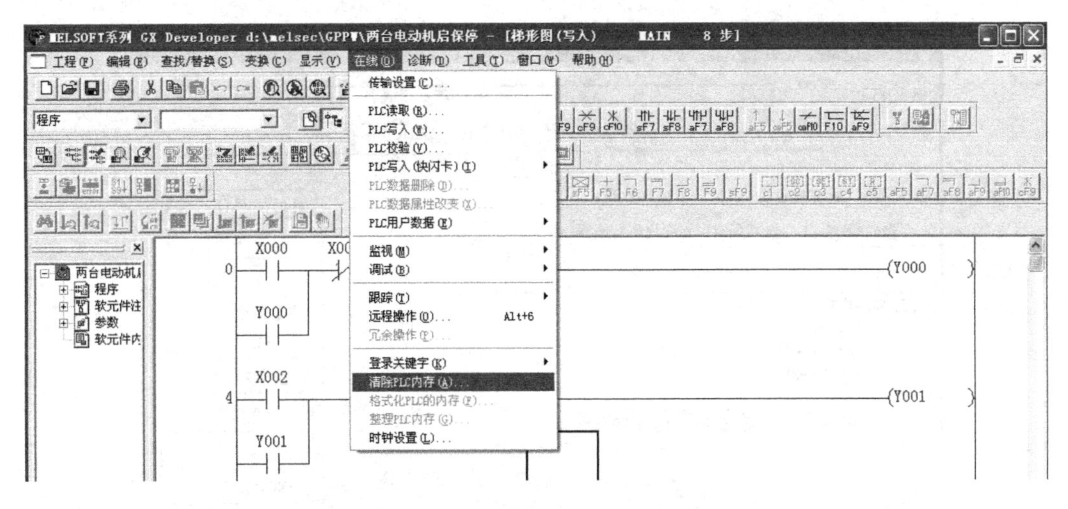

图2.47　PLC内部存储器清空界面

清除PLC内存

链接对象信息

连接接口	COM1	←→	CPU 模块			
连接目标PLC	网络No.	0	站号	本站	PLC类型	FX2N(C)

数据对象

☑ PLC内存

☑ 数据软元件

☑ 位软元件

执行　　关闭

图2.48　清除PLC内存界面

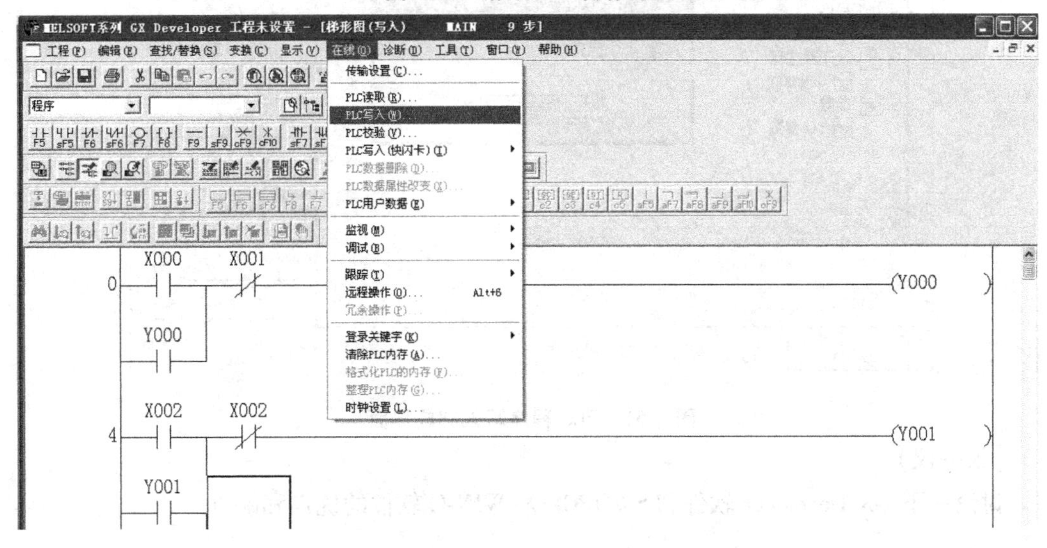

图2.49　PLC程序写入步骤一

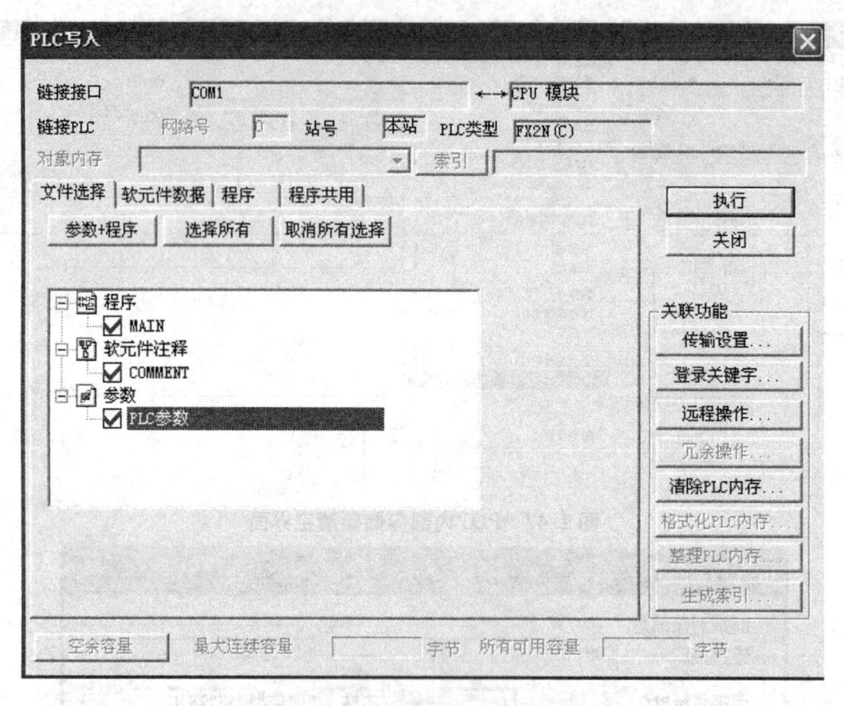

图 2.50　PLC 程序写入步骤二

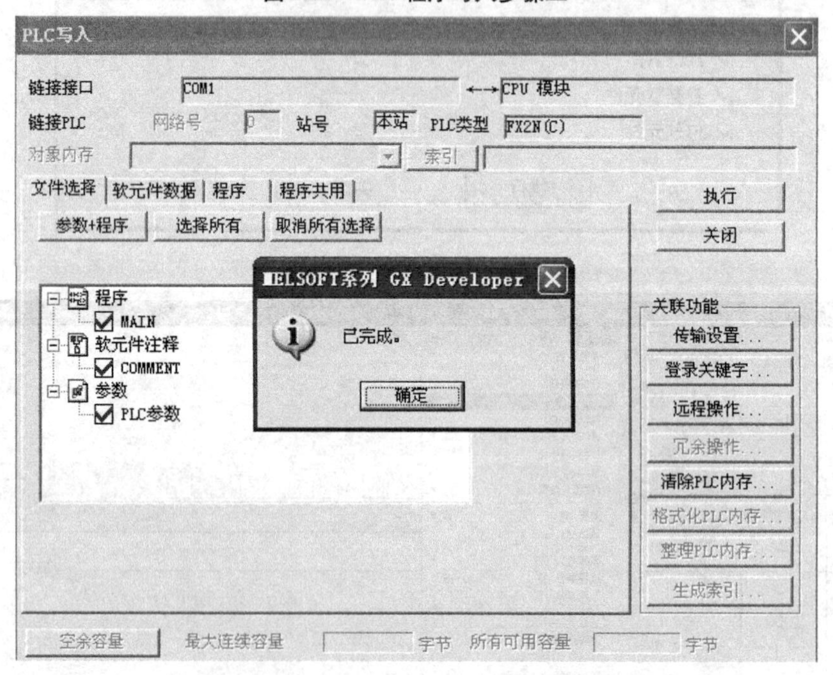

图 2.51　PLC 程序写入完成界面

【议一议】

讨论一下 GX Developer 软件和 SWOPC-FX/WIN-C 软件的优点和缺点。

【评一评】

初始三菱 PLC GX Developer 编程软件任务评价表

<table>
<tr><td>学生姓名</td><td></td><td>日　期</td><td></td><td>自评</td><td>组评</td><td>师评</td></tr>
<tr><td colspan="4">应知应会(80 分)</td><td></td><td></td><td></td></tr>
<tr><td>序号</td><td colspan="3">评价要点</td><td></td><td></td><td></td></tr>
<tr><td>1</td><td colspan="3">能熟练使用 GX Developer 软件(20 分)</td><td></td><td></td><td></td></tr>
<tr><td>2</td><td colspan="3">能按照要求使用 GX Developer 软件编写相应的程序(20 分)</td><td></td><td></td><td></td></tr>
<tr><td>3</td><td colspan="3">能使用 GX Developer 软件将程序传入 PLC 模块(20 分)</td><td></td><td></td><td></td></tr>
<tr><td colspan="7">学生素养(40 分)</td></tr>
<tr><td>序号</td><td>评价要点</td><td>考核要求</td><td>评价标准</td><td></td><td></td><td></td></tr>
<tr><td>1</td><td>德育
(40 分)</td><td>团队协作
自我约束能力</td><td>小组团结协作精神
考勤,操作认真仔细根据实际情况进行扣分</td><td></td><td></td><td></td></tr>
<tr><td colspan="2">整体评价</td><td colspan="5"></td></tr>
</table>

基本指令应用篇

项目3

安装PLC点动和长动控制系统

●项目描述

点动控制系统适用于对设备进行短时间操作的场合,常在起吊重物、生产设备调整工作状态时应用。在生产过程中,更多场合要求电动机能够长时间连续工作,显然点动控制不能满足生产要求,需要设计出具有连续运行功能的长动控制系统。

●项目目标

知识目标:

- ●能解释PLC的编程软元件及指令系统的使用方法。
- ●能归纳PLC的编程规则。

技能目标:

- ●能使用基本指令,完成电动机点动、长动PLC控制系统的程序设计工作。
- ●能够按电气技术规范正确安装和连接相关的输入、输出硬件。
- ●能安装和调试电动机基本控制电路。

任务 3.1　PLC 点动控制系统的安装

【任务教学环节】

教学步骤	时间安排	教学方式
阅读教材	课余	自学、查资料、组内相互讨论
知识讲解	2 课时	重点讲授 PLC 的软元件、基本指令和硬件接线方法
实训操作	4 课时	完成点动控制程序设计和相应的硬件接线

【任务描述】

在现代工业生产中,在电葫芦的起重机和车床拖板箱快速移动电动机等设备的控制中,对电动机实现点动的控制很频繁;掌握该程序的设计方法,会在实际生产中有很广泛的用途。

【任务分析】

需要安装的 PLC 点动控制系统的具体工作要求如下:

①设备通电。

②按下启动按钮,电动机转动。

③放开启动按钮,电动机停止。

【任务相关知识】

知识 3.1.1　软元件的含义

(1)输入元件 X

PLC 的输入端子是从外部接收信号的窗口,与输入端子相连接的是输入继电器 X,其线圈是 PLC 中唯一的不能由程序驱动,而必须由外部信号驱动的软继电器。在程序中,X 的常开与常闭触点可以使用无数次。

FX2N 系列产品,最大输入点是 256 点,使用八进制。

(2)输出元件 Y

PLC 的输出端子是向外部负载输出信号的窗口,每个输出继电器有唯一一对物理上的触点,而且是常开式,但在程序中输出继电器的常开与常闭触点可以使用无数次,输出继电器(Y)的物理常开触点有继电器式、晶体管式、晶闸管式。

FX2N 系列产品,最大输出点是 256 点,使用八进制。

知识 3.1.2 逻辑取及输出线圈(LD,LD1,OUT)基本指令

LD,LDI,OUT 指令的功能、电路表示、操作元件、所占的程序见表 3.1。

表 3.1 LD,LDI,OUT 指令的功能

符号、名称	功 能	电路表示及操作元件	程序步
LD(Load 取)	常开触点逻辑运算起始	X,Y,M,S,T,C	1
LDI(Load Inverse 取反)	常闭触点逻辑运算起始	X,Y,M,S,T,C	1
OUT(输出)	线圈驱动	Y,M,S,T,C	Y、M:1; 特 M:2 T:3;C:3 ~5

①LD 指令是从母线取用常开触点指令,LDI 是从母线上取用常闭触点指令,它们还可以与后面介绍的 ANB,ORB 指令配合用于分支回路的开头;OUT 指令是对输出继电器、辅助继电器、状态继电器、定时器、计数器的线圈进行驱动的指令,但不能用于输入继电器。

②如图 3.1 所示给出了本组指令的梯形图实例,并配有指令表。还需指出的是:OUT 指令可连续使用无数次,相当于线圈的并联(见图 3.1 中的 OUT M100 和 OUT T0);定时器或计数器的线圈,在使用 OUT 指令后,必须设定常数 K,或指定数据寄存器的地址号。

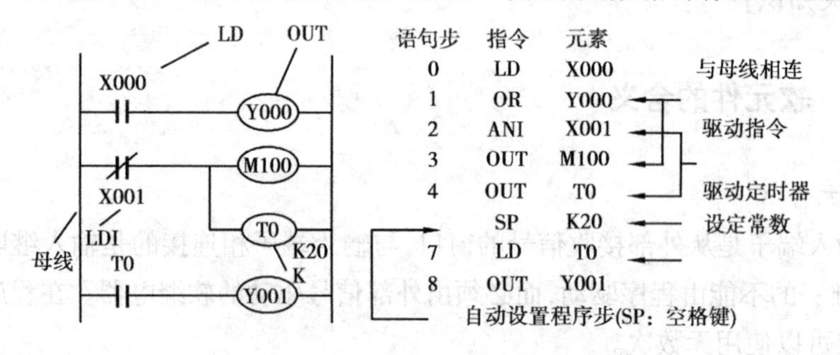

图 3.1 LD,LDI,OUT 指令的使用

知识 3.1.3 程序结束(END)指令

END 指令的功能、电路表示见表 3.2。

表 3.2 END 指令的功能

符号、名称	功 能	电路表示及操作元件	程序步
END(结束)	输入输出处理回到第“0”步	无元件 END	1

END 为程序结束指令。可编程序控制器按照输入处理、程序执行、输出处理循环工作,若在程序中不写入 END 指令,则可编程序控制器从用户程序的第一步扫描到程序存储器的最后一步。若在程序中写入 END 指令,则 END 以后的程序步不再扫描,而是直接进行输出处理。也就是说,使用 END 指令可以缩短扫描周期。END 指令的另一个用处是分段程序调试。调试时,可将程序分段后插入 END 指令,从而依次对各程序段的运算进行检查。在确认前面电路块动作正确无误之后,依次删除 END 指令。

知识 3.1.4 变频器的基本知识

(1)变频器的概述

FR-E700 系列变频器是 FR-E500 系列变频器的升级产品,是一种小型、高性能变频器。在 YL-235A 设备上进行的实训,所涉及的是使用通用变频器所必需的基本知识和技能,着重于变频器的接线、常用参数的设置等方面。

(2)变频器的作用

变频器是变换频率的。更直观的说法,就是通过改变频率,调节电机的转速。变频器不仅仅是改变电机的转速,由于转速的下降,势必带来力矩的改变,因此变频器借助现代电子技术,在功能上得以更加完善,它已经是工业上必不可少的设备,被广泛采用。

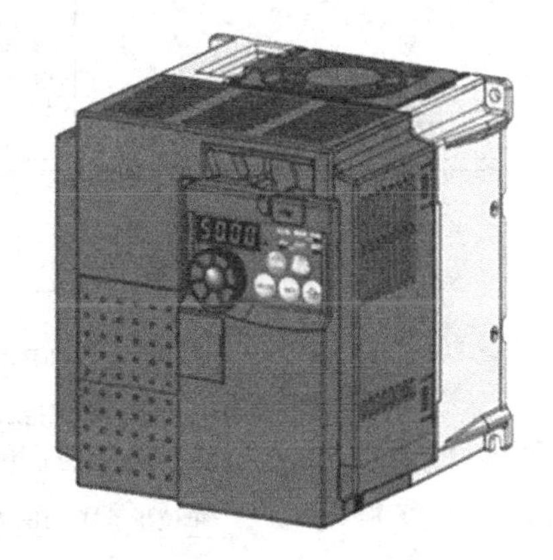

图 3.2 FR-E700 系列变频器外观结构图

(3)FR-E700 变频器外观结构及端子接线

FR-E700 变频器外观结构及端子接线如图 3.2、图 3.3 所示。

(4)变频器的使用

使用变频器之前,首先要熟悉它的面板显示和键盘操作单元(或称控制单元),并且按使用现场的要求合理设置参数。FR-E700 系列变频器的参数设置,通常利用固定在其上的操作面板(不能拆下)实现,也可以使用连接到变频器 PU 接口的参数单元(FR-PU07)实现。使用操作面板可以进行运行方式、频率的设定,运行指令监视,参数设定、错误表示等。操作面板如图 3.4 所示,其上半部为面板显示器,下半部为 M 旋钮和各种按键。它们的具体功能分别见表 3.3 和表 3.4。

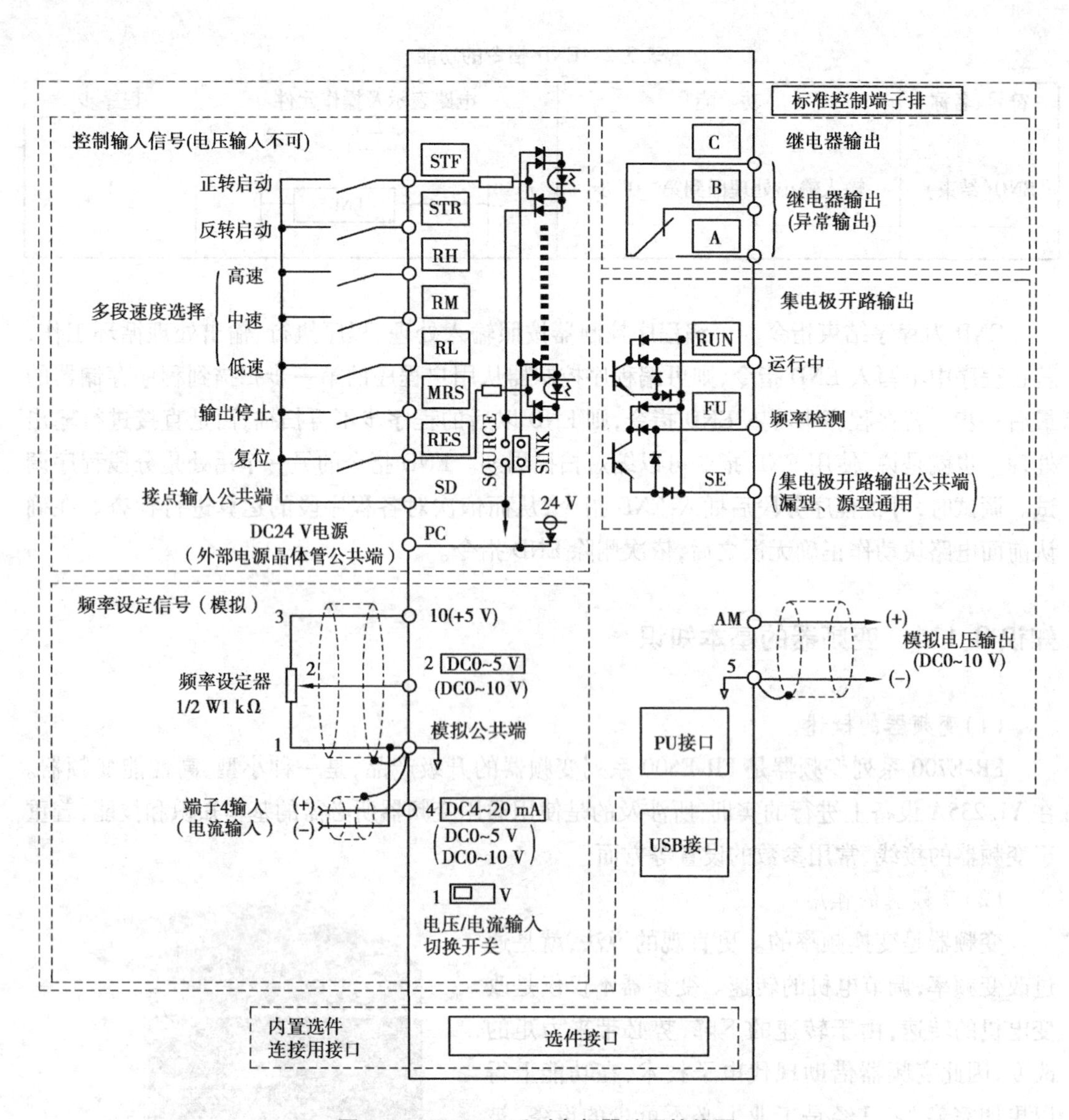

图 3.3　FR-E700 系列变频器端子接线图

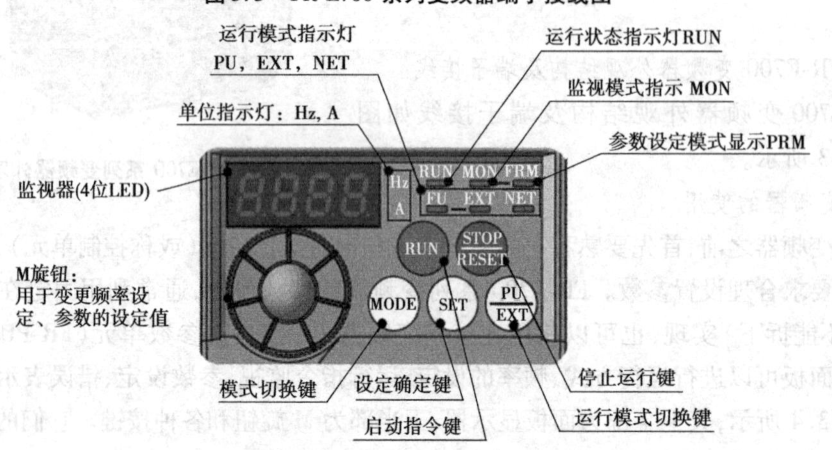

图 3.4　FR-E700 系列变频器操作面板

表3.3　旋钮、按键功能

旋钮和按键	功　能
M旋钮(三菱变频器旋钮)	旋动该旋钮用于变更频率设定、参数的设定值。按下该旋钮可显示以下内容: ● 监视模式时的设定频率 ● 校正时的当前设定值 ● 报警历史模式时的顺序
模式切换按键MODE	用于切换各设定模式。与运行模式切换键同时按下也可以用来切换运行模式。长按此键(2 s)可以锁定操作
设定确定键SET	各设定的确定 此外,当运行中按此键则监视器出现以下显示: 运行频率→输出电流→输出电压→运行频率
运行模式切换键PU/EXT	用于切换PU/外部运行模式 使用外部运行模式(通过另接的频率设定电位器和启动信号启动的运行)时请按此键,使表示运行模式的EXT处于亮灯状态。 切换至组合模式时,可同时按"MODE"键0.5 s,或者变更参数Pr.79
启动指令键RUN	在PU模式下,按此键启动运行 通过Pr.40的设定,可以选择旋转方向
停止运行键STOP/RESET	在PU模式下,按此键停止运转 保护功能(严重故障)生效时,也可以进行报警复位

表3.4　运行状态显示

显　示	功　能
运行模式显示	PU:PU运行模式时亮灯 EXT:外部运行模式时亮灯 NET:网络运行模式时亮灯
监视器(4位LED)	显示频率、参数编号等
监视数据单位显示	Hz:显示频率时亮灯 A:显示电流时亮灯 (显示电压时熄灯,显示设定频率监视时闪烁。)

续表

显　示	功　能
运行状态显示 RUN	当变频器动作中亮灯或者闪烁;其中: 亮灯—正转运行中; 缓慢闪烁(1.4 s 循环)—反转运行中; 下列情况下出现快速闪烁(0.2 s 循环): • 按键或输入启动指令都无法运行时 • 有启动指令,但频率指令在启动频率以下时 • 输入了 MRS 信号时
参数设定模式显示 PRM	参数设定模式时亮灯
监视器显示 MON	监视模式时亮灯

(5)变频器参数设置方法

变频器参数设置方法如图 3.5 所示。

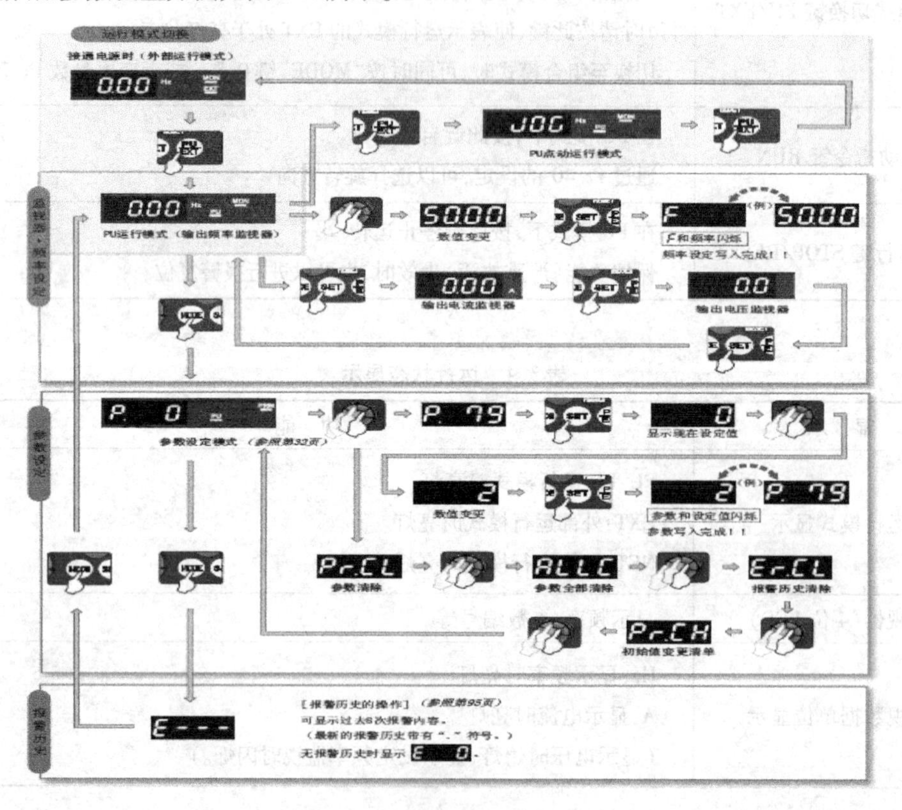

图 3.5　变频器设置方法界面

(6)变频器参数的设置

FR-E700 变频器有几百个参数,实际使用时,只需根据使用现场的要求设定部分参数,

其余按出厂设定即可。一些常用参数,则是应该熟悉的。下面介绍一些常用参数的设定,见表3.5。关于参数设定更详细的说明请参阅 FR-E700 使用手册。

表3.5　FR-E700 常用参数

参数号	参数意义	出厂设定	设定范围	备　注
Pr.7	加速时间	5 s	0～3 600/360 s	根据 Pr.21 加减速时间单位的设定值进行设定。初始值的设定范围为"0～3 600 s"设定单位为"0.1 s"
Pr.8	减速时间	5 s	0～3 600/360 s	
Pr.20	加/减速基准频率	50 Hz	1～400 Hz	
Pr.21	加/减速时间单位	0	0/1	0:0～3 600 s;单位:0.1 s 1:0～360 s;单位:0.01 s

【做一做】

实训3.1.1　安装 PLC 电动机点动系统

(1)实训目的

①会编写 PLC 电动机点动控制程序。

②会安装和调试 PLC 电动机点动控制系统。

③会进行简单的变频器参数设置。

(2)实训器件

①个人计算机 PC。

②三菱 FX2N-48MR 可编程序控制器。

③亚龙 YL-235A 按钮模块、电源模块。

④RS-232 数据通信线。

⑤连接线若干。

⑥三菱变频器 FR-E700。

(3)实训方法及步骤

①熟悉工作任务及 I/O 口分配表,I/O 口分配表见表3.6。

表3.6　I/O 口分配表

PLC 控制器 I/O 分配表					
输　入			输　出		
X000	SB1	启动按钮	Y000	电动机	电动机转动

②绘制出控制系统硬件接线图,按图完成系统硬件接线,如图3.6所示。

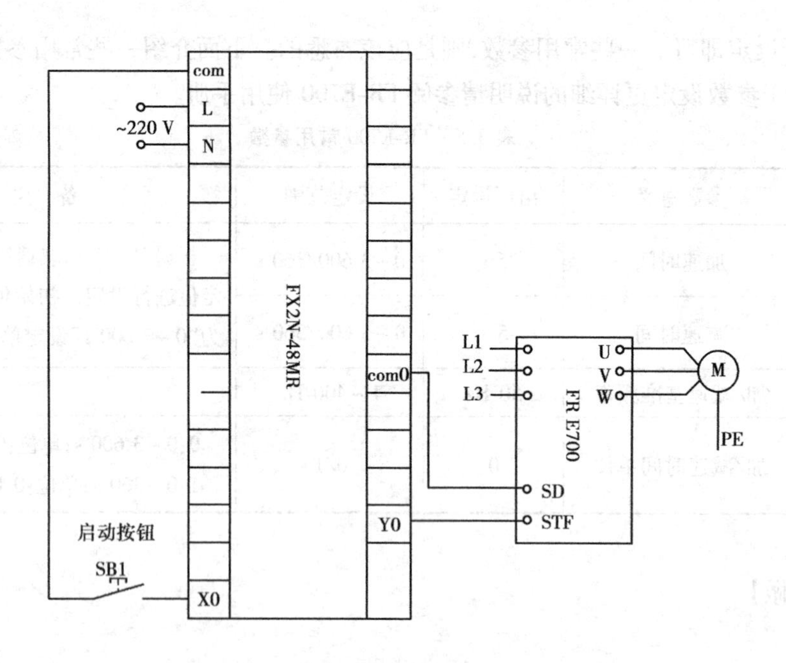

图 3.6　点动控制系统硬件接线图

其接线相关工艺要求是：线路安装应遵循由内到外、横平竖直的原则；尽量做到合理布线、就近走线；编码正确、齐全；接线可靠、不松动、不压皮、不反圈、不损伤线芯。

③变频器参数设置，需要设置的参数见表 3.7。

表 3.7　变频器参数设置表

变频器参数号	设定值	备　注
Pr. 79	2	外部信号控制
Pr. 4	50	高速运行
Pr. 5	35	中速运行
Pr. 6	20	低速运行

④使用 GX Developer 软件编写 PLC 电动机点动控制程序并传至 PLC，程序如图 3.7 所示。

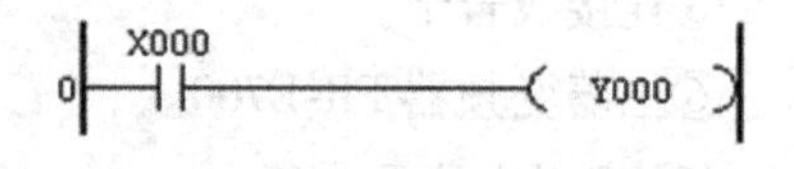

⑤自检。

⑥检查无误后通电调试。

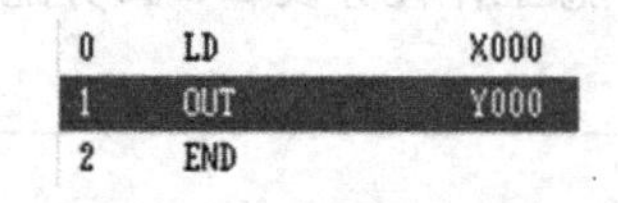

图 3.7　点动控制系统程序

【议一议】

点动控制系统在日常生活当中都有哪些应用？

【知识拓展】

PLC 其他基本指令介绍

(1) 多重输出电路(MPS/MRD/MPP)

MPS，MRD，MPP 指令功能、电路表示等见表 3.8。

表 3.8　MPS,MRD,MPP 指令功能

指令助记符、名称	功能	电路表示及操作元件	程序步
MPS (Push)	进栈	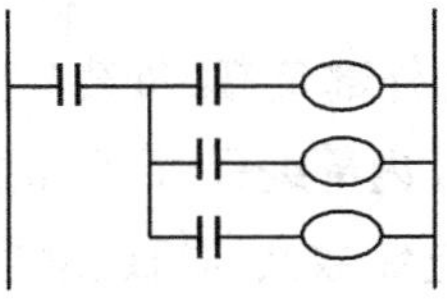	1
MRD (Read)	读栈		1
MPP (Pop)	出栈		1

这组指令分别为进栈、读栈、出栈指令,用于多重输出电路。可将连续点先存储,用于连接后面的电路。如图 3.8 所示,在 FX2 系列可编程序控制器中有 11 个用来存储运算的中间结果的存储区域被称为栈存储器。使用一次 MPS 指令,便将此刻的运算结果送入堆栈的第一层,而将原存在第一层的数据移到堆栈的下一层。使用 MPP 指令,各数据顺次向上一层移动,最上层的数据被读出,同时该数据就从堆栈内消失。

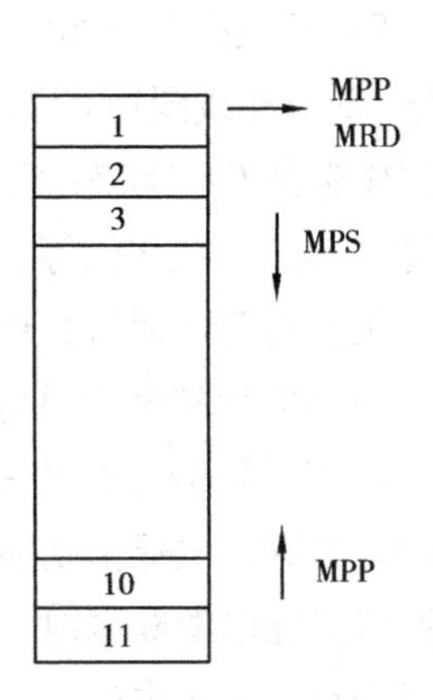

图 3.8　堆栈示意图

MRD 指令用来读出最上层的最新数据,此时堆栈内的数据不移动。

MPS,MRD,MPP 指令都是不带软元件的指令。

MPS,MPP 必须成对使用,而且连续使用应少于 11 次。

以下给出各堆栈的实例。

[例 3.1]　一层堆栈,见表 3.9。

表 3.9　一层堆栈

语句步	指令	元素	语句步	指令	元素
0	LD	X000	14	LD	X006
1	AND	X001	15	MPS	
2	MPS		16	AND	X007
3	AND	X002	17	OUT	Y004
4	OUT	Y000	18	MRD	
5	MPP		19	AND	X010
6	OUT	Y001	20	OUT	Y005
7	LD	X003	21	MRD	
8	MPS		22	AND	X011
9	AND	X004	23	OUT	Y006
10	OUT	Y002	24	MPP	
11	MPP		25	AND	X012
12	AND	X005	26	OUT	Y007
13	OUT	Y003			

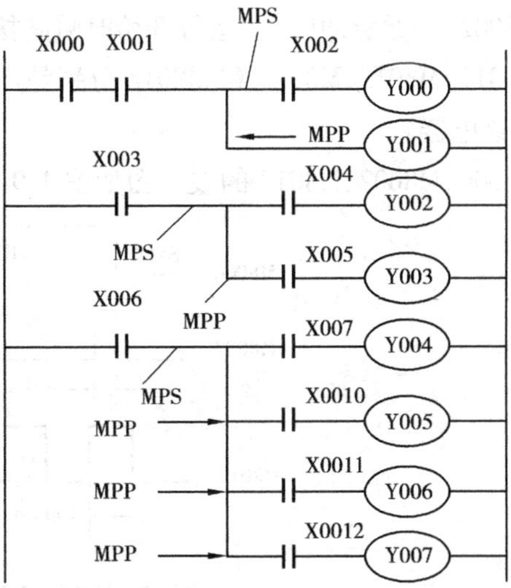

(2)PLC 辅助继电器(M)

辅助继电器是 PLC 中数量最多的一种继电器,一般的辅助继电器与继电器控制系统中的中间继电器相似。

辅助继电器不能直接驱动外部负载,负载只能由输出继电器的外部触点驱动。辅助继电器的常开与常闭触点在 PLC 内部编程时可无限次使用。

辅助继电器采用 M 与十进制数共同组成编号(只有输入输出继电器才用八进制数)。

1)通用辅助继电器(M0—M499)

FX2N 系列共有 500 点通用辅助继电器。通用辅助继电器在 PLC 运行时,如果电源突然断电,则全部线圈均 OFF。当电源再次接通时,除了因外部输入信号而变为 ON 的以外,其余的仍将保持 OFF 状态,它们没有断电保护功能。通用辅助继电器常在逻辑运算中作为辅助运算、状态暂存、移位等。

根据需要可通过程序设定,将 M0—M499 变为断电保持辅助继电器。

2)断电保持辅助继电器(M500—M3071)

FX2N 系列有 M500—M3071 共 2 572 个断电保持辅助继电器。它与普通辅助继电器不同的是具有断电保护功能,即能记忆电源中断瞬时的状态,并在重新通电后再现其状态。它之所以能在电源断电时保持其原有的状态,是因为电源中断时用 PLC 中的锂电池保持它们映像寄存器中的内容。其中,M500—M1023 可由软件将其设定为通用辅助继电器。

3)特殊辅助继电器

PLC 内有大量的特殊辅助继电器,它们都有各自的特殊功能。FX2N 系列中有 256 个特殊辅助继电器,可分成触点型和线圈型两大类。

①触点型

其线圈由 PLC 自动驱动,用户只可使用其触点。例如:

M8000:运行监视器(在 PLC 运行中接通),M8001 与 M8000 相反逻辑。

M8002:初始脉冲(仅在运行开始时瞬间接通),M8003 与 M8002 相反逻辑。

M8011,M8012,M8013 和 M8014 分别是产生 10 ms,100 ms,1 s 和 1 min 时钟脉冲的特殊辅助继电器。

M8000,M8002,M8012 的波形图如图 3.9 所示。

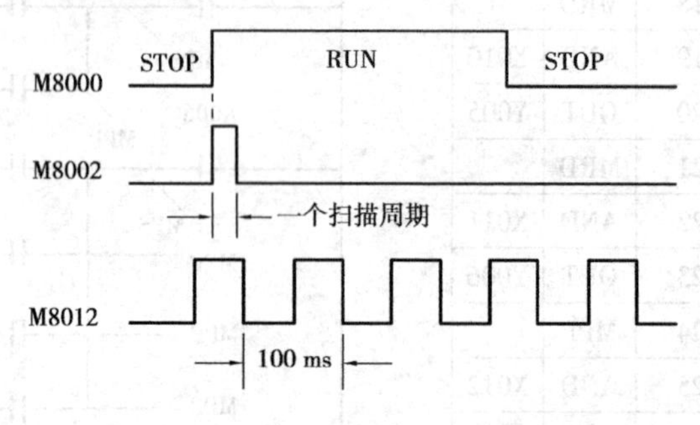

图 3.9 M8000,M8002,M8012 波形图

②线圈型

由用户程序驱动线圈后 PLC 执行特定的动作。例如：

M8033：若使其线圈得电，则 PLC 停止时保持输出映像存储器和数据寄存器内容。

M8034：若使其线圈得电，则将 PLC 的输出全部禁止。

M8039：若使其线圈得电，则 PLC 按 D8039 中指定的扫描时间工作。

(3)状态器(S)

状态器用来纪录系统运行中的状态。它是编制顺序控制程序的重要编程元件，它与后述的步进顺控指令 STL 配合应用(关于步进指令相关知识详见项目7)。

状态器有5种类型：初始状态器 S0—S9 共10点；回零状态器 S10—S19 共10点；通用状态器 S20—S499 共480点；具有状态断电保持的状态器有 S500—S899，共400点；供报警用的状态器(可用作外部故障诊断输出)S900—S999 共100点。

在使用状态器时应注意以下3个方面：

①状态器与辅助继电器一样有无数的常开和常闭触点。

②状态器不与步进顺控指令 STL 配合使用时，可作为辅助继电器 M 使用。

③FX2N 系列 PLC 可通过程序设定将 S0—S499 设置为有断电保持功能的状态器。

(4)空操作指令(NOP)

NOP 指令的功能、程序步见表3.10。

表3.10　NOP 指令的功能

符号、名称	功　能	电路表示及操作元件	程序步
NOP(空操作)	无动作	无元件 NOP	1

空操作指令使该步做空操作。在程序中加入空操作指令，在变更或增加指令时可以减少步序号的变化。用 NOP 指令替换一些已写入的指令，可以改变电路。当执行程序全部清零操作时，所有指令均变成 NOP。

【评一评】

PLC 点动控制系统的安装任务评价表

学生姓名		日　期		自评	组评	师评
应知应会(80分)						
序号	评价要点					
1	能正确编写点动控制系统的程序(20分)					
2	能正确连接硬件接线(20分)					
3	能正确设置变频器参数(20分)					

续表

序　号	评价要点					
4	能正确实现点动控制系统(20 分)					
学生素养(20 分)						
序　号	评价要点	考核要求	评价标准			
1	德育 (20 分)	团队协作 自我约束能力	小组团结协作精神 考勤,操作认真仔细根据实际情况进行扣分			
整体评价						

任务 3.2　PLC 长动控制系统的安装

【任务教学环节】

教学步骤	时间安排	教学方式
阅读教材	课余	自学、查资料、组内相互讨论
知识讲解	4 课时	重点讲授 PLC 的软元件、基本指令和硬件接线方法
实训操作	8 课时	完成长动控制程序设计和相应的硬件接线

【任务描述】

在各种机床的控制中,对电动机实现长动控制很普遍,因此该程序的设计方法需要掌握,对以后的生产中有很大的帮助。

【任务分析】

需要安装的 PLC 长动控制系统的具体工作要求如下:

①设备通电。

②按下启动按钮,电动机持续转动。

③按下停止按钮,电动机停止转动。

【任务相关知识】

知识 3.2.1　触点串联(AND,ANI)指令

AND,ANI 指令的功能、电路表示、操作元件、程序步见表 3.11。

表3.11 AND,ANI 指令的功能

符号、名称	功 能	电路表示及操作元件	程序步
AND(与)	常开触点串联连接	X,Y,M,S,T,C	1
ANI(与非) (And Inverse)	常闭触点串联连接	X,Y,M,S,T,C	1

AND,ANI 指令为单个触点的串联连接指令。AND 用于常开触点,ANI 用于常闭触点。串联接点的数量无限制。

如图3.10所示为使用本组指令的实例。图中 OUT 指令后,通过触点对其他线圈使用 OUT 指令(见图3.10的 OUT Y004),称之为纵接输出或连续输出。此种纵接输出,如果顺序正确可多次重复。但限于图形编程器和打印机幅面限制,应尽量做到一行不超过10个接点及一个线圈,总共不要超过24行。

在图3.10中驱动 M101 之后可通过触点 T1 驱动 Y004。但是,若驱动顺序换成如图3.11所示的形式,则必须用后述的 MPS 指令。

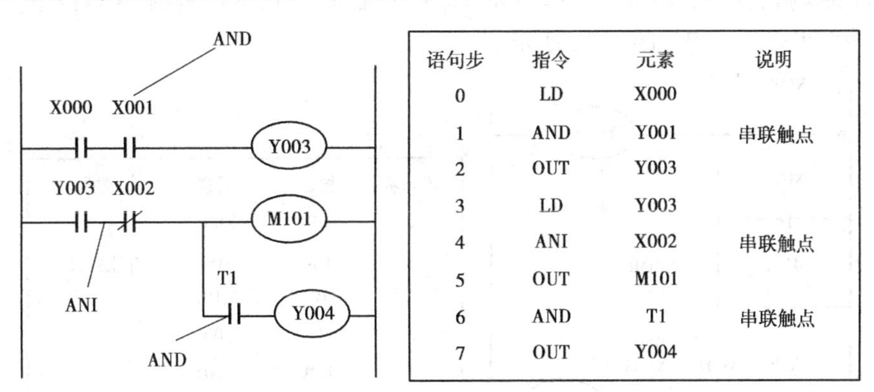

语句步	指令	元素	说明
0	LD	X000	
1	AND	Y001	串联触点
2	OUT	Y003	
3	LD	Y003	
4	ANI	X002	串联触点
5	OUT	M101	
6	AND	T1	串联触点
7	OUT	Y004	

图3.10 AND,ANI 指令的应用

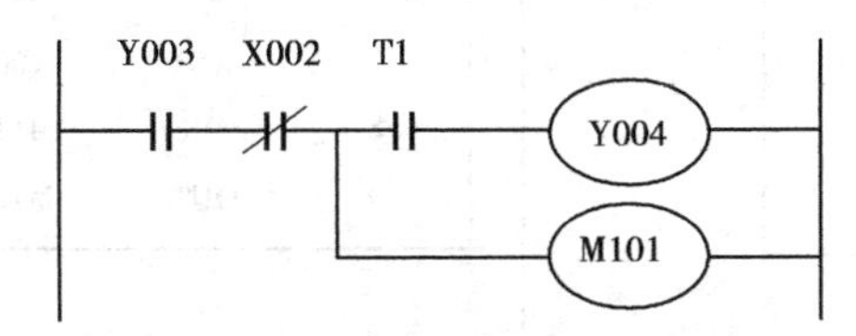

图3.11 不能使用连续输出的例子

知识3.2.2　触点并联(OR,ORI)指令

OR,ORI指令的功能、操作元件等见表3.12。

表3.12　OR,ORI指令的功能

符号、名称	功　能	电路表示及操作元件	程序步
OR(或)	常开触点串联连接	X,Y,M,S,T,C	1
ORI(或非) (Or Inverse)	常闭触点串联连接	X,Y,M,S,T,C	1

OR,ORI指令为单个触点的并联连接指令。OR为常开触点的并联,ORI为常闭触点的并联。将两个以上触点的串联回路和其他回路并联时,采用后面介绍的ORB指令。

OR,ORI指令紧接在LD,LDI指令后使用,也即对LD,LDI指令规定的触点再并联一个触点,并联的次数无限制,但限于编程器和打印机的幅面限制,尽量做到24行以下。

OR,ORI指令的使用如图3.12所示。

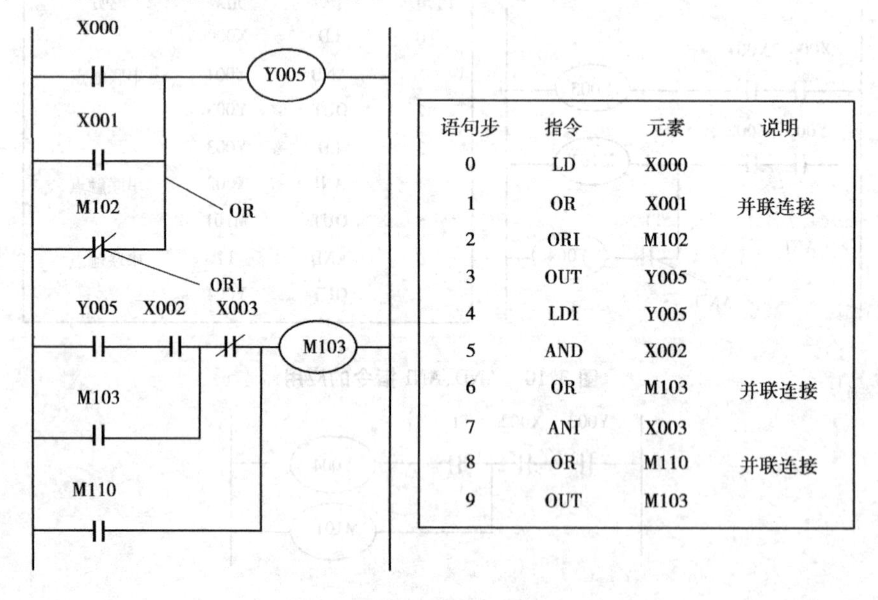

图3.12　OR,ORI指令的使用

【做一做】

实训3.2.1 安装PLC电动机长动系统

(1)实训目的

①会编写PLC电动机长动控制程序。

②会安装和调试PLC电动机长动控制系统。

(2)实训器件

①个人计算机PC。

②三菱FX2N-48MR可编程序控制器。

③亚龙YL-235A按钮模块、电源模块。

④RS-232数据通信线。

⑤连接线若干。

⑥三菱变频器FR-E700。

(3)实训方法及步骤

①熟悉工作任务及I/O口分配表,I/O口分配表见表3.13。

表3.13 I/O口分配表

PLC控制器I/O分配表					
输 入			输 出		
X000	SB1	启动按钮	Y000	电动机	电动机转动
X001	SB2	停止按钮			

②绘制出控制系统硬件接线图,按图3.13所示完成系统硬件接线。

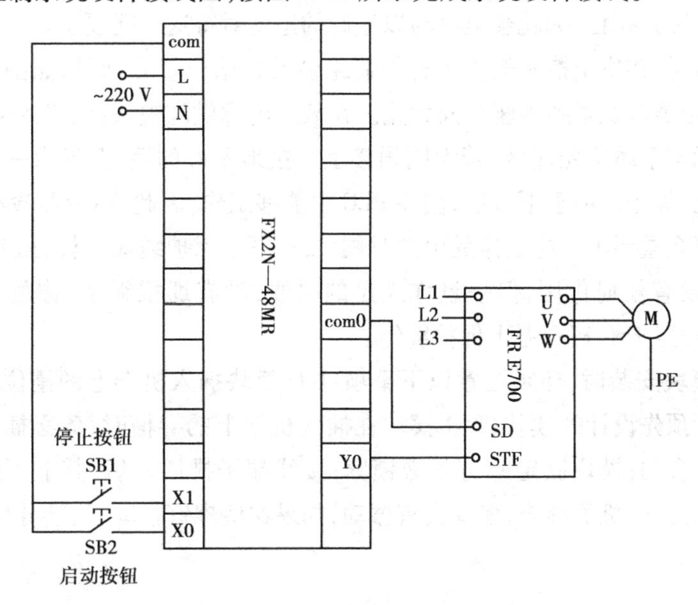

图3.13 长动控制系统硬件接线图

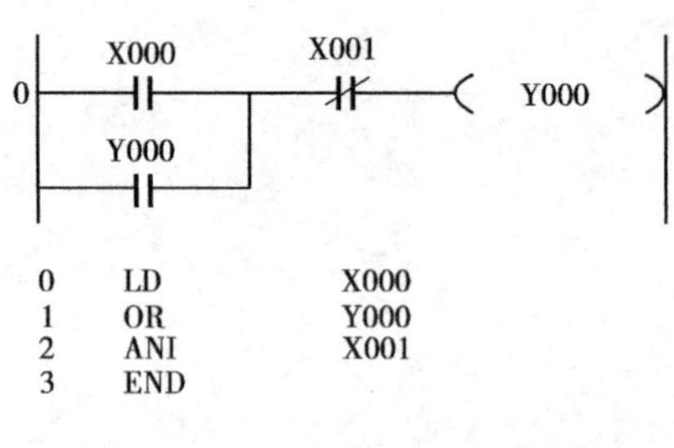

图 3.14 长动控制系统程序

③变频器参数设置。需要设置的参数如任务 3.1,此处不再赘述。

④使用 GX Developer 软件编写 PLC 电动机长动控制程序并传至 PLC,程序如图 3.14 所示。

⑤自检。

⑥检查无误后通电调试。

【议一议】

长动控制系统在日常生活当中都有哪些应用?

【知识拓展】

拓展 3.2.1 PLC 现场安装的注意事项

①系统安装前,需要考虑安装环境是否满足 PLC 的使用环境要求,这一点可以参考各类产品的使用手册。但无论什么 PLC,都不能装设在以下场所:含有腐蚀性气体之场所,阳光直接照射到的地方,温度上下值在短时间内变化急遽的地方,油、水、化学物质容易侵入的地方,有大量灰尘的地方,振动大且会造成安装件移位的地方。

②考虑静电的隔离。静电是无形的杀手,但可能由于不会对人造成生命危险,因此许多人常常忽视它。在中国的北方、干燥的场所,人体身上的静电都是造成静电损坏电子组件的因素。虽然你被静电打到的话,只不过是轻微的酥麻,但这对 PLC 和其他任何电子器件就足以致命了。要避免静电的冲击有以下 3 种方式:在进行维修或更换组件时,请先碰触接地的金属,以去除身上的静电;不要碰触电路板上的接头或是 IC 接脚;电子组件不使用时,请用有隔离静电的包装物,将组件放置在里面。想象 PLC 里的元器件是一个娇嫩的婴儿,而那些静电会导致这个婴儿死亡,你就会更容易以正确的态度对待这个问题了。

③基座安装时,在决定控制箱内各种控制组件及线槽位置后,要依照图纸尺寸,标定孔位,钻孔后将固定螺钉旋紧到基座牢固为止。在装上电源供应模块前,必须同时注意电源线上的接地端有无与金属机壳连接,若无则须接上。接地不好的话,会导致一系列的问题,静电、浪涌、外干扰,等等。由于不接地,往往 PLC 也能够工作,因此,不少经验不足的工程师就误以为接地不那么重要了。这就像登山的时候,没有系上保护缆绳一样,虽然你正常前进的时候,保护缆绳没有任何作用,但一旦你失足的时候,没有那根绳子,你的生命就完结了。PLC 的接地,就相当于给 PLC 系上保护缆绳。

④在 I/O 模块安装时,还须注意以下事项:I/O 模块插入机架上的槽位前,要先确认模块是否为自己所预先设计的模块;I/O 模块在插入机架上的导槽时,务必插到底,以确保各接触点是紧密结合的;模块固定螺钉务必锁紧;接线端子排插入后,其上下螺钉必须旋紧。由于现场的变压器、电机等影响,多少会有振动,如果这些螺钉松动了,会导致模块从机架中松开。

拓展3.2.2 FX系列PLC的内部软继电器及编号

不同厂家、不同系列的PLC,其内部软继电器(编程元件)的功能和编号也不相同,因此用户在编制程序时,必须熟悉所选用PLC的每条指令涉及编程元件的功能和编号。

FX系列中几种常用型号PLC的编程元件及编号见表3.14。FX系列PLC编程元件的编号由字母和数字组成,其中输入继电器和输出继电器用八进制数字编号,其他均采用十进制数字编号。为了能全面了解FX系列PLC的内部软继电器,本节是以FX2N为背景进行介绍的。

表3.14 FX系列PLC的内部软继电器及编号

编程元件种类 \ PLC型号		FX0S	FX1S	FX0N	FX1N	FX2N (FX2NC)
输入继电器X(按八进制编号)		X0—X17(不可扩展)	X0—X17(不可扩展)	X0—X43(可扩展)	X0—X43(可扩展)	X0—X77(可扩展)
输出继电器Y(按八进制编号)		Y0—Y15(不可扩展)	Y0—Y15(不可扩展)	Y0—Y27(可扩展)	Y0—Y27(可扩展)	Y0—Y77(可扩展)
辅助继电器M	普通用	M0—M495	M0—M383	M0—M383	M0—M383	M0—M499
	保持用	M496—M511	M384—M511	M384—M511	M384—M1535	M500—M3071
	特殊用	M8000—M8255(具体见使用手册)				
状态寄存器S	初始状态用	S0—S9	S0—S9	S0—S9	S0—S9	S0—S9
	返回原点用	—	—	—	—	S10—S19
	普通用	S10—S63	S10—S127	S10—S127	S10—S999	S20—S499
	保持用	—	S0—S127	S0—S127	S0—S999	S500—S899
	信号报警用	—	—	—	—	S900—S999
定时器T	100 ms	T0—T49	T0—T62	T0—T62	T0—T199	T0—T199
	10 ms	T24—T49	T32—T62	T32—T62	T200—T245	T200—T245
	1 ms	—	—	T63	—	—
	1 ms累积	—	T63	—	T246—T249	T246—T249
	100 ms累积	—	—	—	T250—T255	T250—T255
计数器C	16位增计数(普通)	C0—C13	C0—C15	C0—C15	C0—C15	C0—C99
	16位增计数(保持)	C14,C15	C16—C31	C16—C31	C16—C199	C100—C199

续表

编程元件种类 \ PLC 型号		FX0S	FX1S	FX0N	FX1N	FX2N（FX2NC）
计数器 C	32 位可逆计数（普通）	—	—	—	C200—C219	C200—C219
	32 位可逆计数（保持）	—	—	—	C220—C234	C220—C234
	高速计数器	C235—C255（具体见使用手册）				
数据寄存器 D	16 位普通用	D0—D29	D0—D127	D0—D127	D0—D127	D0—D199
	16 位保持用	D30，D31	D128—D255	D128—D255	D128—D7999	D200—D7999
	16 位特殊用	D8000—D8069	D8000—D8255	D8000—D8255	D8000—D8255	D8000—D8195
	16 位变址用	V Z	V0—V7 Z0—Z7	V Z	V0—V7 Z0—Z7	V0—V7 Z0—Z7
指针 N，P，I	嵌套用	N0—N7	N0—N7	N0—N7	N0—N7	N0—N7
	跳转用	P0—P63	P0—P63	P0—P63	P0—P127	P0—P127
	输入中断用	I00 * —I30 *	I00 * —I50 *	I00 * —I30 *	I00 * —I50 *	I00 * —I50 *
	定时器中断	—	—	—	—	I6 * * —I8 * *
	计数器中断	—	—	—	—	I010—I060
常数 K，H	16 位	K：-32，768—32，767　　H：0000—FFFFH				
	32 位	K：-2，147，483，648—2，147，483，647　　H：00000000—FFFFFFFF				

【评一评】

PLC 长动控制系统的安装任务评价表

<table>
<tr><td>学生姓名</td><td></td><td>日　期</td><td></td><td>自评</td><td>组评</td><td>师评</td></tr>
<tr><td colspan="4">应知应会(80 分)</td><td></td><td></td><td></td></tr>
<tr><td>序号</td><td colspan="3">评价要点</td><td></td><td></td><td></td></tr>
<tr><td>1</td><td colspan="3">能正确编写长动控制系统的程序(20 分)</td><td></td><td></td><td></td></tr>
<tr><td>2</td><td colspan="3">能正确连接硬件接线(20 分)</td><td></td><td></td><td></td></tr>
<tr><td>3</td><td colspan="3">能正确设置变频器参数(20 分)</td><td></td><td></td><td></td></tr>
<tr><td>4</td><td colspan="3">能正确实现长动控制系统(20 分)</td><td></td><td></td><td></td></tr>
<tr><td colspan="7">学生素养(20 分)</td></tr>
<tr><td>序　号</td><td>评价要点</td><td>考核要求</td><td>评价标准</td><td></td><td></td><td></td></tr>
<tr><td>1</td><td>德育(20 分)</td><td>团队协作
自我约束能力</td><td>小组团结协作精神
考勤,操作认真仔细根据实际情况进行扣分</td><td></td><td></td><td></td></tr>
<tr><td colspan="2">整体评价</td><td colspan="5"></td></tr>
</table>

项目4

电动机正反转 PLC 控制系统的安装

●项目描述

正反转控制电路是工业控制中最常用的基本电路。常应用于机床工作台的前进与后退、起重设备的上升、下降控制。此类运动部件常由一台电动机控制，要想实现正、反两个方向的运动，其核心就是让电动机能正转或反转。

●项目目标

知识目标：

●能复述 PLC 的相关操作使用知识。

●能列举 MC,MCR 指令的功能及使用知识。

●能描述 PLC 控制电动机的正反转的工作过程。

●能描述工作台自动往返控制系统的工作过程。

技能目标：

●能编写电动机正反转的程序。

●会编写工作台自动往返控制程序。

●能安装、调试 PLC 控制的电动机的正反转控制系统。

●会安装、调试工作台自动往返控制系统。

任务4.1　单台电动机正反转PLC控制系统的安装

【任务教学环节】

教学步骤	时间安排	教学方式
阅读教材	课余	自学、查资料、组内相互讨论
知识讲解	2课时	重点讲授如何编写电动机正反转的程序
实训操作	4课时	1.掌握PLC的基本操作 2.能够编写简单的控制程序

【任务描述】

正反转控制电路是工业控制中最常用的基本电路。在工业生产中,机床工作台的前进与后退;建筑现场的塔式起重机上、下吊放重物;生活中的电梯上行和下行,此类运动部件常常由一台电动机控制。要想实现正、反两个方向的运动,其核心就是让电动机能正转或反转。

【任务分析】

需要组建的电动机的正反转PLC控制系统的具体工作要求如下:

①按下正转启动按钮SB1,电动机正转运行。

②按下反转启动按钮SB2,电动机反转运行。

③按下停止按钮SB3,电动机停止转动。

④控制系统应具备完善的保护功能。

【任务相关知识】

知识4.1.1　传统接触器正反转控制电路回顾

(1)传统接触器正反转控制电路原理

传统接触器正反转控制电路原理如图4.1所示。

(2)原理分析

正转控制:按下正转按钮SB1→接触器KM1线圈得电→KM1主触头闭合→电动机正转,同时KM1的自锁触头闭合,KM1的互锁触头断开。

反转控制:先按下停止按钮SB3→接触器KM1线圈失电→KM1的互锁触头闭合。然后按下反转按钮SB2→接触器KM2线圈得电→KM2主触头闭合,电动机开始反转,同时KM2的自锁触头闭合,KM2的互锁触头断开。

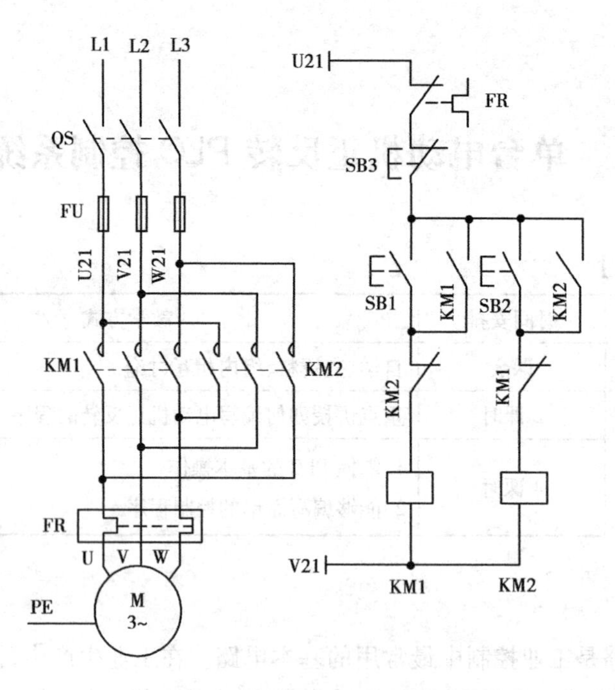

图 4.1 电动机正反转原理图

(3)线路特点

对于这种线路,要改变电动机的转向时,必须先按下停止按钮,再按下反转按钮,才能使电动机反转。

知识 4.1.2 自锁、互锁

(1)自锁

电动机启动后,松开启动按钮,接触器通过自身常开辅助触头而使线圈保持得电的作用,称为自锁。

自锁控制电路具有使电动机连续运转的功能,还具有欠压和失压(或零压)保护功能。

(2)互锁

两个接触器通过自身的常闭辅助触头,相互使对方不能同时得电动作的作用,称为互锁,有时也称联锁。

(3)采用互锁的必要性

为了能改变电动机的转向,在正反转控制电路的主电路中,常将两个接触器的主触头并接于三相电源上,如不采用互锁环节,极易因误操作而使两个接触器同时得电,形成电源两相短路事故,因此必须要采用互锁环节。

【做一做】

实训4.1.1　组建PLC控制的电动机正反转系统

(1)实训目的

①能用启保停电路的基本思路来编写控制程序。

②会根据实际控制要求设计PLC的外围电路。

③能独立调试PLC正反转控制系统。

(2)实训器件

①三菱FX2N-48MR可编程序控制器。

②个人计算机PC。

③交流接触器两个。

④电动机一台。

⑤按钮开关板模块一个。

⑥电工工具一套。

⑦导线若干。

(3)实训方法及步骤

①分析电动机正反转控制系统要求,分配好相关的输入和输出见表4.1。

表4.1　输入和输出信号I/O分配表

输　入			输　出		
作　用	输入元件	输入继电器	作　用	输出元件	输出继电器
正向启动	SB2	X0	正向运行	KM1	Y0
反向启动	SB3	X1			
停止	SB1	X2	反向运行	KM2	Y1
过载保护	FR	X3			

②系统硬件接线如图4.2所示。

③编写出如图4.3所示控制程序并传至PLC。对转换的梯形图进行优化得到新的梯形图,如图4.4所示。

④自检。

⑤检查无误后通电调试。

(4)实训注意事项

①严格遵守安全用电操作规程。

②保护好现场设备和仪表。

③按照前面所学梯形图知识尽可能优化梯形图,节省输出点。

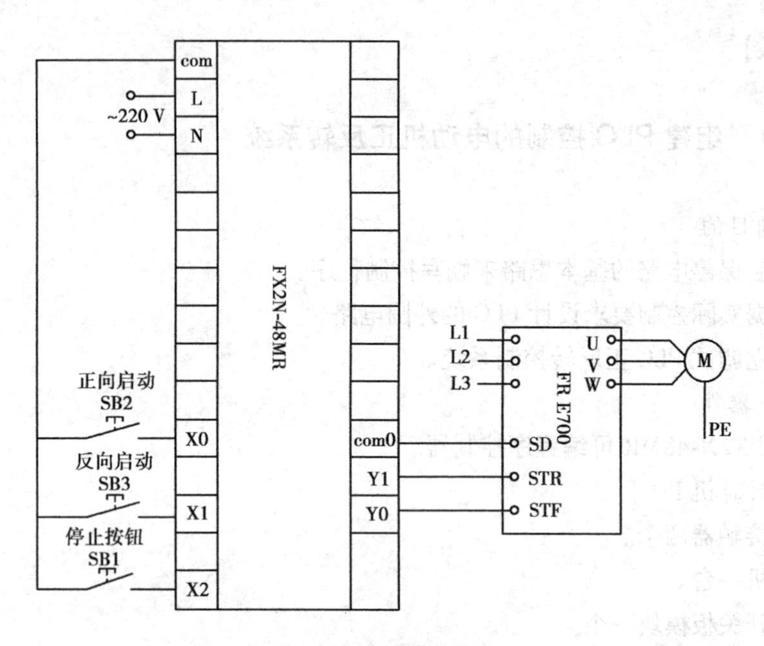

图 4.2　系统硬件接线图

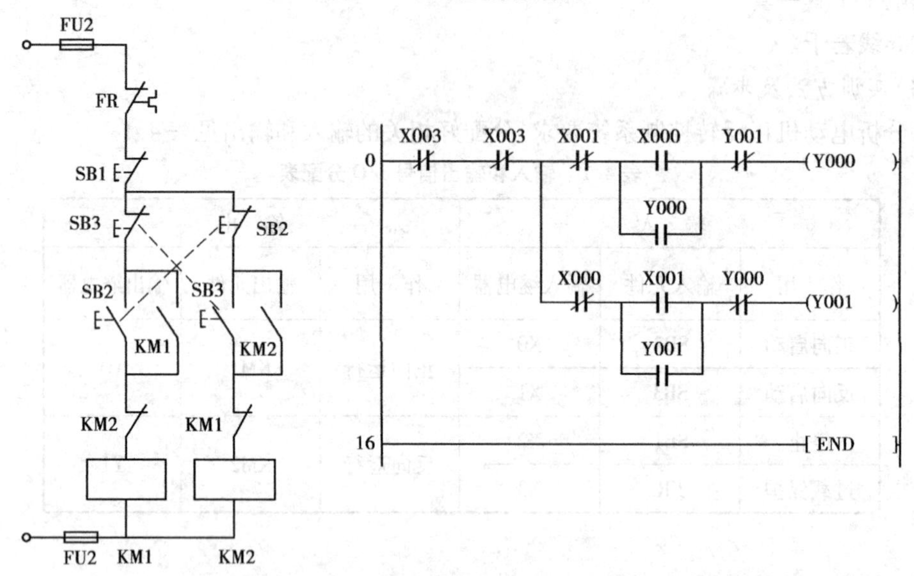

图 4.3　电动机正反转的梯形图

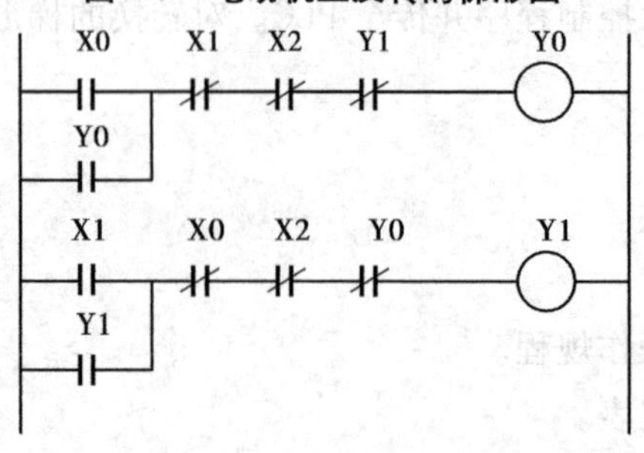

图 4.4　优化后的梯形图

【议一议】

①请解释什么是复合联锁?

②能不能用自锁和联锁的知识来组建一个简单的抢答控制系统?

【知识拓展】

梯形图的优化

①在串联电路中,单个触点应放在电路块的右边,符合"左重右轻"的原则。

②在并联电路中,单个触点应放在电路块的下边,符合"上重下轻"的原则。

③在有线圈的并联电路中,将单个线圈放在下面。

【评一评】

单台电动机正反转 PLC 控制系统的安装任务评价表

学生姓名		日　期		自评	组评	师评
应知应会(80 分)						
序　号	评价要点					
1	知道继电器控制电路控制电机正反转(20 分)					
2	能说出继电器电路控制电机正反转的具体方法(20 分)					
3	正确使用 PLC 仿真软件编写电动机的正反转控制程序(20 分)					
4	能用仿真软件编写简单的程序(20 分)					
学生素养(20 分)						
序　号	评价要点	考核要求	评价标准			
1	德育(20 分)	团队协作 自我约束能力	小组团结协作精神 考勤,操作认真仔细 根据实际情况进行扣分			
整体评价						

任务 4.2　工作台自动往返 PLC 控制系统的安装

【任务教学环节】

教学步骤	时间安排	教学方式
阅读教材	课余	自学、查资料、组内相互讨论
知识讲解	2 课时	重点讲授 MC,MCR 指令的使用
实训操作	4 课时	1. 会编制 PLC 的基本操作 2. 能够编写相关的控制程序

【任务描述】

某工作台能按一定的要求循环工作,工作台前进及后退由电动机通过丝杠拖动,系统工作如图4.5所示。要求系统能实现以下控制功能:

①能自动循环工作。

②可进行点动控制(工作台调试)。

③可单周期工作,即工作台前进、后退一次后停在原位。

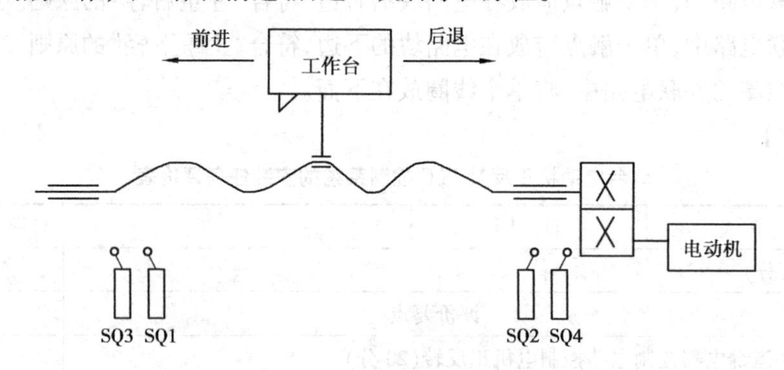

图4.5 工作示意图

【任务分析】

①工作台前进与后退是通过电动机正反转来控制的,因此完成这一动作只要用电动机正反转控制基本程序即可,主电路的控制可以用变频器来加以改造。

②工作台工作有点动控制和自动连续控制两种方式。可以采用程序(编制软件的方法)实现两种工作方式的转换,也可以采用控制开关SA1(即硬件的方法)来选择。设控制开关SA1闭合时,工作台工作于点动控制状态,SA1断开时,工作台工作于自动连续控制状态。

③工作台有单周期工作和多次自动循环两种工作状态,用控制开关SA2来进行选择。SA2闭合时,工作台实现单周期工作,SA1断开时,工作台实现自动循环工作。

④若要工作台停止,只需按下停止按钮SB1即可。

【任务相关知识】

知识4.2.1 MC主控指令(MC/MCR)

(1)MC(主控指令)

主控指令用于公共串联触点的连接。执行MC后,左母线移到MC触点的后面。

(2)MCR(主控复位指令)

主控复位指令是MC指令的复位指令,即利用MCR指令恢复原左母线的位置。

在编程时常会出现这样的情况,多个线圈同时受一个或一组触点控制,如果在每个线圈的控制电路中都串入同样的触点,将占用很多存储单元,使用主控指令就可以解决这一问题。MC,MCR指令的使用如图4.6所示,利用MC N0 M100实现左母线右移,使Y0,Y1都在X0的控制之下,其中N0表示嵌套等级,在无嵌套结构中N0的使用次数无限制;利用MCR

N0 恢复到原左母线状态。如果 X0 断开则会跳过 MC,MCR 之间的指令向下执行。

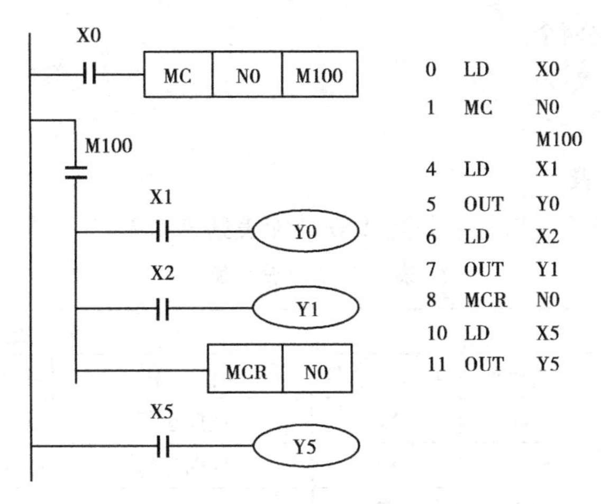

图 4.6　主控指令的使用

(3)MC,MCR 指令的使用说明

①MC,MCR 指令的目标元件为 Y 和 M,但不能用特殊辅助继电器。MC 占 3 个程序步,MCR 占两个程序步。

②主控触点在梯形图中与一般触点垂直(见图 4.6 中的 M100)。主控触点是与左母线相连的常开触点,是控制一组电路的总开关。与主控触点相连的触点必须用 LD 或 LDI 指令。

③MC 指令的输入触点断开时,在 MC 和 MCR 之内的积算定时器、计数器、用复位/置位指令驱动的元件保持其之前的状态不变。非积算定时器和计数器,用 OUT 指令驱动的元件将复位,如图 4.6 所示,当 X0 断开,Y0 和 Y1 即变为 OFF。

④在一个 MC 指令区内若再使用 MC 指令称为嵌套。嵌套级数最多为 8 级,编号按 N0→N1→N2→N3→N4→N5→N6→N7 顺序增大,每级的返回用对应的 MCR 指令,从编号大的嵌套级开始复位。

【做一做】

实训 4.2.1　工作台自动往返 PLC 控制系统的安装

(1)实训目的

①会独立编制工作台自动往返 PLC 控制系统的工作程序。

②会在 YL-235A 实训台上安装工作台自动往返 PLC 控制系统。

(2)实训器件

①三菱 FX2N-48MR 可编程序控制器。

②个人计算机 PC。

③三菱变频器组件一套。

④电动机一台。

⑤按钮开关板模块两个。

⑥电工工具一套。

⑦导线若干

(3)实训方法及步骤

①熟悉工作任务及I/O口地址分配,I/O分配表见表4.2。

表4.2 I/O分配表

输 入			输 出		
作 用	输入元件	输入继电器	作 用	输出元件	输出继电器
点动/自动选择	SA1	X0	正向运行	变频器STF	Y1
单周期/自动循环选择	SA2	X1	反向运行	变频器STR	Y2
停止	SB1	X2			
前进点动/启动	SB2	X3			
后退点动/启动	SB3	X4			
前进转后退的开关	SQ1	X5			
后退转前进的开关	SQ2	X6			
前进终端保护开关	SQ3	X7			
后退终端保护开关	SQ4	X10			

②绘制出控制系统硬件接线图,按图4.7所示完成系统硬件接线。

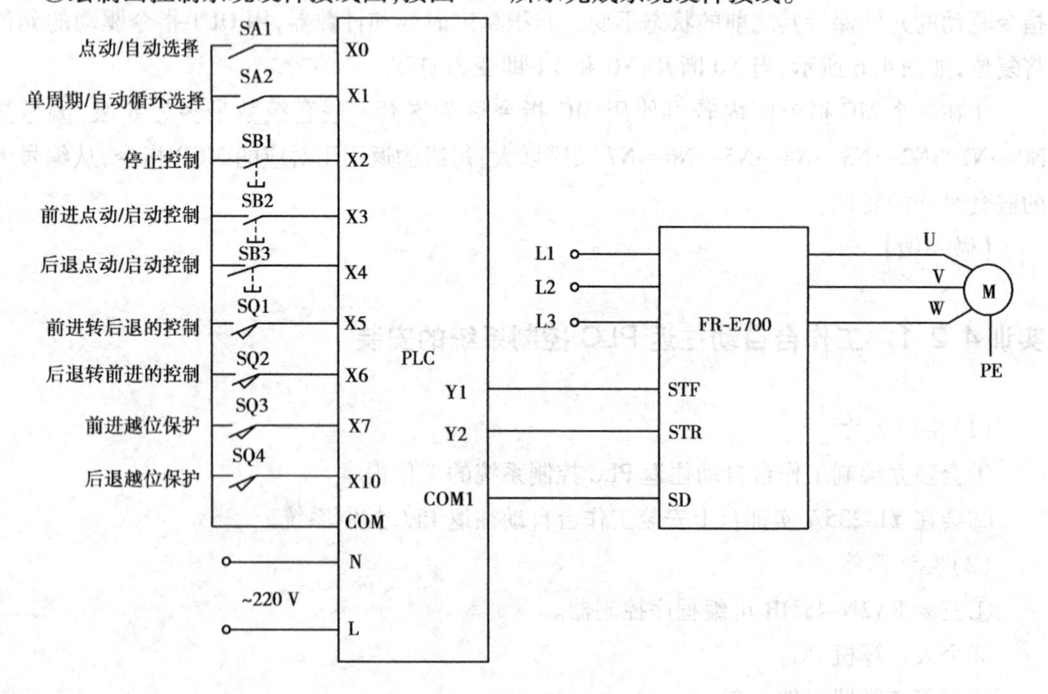

图4.7 PLC外部接线图

③变频器参数设置,需要设置的参数见表4.3。

表4.3 变频器参数设置表

变频器参数号	设定值	备 注
Pr.79	2	外部信号控制
Pr.4	50	高速运行
Pr.5	35	中速运行
Pr.6	20	低速运行

④编写如图4.8所示控制程序并传送到PLC。

⑤自检。

⑥检查无误后通电调试。

(4)实训注意事项

①严格遵守安全用电操作规程。

②保护好现场设备和仪表。

③学会举一反三。

【议一议】

你能用PLC组建一个有多台电动机的正反转控制系统吗?

【知识拓展】

PLC控制系统与继电器控制系统的区别

PLC控制系统与继电器控制系统相比,有许多相似之处,也有许多不同。不同之处主要在以下5个方面:

①控制方法

继电器控制系统控制逻辑采用硬件接线,利用继电器控制系统机械触点的串联或并联等组合成控制逻辑,其连线多且复杂、体积大、功耗大,系统构成后,想再改变或增加功能较为困难。另外,继电器控制系统的机械触点数量有限,因此电器控制系统的灵活性和可扩展性受到很大限制。而PLC采用了计算机技术,其控制逻辑是以程序的方式存放在存储器中,要改变控制逻辑只需改变程序,因而很容易改变或增加系统功能。系统连线少、体积小、功耗小,而且PLC所谓"软继电器",实质上是存储器单元的状态,因此"软继电器"的触点数量是无限的,PLC系统的灵活性和可扩展性好。

②工作方式

在继电器控制电路中,当电源接通时,电路中所有继电器都处于受制约状态,即该吸合的继电器都同时吸合,不该吸合的继电器受某种条件限制而不能吸合,这种工作方式称为并行工作方式。而PLC的用户程序是按一定顺序循环执行,因此各软继电器都处于周期性循环扫描接通中,受同一条件制约的各个继电器的动作次序决定于程序扫描顺序,这种工作方式称为串行工作方式。

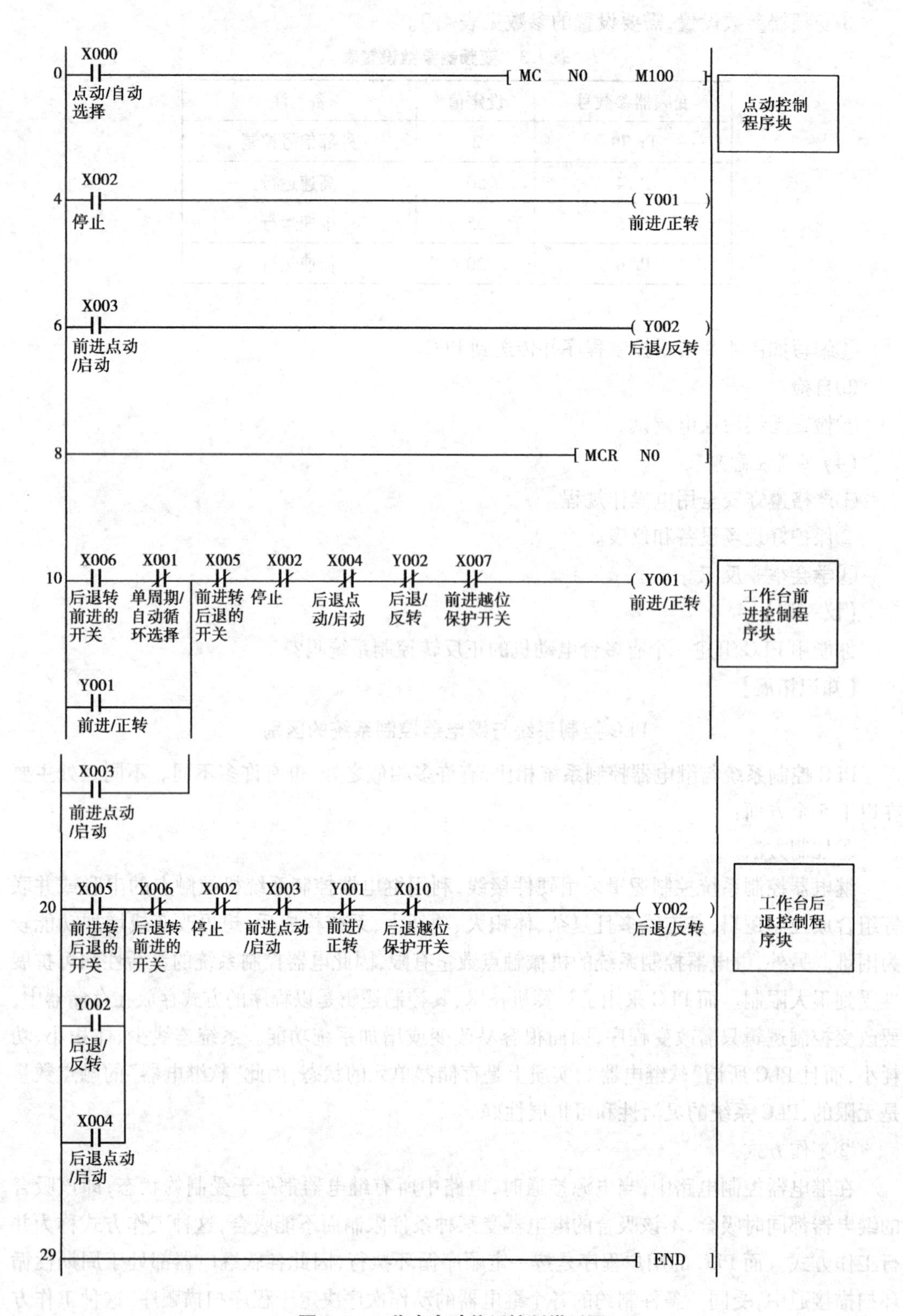

图 4.8 工作台自动往返控制梯形图

③控制速度

继电器控制系统依靠机械触点的动作以实现控制,工作频率低,机械触点还会出现抖动问题。而 PLC 是通过程序指令控制半导体电路来实现控制的,速度快,程序指令执行时间在微秒级,且不会出现触点抖动问题。

④定时和计数控制

继电器控制系统采用时间继电器的延时动作进行时间控制,时间继电器的延时时间易受环境温度和温度变化的影响,定时精度不高。而 PLC 采用半导体集成电路作定时器,时钟脉冲由晶体振荡器产生,精度高,定时范围宽,用户可根据需要在程序中设定定时值,修改方便,不受环境的影响,且 PLC 具有计数功能,而电器控制系统一般不具备计数功能。

⑤可靠性和可维护性

由于电器控制系统使用了大量的机械触点,其存在机械磨损、电弧烧伤等,寿命短,系统的连线多,因此可靠性和可维护性较差。而 PLC 大量的开关动作由无触点的半导体电路来完成,其寿命长、可靠性高,PLC 还具有自诊断功能,能查出自身的故障,随时显示给操作人员,并能动态地监视控制程序的执行情况,为现场调试和维护提供了方便。

【评一评】

工作台自动往返 PLC 控制系统的安装任务评价表

学生姓名		日　期		自评	组评	师评
应知应会(80 分)						
序　号	评价要点					
1	知道热继电器的作用(20 分)					
2	能说出该控制系统的原理(20 分)					
3	正确使用 PLC 仿真软件编写电动机的正反转控制程序(20 分)					
4	能用仿真软件编写简单的程序(20 分)					
学生素养(20 分)						
序　号	评价要点	考核要求	评价标准			
1	德育(20 分)	团队协作 自我约束能力	小组团结协作精神 考勤,操作认真仔细 根据实际情况进行扣分			
整体评价						

项目5

PLC电动机顺序控制系统安装

●项目描述

顺序启动、停止控制电路是在一个设备启动之后另外一个设备才能启动运行的一种控制方法,常运用于主、辅设备之间的顺序控制系统中。

●项目目标

知识目标:

●能复述PLC基本指令功能及使用方法。

●能解释顺序控制指令,能撰写较复杂的顺序功能图控制程序。

技能目标:

●能够利用基本指令,完成电动机顺序控制系统的程序编写。

●能独立安装PLC应用系统外围硬件电路。

●具备较强的PLC控制程序故障分析和排除能力。

任务 5.1　三级皮带运输机控制系统安装

【任务教学环节】

教学步骤	时间安排	教学方式
阅读教材	课余	自学、查资料、组内相互讨论
知识讲解	2 课时	重点讲授如何编写电动机正反转的程序
实训操作	4 课时	1. 掌握 PLC 的基本操作 2. 能够编写简单的控制程序

【任务描述】

皮带运输机是运用皮带的运动传送物料的机械。它广泛应用于采矿、冶金、化工、铸造、建材等行业的输送和生产流水线,以及水电站建设工地和港口等生产部门。它主要用来输送破碎后的物料,根据生产工艺要求,可单台输送,也可多台组成或与其他输送设备组成水平或倾斜的输送系统。如图 5.1 所示为生产现场常采用的三级皮带运输机工作示意图。

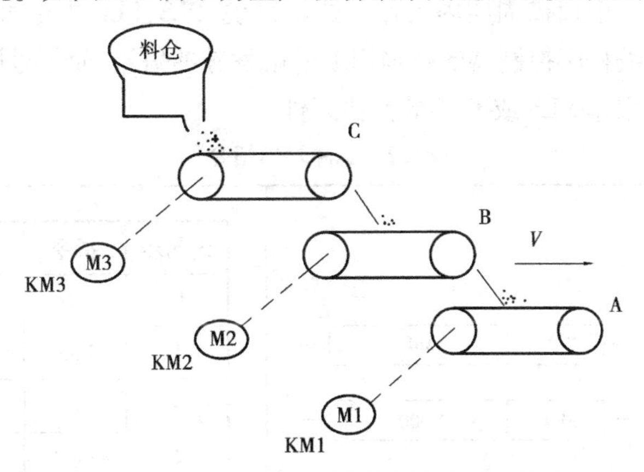

图 5.1　三级皮带运输机工作示意图

【任务分析】

三级皮带运输机物料传送系统采用 3 台电动机带动,具体控制要求如下:

①按下启动 SB1 时需首先启动最末一级皮带机(M1),然后按下启动 SB2 第二级皮带机(M2),最后按下 SB3 启动第一级皮带机(M3)。

②停止时应先按下 SB4 停止第一级皮带机(M3),待料运送完毕后再依次按下 SB5,SB6 停止其他皮带机(M2,M1)。

③当系统中任意一级皮带机发生故障时,各级皮带机立即停止。

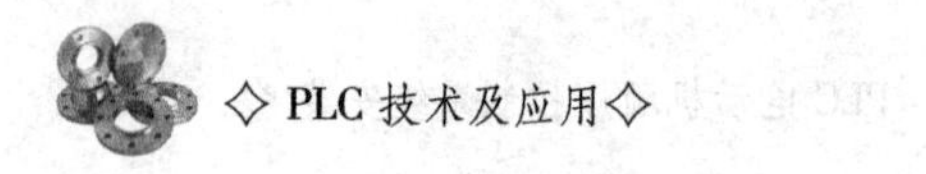

【任务相关知识】

知识5.1.1 脉冲输出指令(PLS/PLF)

PLS,PLF指令的功能、操作元件等见表5.1。

表5.1 PLS,PLF指令的功能

符号、名称	功 能	电路表示及操作元件	程序步
PLS(Pulse)	上升沿微分输出	PLS Y.M	2
PLF (PLF)	下降沿微分输出	PLF Y.M	2

PLS,PLF为脉冲输出指令。PLS在输入信号上升沿产生脉冲输出,而PLF在输入信号下降沿产生脉冲输出。

表5.2是脉冲输出指令的一个例子。从图5.2所示的时序图可知,使用PLS指令时,元件Y,M仅在驱动输入断开后的一个扫描周期内动作(置1);使用PLF指令时,元件Y,M仅在驱动输入断开后的一个扫描周期内动作。这就是说,PLS,PLF指令可将脉宽较宽的输入信号变成脉宽等于可编程序控制器的扫描周期的触发脉冲信号,而信号周期不变。

特殊继电器不能用作PLS或PLF的操作元件。

表5.2 脉冲输出指令

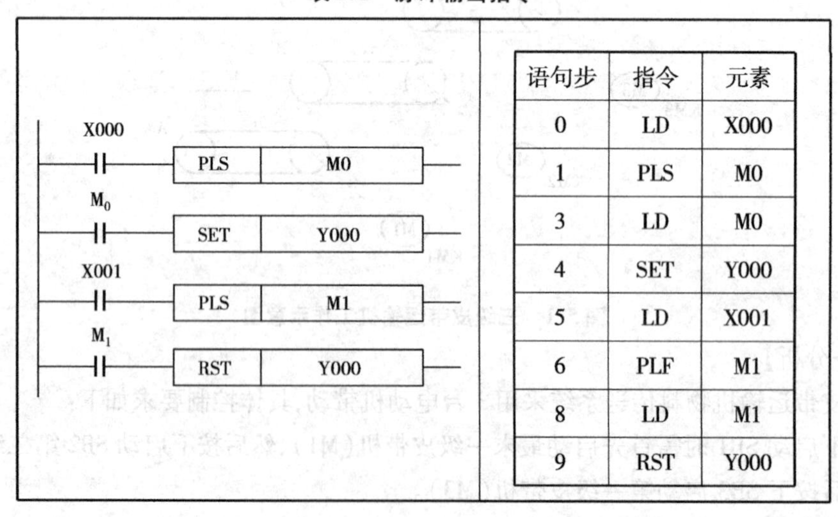

语句步	指令	元素
0	LD	X000
1	PLS	M0
3	LD	M0
4	SET	Y000
5	LD	X001
6	PLF	M1
8	LD	M1
9	RST	Y000

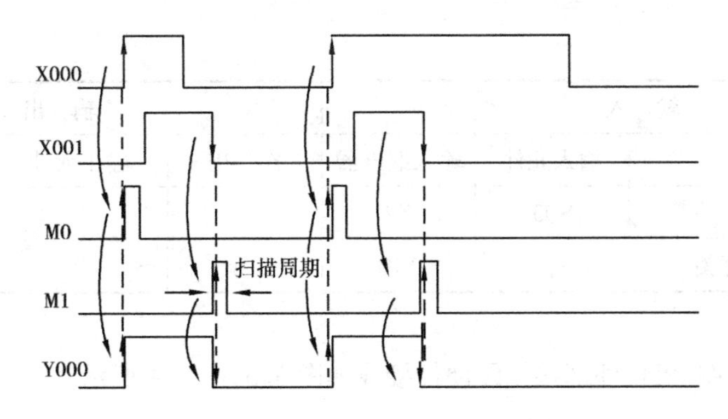

图 5.2 PLS,PLF 指令的使用

【做一做】

实训 5.1.1 三级皮带运输机控制系统安装

(1)实训目的

①能用 PLS,PLF 指令编制三级皮带运输机控制系统相关程序。

②会在 YL-235A 实训台上安装三级皮带运输机控制模拟系统。

(2)实训器件

①个人计算机 PC。

②三菱 FX2N-48MR 可编程序控制器。

③亚龙 YL-235A 按钮及电动机模块、电源模块。

④亚龙 YL-235A 变频器模块。

⑤相关数据通信线若干。

⑥连接线若干。

(3)实训方法及步骤

①分析三级皮带运输机控制系统要求,分配好相关的输入和输出见表 5.3。

表 5.3 I/O 分配表

输 入			输 出		
作 用	输入元件	输入继电器	作 用	输出元件	输出继电器
点动/自动选择	SA1	X0	M1 运行	KM_1	Y1
单周期/自动循环选择	SA2	X1	M2 运行	KM_2	Y2
停止	SB1	X2	M3 运行	KM_3	Y3
前进点动/启动	SB2	X3			
后退点动/启动	SB3	X4			
前进转后退的开关	SQ1	X5			
后退转前进的开关	SQ2	X6			

续表

输　入			输　出		
作　用	输入元件	输入继电器	作　用	输出元件	输出继电器
前进终端保护开关	SQ3	X7			
后退终端保护开关	SQ4	X10			

②系统主电路图、PLC 外部接线图硬件接线如图 5.3、图 5.4 所示。

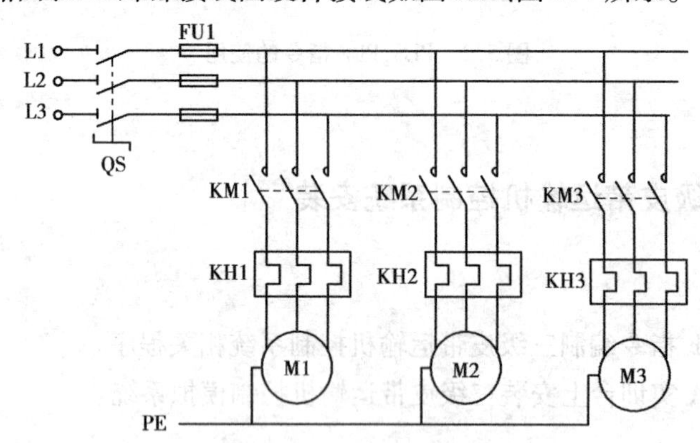

图 5.3　系统主电路图

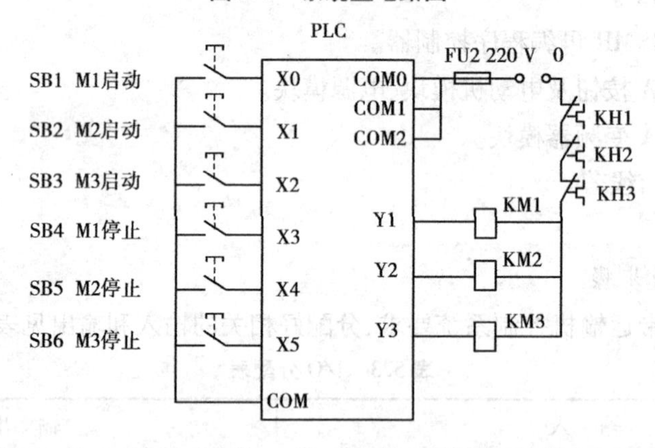

图 5.4　PLC 外部接线图

③编写系统控制程序并传送至 PLC，程序如图 5.5 所示。

④自检。

⑤检查无误后通电调试。

(4)实训注意事项

①严格遵守安全用电操作规程。

②保护好现场设备和仪表。

【议一议】

①你能编写出多级皮带运输机系统的控制程序吗？

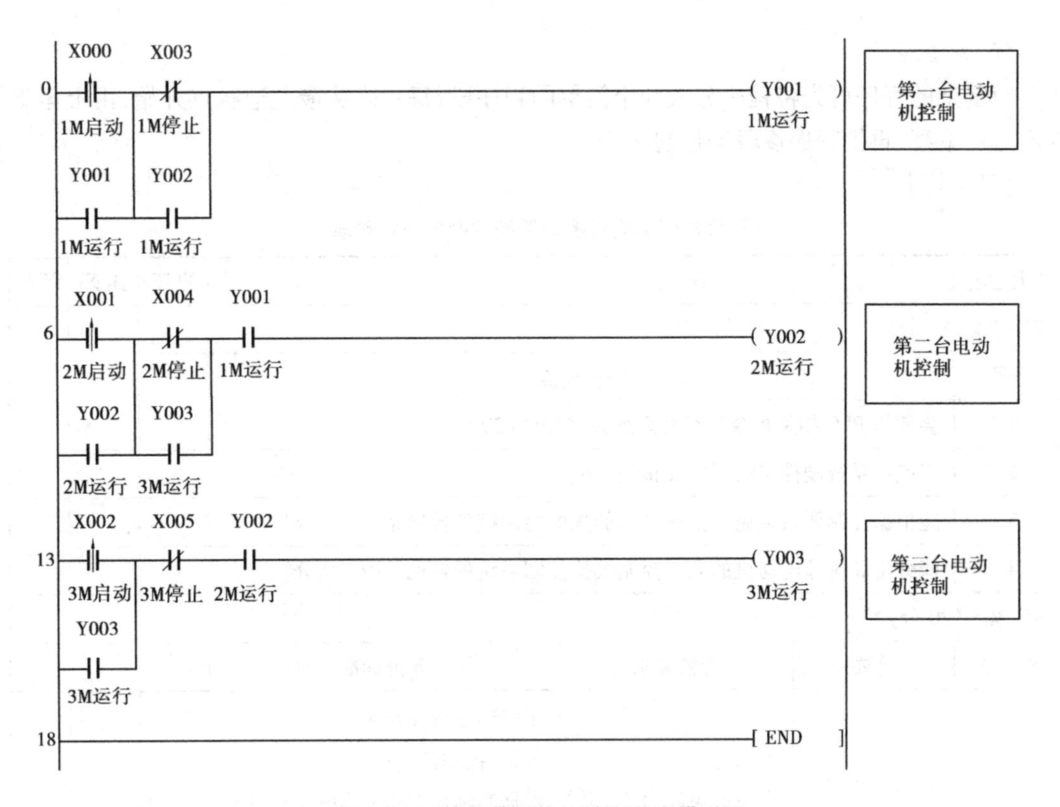

图5.5　三级皮带运输机控制程序梯形图

②你能用其他方法编写三级皮带运输机控制程序吗?

【知识拓展】

可编程控制器梯形图设计6个原则

(1)触点的安排

梯形图的触点应画在水平线上,不能画在垂直分支上。

(2)串、并联的处理

在有几个串联回路相并联时,应将触点最多的那个串联回路放在梯形图最上面。在有几个并联回路相串联时,应将触点最多的并联回路放在梯形图的最左面。

(3)线圈的安排

不能将触点画在线圈右边,只能在触点的右边接线圈。

(4)不准双线圈输出

如果在同一程序中同一元件的线圈使用两次或多次,则称为双线圈输出。这时前面的输出无效,只有最后一次才有效,因此不应出现双线圈输出。

(5)重新编排电路

如果电路结构比较复杂,可重复使用一些触点画出它的等效电路,然后再进行编程就比较容易。

(6)编程顺序

对复杂的程序可先将程序分成几个简单的程序段,每一段从最左边触点开始,由上至下向右进行编程,再把程序逐段连接起来。

【评一评】

三级皮带运输机控制系统安装任务评价表

<table>
<tr><td>学生姓名</td><td></td><td>日 期</td><td></td><td>自评</td><td>组评</td><td>师评</td></tr>
<tr><td colspan="4">应知应会(80分)</td><td></td><td></td><td></td></tr>
<tr><td>序号</td><td colspan="3">评价要点</td><td></td><td></td><td></td></tr>
<tr><td>1</td><td colspan="3">会使用PLC相关指令来编写系统控制程序(20分)</td><td></td><td></td><td></td></tr>
<tr><td>2</td><td colspan="3">正确按系统硬件接线图完成接线(20分)</td><td></td><td></td><td></td></tr>
<tr><td>3</td><td colspan="3">能根据控制要点现场调试电动机的顺序控制模拟控制系统(20分)</td><td></td><td></td><td></td></tr>
<tr><td>4</td><td colspan="3">能分析和排除电动机的顺序控制模拟控制系统的常见故障(20分)</td><td></td><td></td><td></td></tr>
<tr><td colspan="4">学生素养(20分)</td><td></td><td></td><td></td></tr>
<tr><td>序 号</td><td>评价要点</td><td>考核要求</td><td>评价标准</td><td></td><td></td><td></td></tr>
<tr><td>1</td><td>德育(20分)</td><td>团队协作
自我约束能力</td><td>小组团结协作精神
考勤,操作认真仔细
根据实际情况进行扣分,不出现安全事故</td><td></td><td></td><td></td></tr>
<tr><td colspan="2">整体评价</td><td colspan="5"></td></tr>
</table>

项目 6

电动机 Y-△降压启动控制系统安装

●项目描述

生产中的电动机特别是大功率电动机启动时会对电网电压造成冲击,而 Y-△降压启动方式是最经典、常用的降压启动方案。所谓 Y-△降压启动,就是让电动机启动时工作于 Y 形,运行时工作于△形连接状态。

●项目目标

知识目标:

●能描述三相交流电动机 Y-△降压启动的线路图的工作过程。

●能复述定时器、计数器等软元件的作用、格式和使用方法。

●能说明三菱 PLC 进行三相电机 Y-△降压启动改造所需软元件。

●能列举比较指令和传送指令的工作原理与使用方法。

技能目标:

●能编写电动机 Y-△降压启动控制系统的程序。

●能独立完成电动机 Y-△降压启动控制系统的接线、调试。

●能正确运用定时器指令的功能指令编制自动星/三角形降压启动程序。

●能够完成自动星/三角形降压启动 PLC 控制系统的硬件接线及调试。

任务6.1 手动星/三角降压启动PLC控制系统的安装

【任务教学环节】

教学步骤	时间安排	教学方式
阅读教材	课余	自学、查资料、组内相互讨论
知识讲解	2课时	重点讲授Y-△降压启动的工作过程及对应的PLC改造方法
实训操作	4课时	1. PLC接线方法 2. 实训操作接线及编程调试

【任务描述】

在工程设计中,经常对不满足全压启动条件的大功率电动机采用降压启动的方式,其中Y-△启动方式也称为星形-三角形降压启动。它以其设备价格低、启动电流小、控制方式简单、维护方便等优点在民用建筑电气设计中被普遍采用。

【任务分析】

需要组建的Y-△手动降压启动PLC控制系统的具体工作要求如下:

①设备通电,按下启动按钮,电源接触器和星形接触器线圈工作(用信号灯模拟)。

②再按下Y-△控制转换按钮,电源接触器和三角形接触器线圈工作(用信号灯模拟)。

③按下停止按钮,所有接触器线圈失电(用信号灯模拟)。

【任务相关知识】

知识6.1.1 传统控制电路工作原理

如图6.1所示,Y-△降压启动也称为星形-三角形降压启动,简称星-三角降压启动。这一线路的设计思想仍是按时间原则控制启动过程。所不同的是,在启动时将电动机定子绕组接成星形,每相绕组承受的电压为电源的相电压220 V,减小了启动电流对电网的影响。而在其启动后期则按预先整定的时间换接成三角形接法,每相绕组承受的电压为电源的线电压380 V,电动机进入正常运行。凡是正常运行时定子绕组接成三角形的鼠笼式异步电动机,均可采用这种线路。

已在电力拖动课程中学习了该线路的安装,在这里将学习如何利用PLC实现它的控制过程。

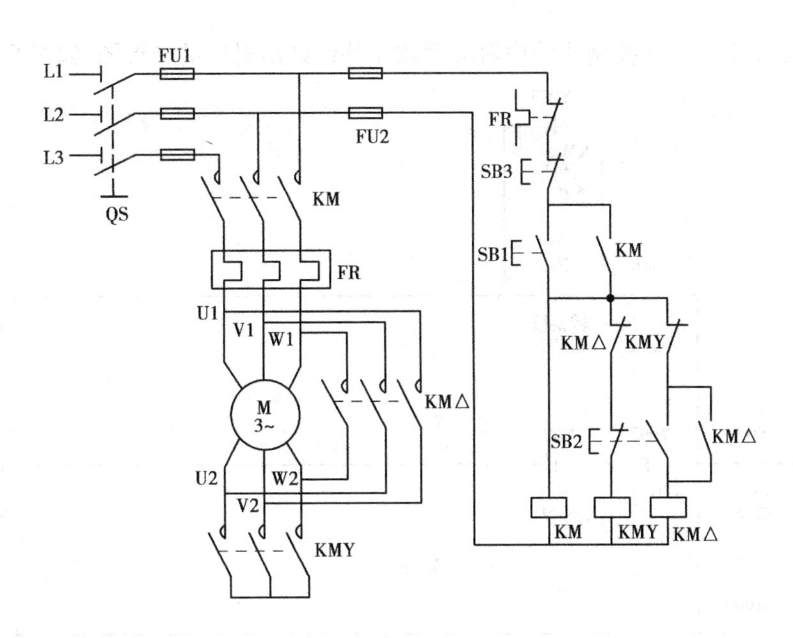

图6.1 星形-三角形降压启动

(1)改造工作应用范围

用PLC来改造该线路,其主要任务就是改造电路的控制线路部分。在主电路中不可能用PLC来实现,想一想这是为什么?

显然,主电路接的是三相交流电动机,它的工作电流很大(一般是几安至数十安),PLC的输出触点不可能承受这么大的电流。因此主电路还是保留交流接触器的连接方式,只能在控制线路中通过PLC改造交流接触器线圈的通断方式来达到目的。

(2)Y-△降压启动启动对应软元件

降压启动控制线路中有启动、转换和停止3个按钮,KM,KMY和KM△3个接触器线圈。应用三菱FX2N-48MR的PLC实现改造时,仍然可保留所用的按钮和交流接触器。这里主要用PLC来替代原控制线路的逻辑处理,来实现原来线路的工作过程。在此过程中,需使用PLC的3个输入和3个输出软元件。

把Y-△降压启动启动线路图的控制线路部分左旋90°。旋转时,为了简化连接关系在图里面去除了热继电器触点FR,如图6.2所示。

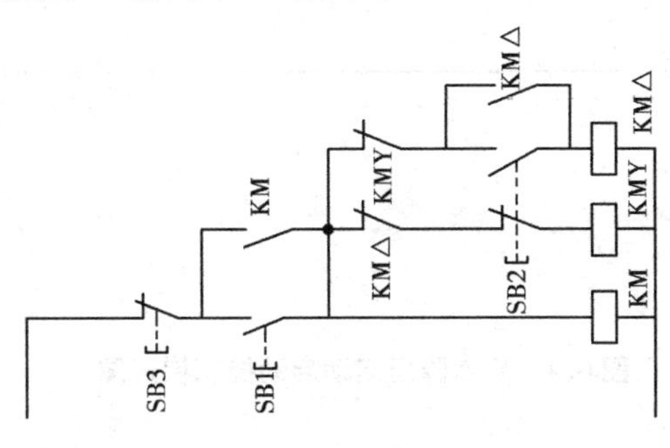

图6.2 左旋90°后Y-△降压启动控制线路

根据三菱 FX2N 与该控制线路中对应用软元件设计出对应的梯形图,如图 6.3 所示。

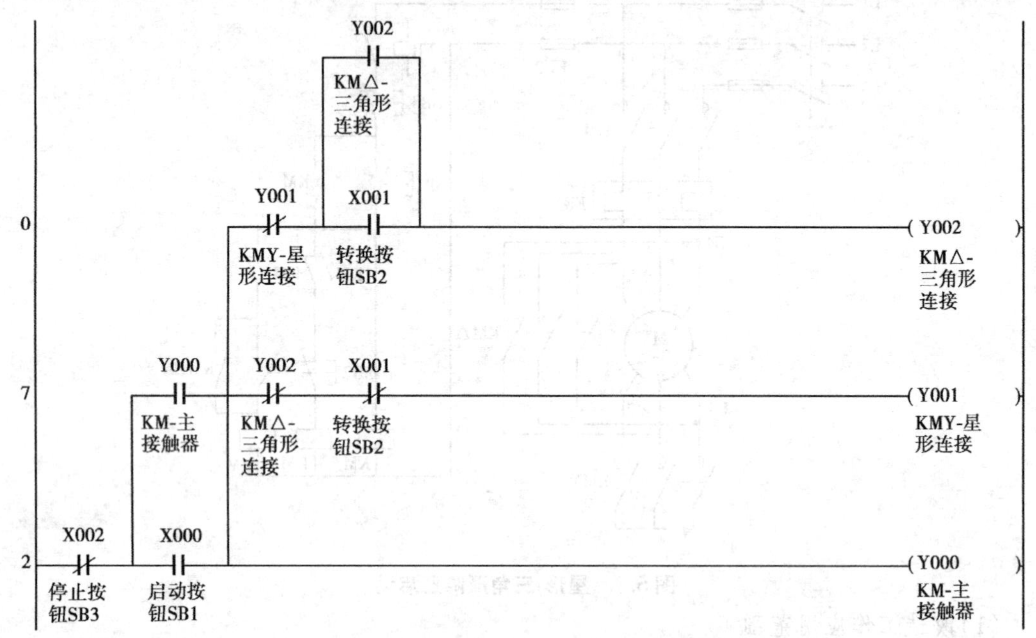

图 6.3　Y-△降压启动控制线路对应梯形图

这样的梯形图虽然与电路图完全对应,但是它不符合三菱 FX2N 梯形图的书写规则,不能进行变换,也不能写入 PLC 执行。因此,按照三菱 FX2N 梯形图规则,再进行修改,如图 6.4所示。

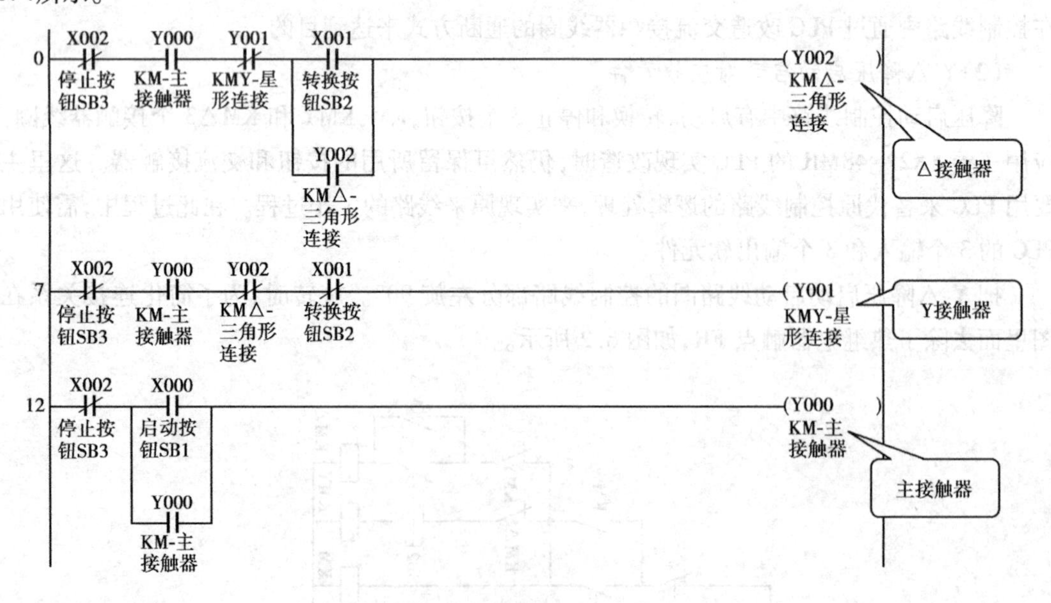

图 6.4　Y-△降压启动启动控制梯形图

【做一做】

实训 6.1.1　Y-△降压启动启动控制

(1) 实训目的

①能按照 Y-△降压启动工作要求编写三菱 PLC 控制程序。

②会按 I/O 地址分配表完成硬件接线。

(2) 实训器件

①个人计算机 PC。

②三菱 FX2N-48MR 可编程序控制器。

③亚龙 YL-235A 按钮及指示灯模块、电源模块。

④亚龙 YL-235A 警示灯组件。

⑤RS-232 数据通信线。

⑥连接线若干。

⑦CJ10-20 交流接触器 3 个。

(3) 实训方法及步骤

①熟悉工作任务及 I/O 口地址分配，手动 Y-△转换 I/O 分配表见表 6.1。

表 6.1　手动 Y-△转换 I/O 分配表

输　入		输　出	
设备名称	地　址	设备名称	地　址
启动按钮 SB1	X0	KM(主接触器)	Y0
转换按钮 SB2	X1	KMY(星形连接)	Y1
停止按钮 SB3	X2	KM△(三角形连接)	Y2

②绘制出控制系统硬件接线图，按图 6.5 所示完成系统硬件接线。

③编写控制系统程序并传送到 PLC，如图 6.6 所示。

根据图 6.6 所示的梯形图写入 PLC，就可以执行了。但是，这样的梯形图在执行指令的先后顺序上的可读性不是很好，也没有注意到梯形图的编写原则。因此，把图 6.6 所示的梯形图再做进一步的修改，如图 6.7 所示，使之可读性更好，更加满足书写原则。

④自检。

⑤检查无误后通电调试。

(4) 实训注意事项

①严格遵守安全用电操作规程。

②保护好现场设备和仪表。

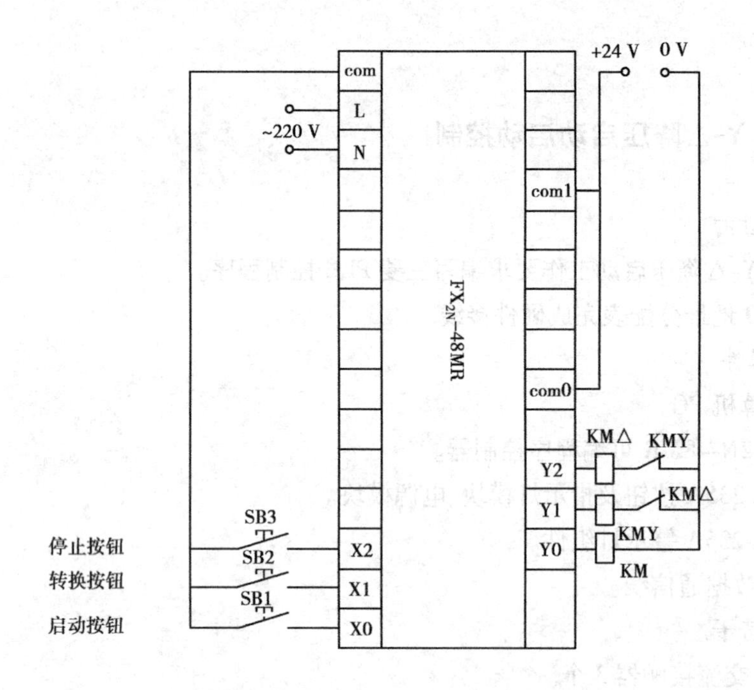

图 6.5　手动 Y-△转换 PLC 控制接线图

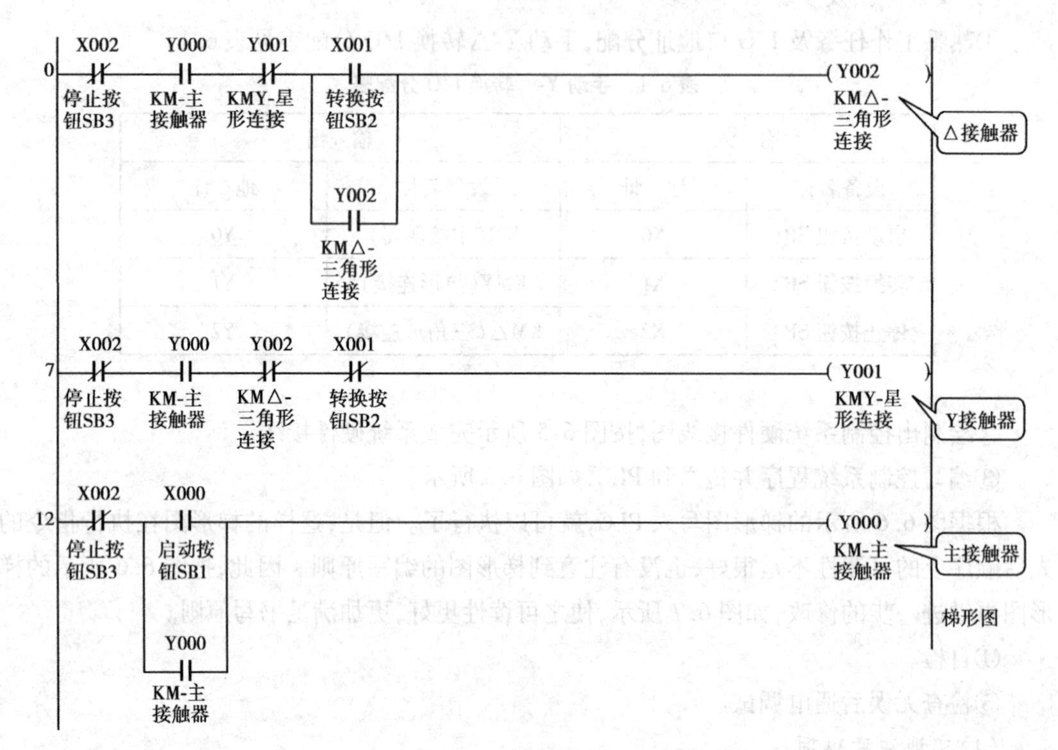

图 6.6　手动 Y-△控制程序梯形图

【议一议】

①对比图 6.6 和图 6.7 两个梯形图，看看哪个读起来更方便。

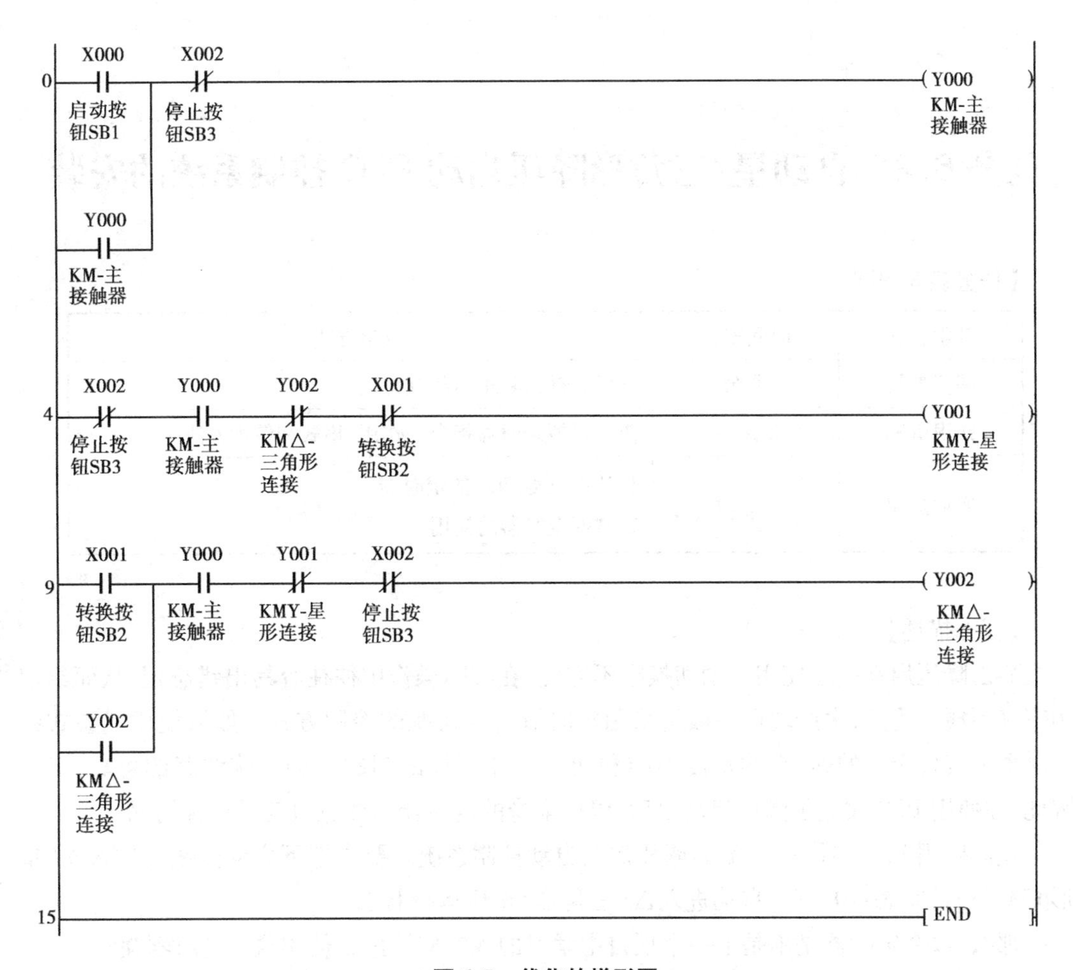

图6.7　优化的梯形图

②接线方式与非PLC控制方式比较,接线的复杂程度哪种方式更难?

【评一评】

手动星/三角降压启动PLC控制系统的安装任务评价表

学生姓名		日　期		自评	组评	师评
应知应会(80分)						
序　号	评价要点					
1	会正确完成PLC硬件接线(30分)					
2	能用GX Developer软件编写简单的程序(30分)					
3	通电校验接线和程序运行结果是否正常(20分)					
学生素养(20分)						
序　号	评价要点	考核要求	评价标准			
1	德育(20分)	团队协作 自我约束能力	小组团结协作精神 考勤,操作认真仔细 根据实际情况进行扣分			
整体评价						

任务 6.2　自动星/三角形降压启动 PLC 控制系统的安装

【任务教学环节】

教学步骤	时间安排	教学方式
阅读教材	课余	自学、查资料、组内相互讨论
知识讲解	2 课时	重点讲授定时器指令的作用、格式和使用方法
实训操作	6 课时	1. 认识三菱 PLC 的定时器 2. 掌握定时器的使用

【任务描述】

Y-△降压启动完全使用手动切换很不方便,在实际操作中往往容易出错忘记,从而给使用带来不便。为此,生产现场一般均采用定时器自动切换的控制方式。如果使用气囊式的定时器来实现定时的话,它的精度不准和使用寿命不长的问题又会影响线路的可靠工作。因此,在使用 PLC 改造了降压启动以后,PLC 本身的定时器功能就改变了这种情况。

现需要用 PLC 制作一个 Y-△降压启动自动控制系统。要求按下启动按钮后进入 Y(星形)降压启动状态;10 s 后,自动进入△(三角形)全压运行状态。

那么,这个定时器是不是上一个项目中学习的呢?应该怎么使用这个定时器呢?

【任务分析】

需要组建的 Y-△自动降压启动 PLC 控制系统的具体工作要求如下:

①设备通电,按下启动按钮,电源接触器和星形接触器线圈工作(用信号灯模拟),电动机 Y 降压启动。

②经过系统设定的时间后,电源接触器和角形接触器线圈工作(用信号灯模拟),电动机三角形全压工作。

③按下停止按钮,所有接触器线圈失电(用信号灯模拟)。

【任务相关知识】

通过 PLC 定时器的控制可以使任务 6.1 中的降压启动只需要按下启动按钮以后,电动机即可以按照先编好的程序进行精确的定时自动实现 Y-△的切换。这里所指的定时器就是上一个项目中学习的定时器,下面来复习这个定时器。

知识 6.2.1　定时器(T)

PLC 中的定时器(T)相当于继电器控制系统中的通电型时间继电器。它可以提供无限

对常开常闭延时触点。定时器中有一个设定值寄存器(一个字长)、一个当前值寄存器(一个字长)和一个用来存储其输出触点的映像寄存器(一个二进制位),这3个量使用同一地址编号。但使用场合不一样,意义也不同。

FX2N系列中的定时器可分为通用定时器、积算定时器两种。它们是通过对一定周期的时钟脉冲进行累计而实现定时的,时钟脉冲有周期为1,10,100 ms这3种,当所计数达到设定值时触点动作。设定值可用常数K或数据寄存器D的内容来设置。

(1)通用定时器

通用定时器的特点是不具备断电的保持功能,即当输入电路断开或停电时定时器复位。通用定时器有100 ms和10 ms通用定时器两种。

1)100 ms通用定时器(T0—T199)

100 ms通用定时器共200点,其中T192—T199为子程序和中断服务程序专用定时器。这类定时器是对100 ms时钟累积计数,设定值为1~32 767,因此其定时范围为0.1~3 276.7 s。

2)10 ms通用定时器(T200—T245)

10 ms通用定时器共46点。这类定时器是对10 ms时钟累积计数,设定值为1~32 767,因此其定时范围为0.01~327.67 s。

下面举例说明通用定时器的工作原理。如图6.8所示,当输入X0接通时,定时器T200从0开始对10 ms时钟脉冲进行累积计数,当计数值与设定值K123相等时,定时器的常开触点接通Y0,经过的时间为123×0.01 s=1.23 s。当输入X0断开后定时器复位,计数值变为0,其常开触点断开,Y0也随之OFF。若外部电源断电,定时器也将复位。

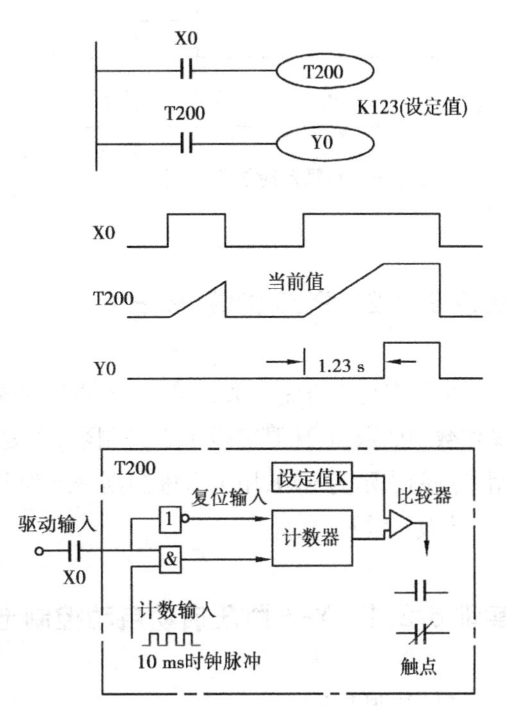

图6.8　通用定时器工作原理

(2)积算定时器

积算定时器具有计数累积的功能。在定时过程中如果断电或定时器线圈OFF,积算定时器将保持当前的计数值(当前值),通电或定时器线圈ON后继续累积,即其当前值具有保持功能,只有将积算定时器复位,当前值才变为0。

1)1 ms积算定时器(T246—T249)

1 ms积算定时器共4点,它是对1 ms时钟脉冲进行累积计数的,定时的时间范围为0.001~32.767 s。

2)100 ms积算定时器(T250—T255)

100 ms积算定时器共6点,它是对100 ms时钟脉冲进行累积计数的,定时的时间范围为0.1~3 276.7 s。

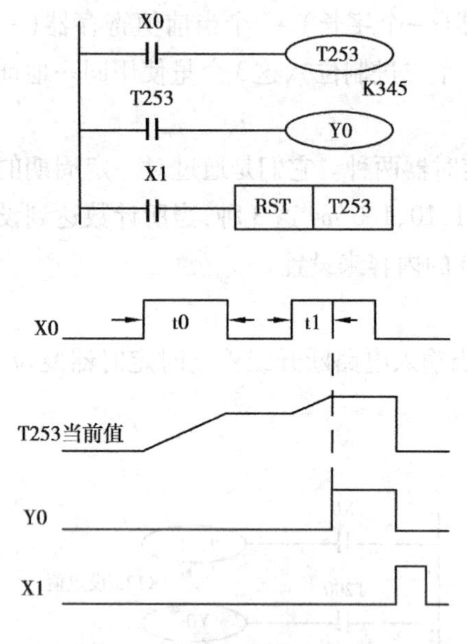

图6.9 积算定时器工作原理

以下举例说明积算定时器的工作原理。如图6.9所示，当X0接通时，T253当前值计数器开始累积100 ms的时钟脉冲的个数。当X0经t0后断开，而T253尚未计数到设定值K345，其计数的当前值保留。当X0再次接通，T253从保留的当前值开始继续累积，经过t1时间，当前值达到K345时，定时器的触点动作。累积的时间为t0 + t1 = 0.1 × 345 s = 34.5 s。当复位输入X1接通时，定时器才复位，当前值变为0，触点也跟随复位。

通用定时器：

100 ms通用定时器（T0—T199）共200点。

10 ms通用定时器（T200—T245）共46点。

积算定时器：

1 ms积算定时器（T246—T249）共4点。

100 ms积算定时器（T250—T255）共6点。

知识6.2.2 PLC常数（K，H）

K是表示十进制整数的符号，主要用来指定定时器或计数器的设定值及应用功能指令操作数中的数值；H是表示十六进制数，主要用来表示应用功能指令的操作数值。例如，20用十进制表示为K20，用十六进制则表示为H14。

【做一做】

实训6.2.1 Y-△降压启动自动控制电路

（1）实训目的

①能按照运用三菱PLC的定时器实现Y-△降压启动自动控制。

②会根据I/O地址的要求接线。

（2）实训器件

①个人计算机PC。

②三菱FX2N-48MR可编程序控制器。

③亚龙YL-235A按钮及指示灯模块、电源模块。

④亚龙YL-235A警示灯组件。

⑤RS-232数据通信线。

⑥连接线若干。

(3)实训方法及步骤

①熟悉工作任务及I/O口地址分配,自动Y-△转换I/O分配表见表6.2。

表6.2 自动Y-△转换I/O分配表

输入		输出	
设备名称	地址	设备名称	地址
启动按钮SB1	X0	KM(主接触器)	Y0
停止按钮SB2	X1	KMY(星形连接)	Y1
		KM△(三角形连接)	Y2

从I/O分配表也可以对比任务6.1,输出没有变化。

②绘制出控制系统硬件接线图,按图6.10所示完成系统硬件接线。根据I/O分配表,按照控制系统硬件,绘制出硬件接线图。与任务6.1的接线图对比,可以发现输入端简化了,只需接两个按钮。而输出端则和任务6.1完全一样,无须做任何变化。

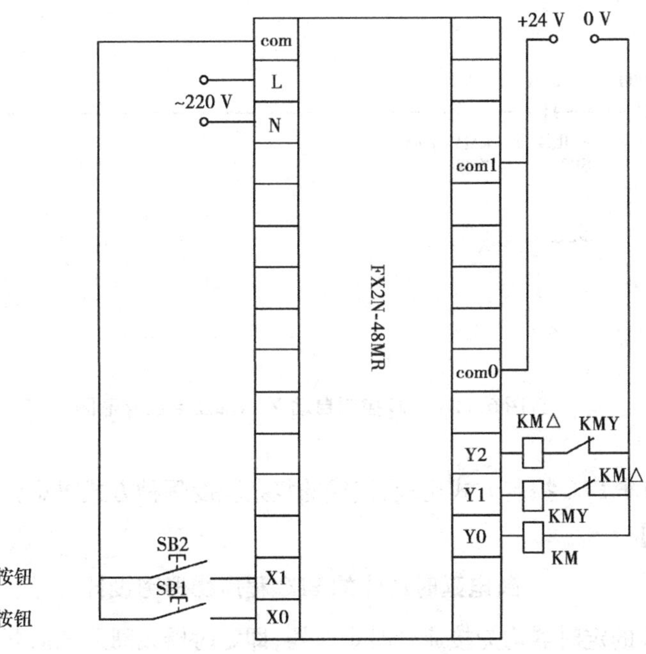

图6.10 自动Y-△转换PLC控制接线图

③编写控制系统程序并传送到PLC。根据以上所提出的任务要求和相对应的I/O分配表,设计出自动Y-△降压启动控制电路的梯形图如图6.11所示。

该控制过程与手动按钮实现Y-△转换相比,少了一个按钮,转换的动作使用T0定时器作为代替。

④自检。

⑤检查无误后通电调试。

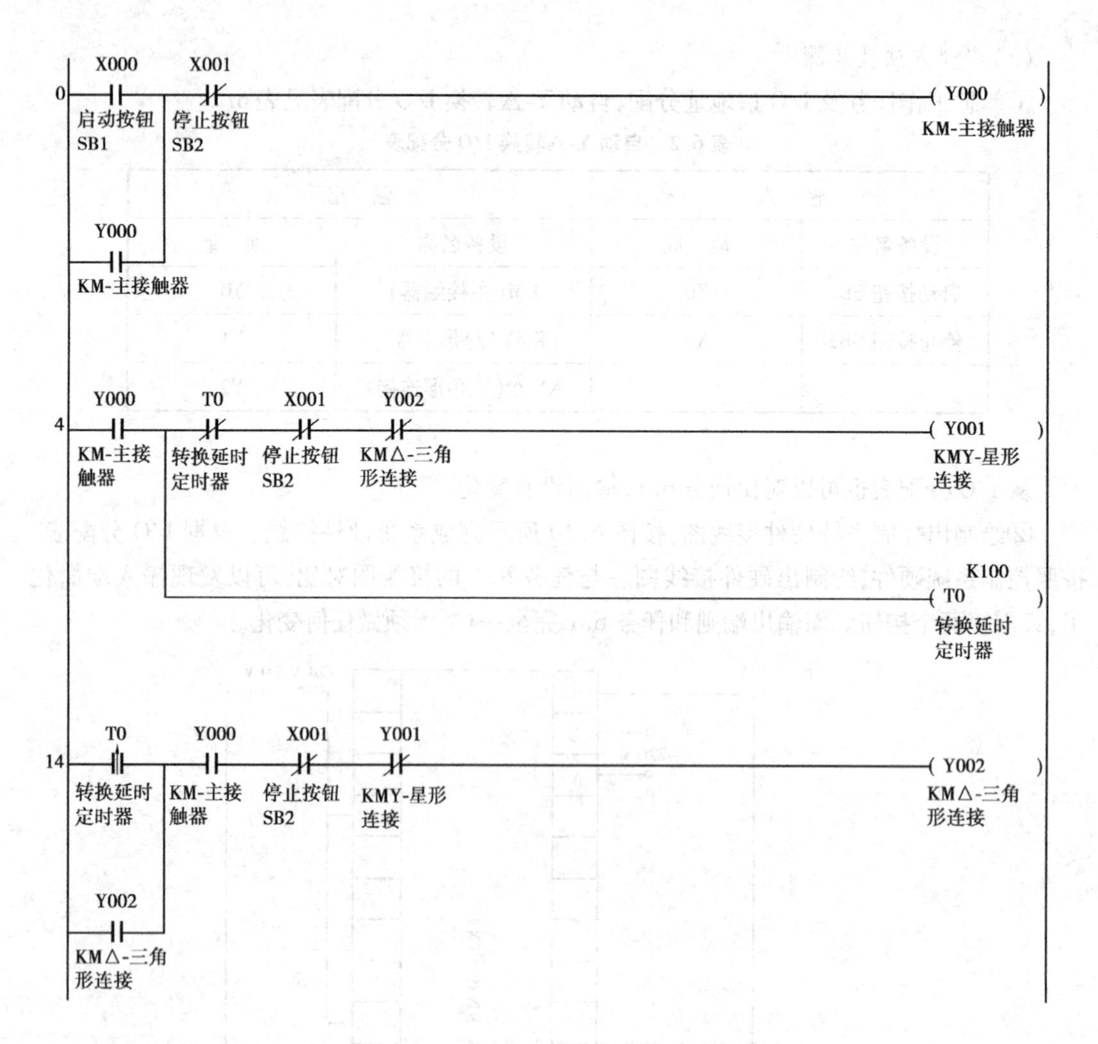

图 6.11　PLC 控制自动 Y-△降压启动梯形图

【议一议】

接线方式与非 PLC 控制方式比较,接线的复杂程度哪种方式更难?

【知识拓展】

断电延时动作的 PLC 程序梯形图设计

大多数 PLC 的定时器均为接通延时定时器,即定时器线圈通电后开始延时,待定时时间到,定时器的常开触点闭合、常闭触点断开。在定时器线圈断电时,定时器的触点立刻复位。

如图 6.12 所示为断开延时动作的程序梯形图和时序图。当 X13 接通时,M0 线圈接通并自锁,Y3 线圈通电,这时 T13 由于 X13 常闭触点断开而没有接通定时;当 X13 断开时,X13 的常闭触点恢复闭合,T13 线圈得电,开始定时。经过 10 s 延时后,T13 常闭触点断开,使 M0 复位,Y3 线圈断电,从而实现从输入信号 X13 断开,经 10 s 延时后,输出信号 Y3 才断开的延时功能。

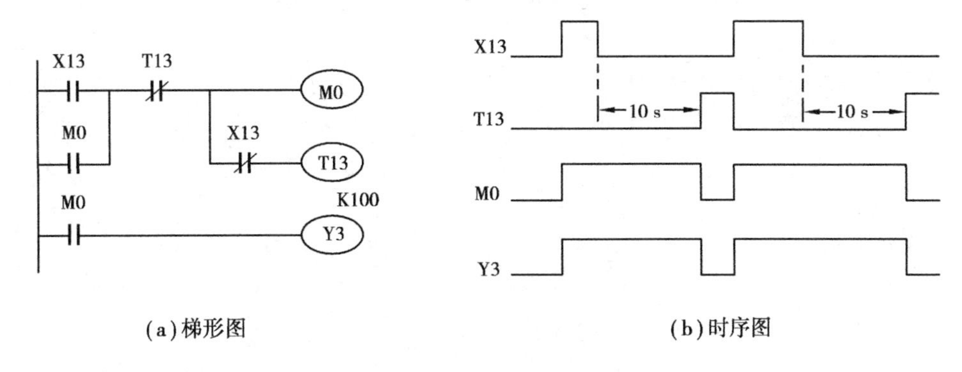

(a)梯形图　　　　(b)时序图

图6.12　断电延时动作的程序

【评一评】

自动星/三角形降压启动PLC控制系统的安装任务评价表

学生姓名		日期		自评	组评	师评
应知应会(80分)						
序　号	评价要点					
1	会正确完成对PLC接线(30分)					
2	能用GX Developer软件编写定时器程序(30分)					
3	通电校验接线和程序运行结果是否正常(20分)					
学生素养(20分)						
序　号	评价要点	考核要求	评价标准			
1	德育(20分)	团队协作 自我约束能力	小组团结协作精神 考勤,操作认真仔细 根据实际情况进行扣分			
整体评价						

进阶应用篇

项目 7

电子广告牌系统制作

●项目描述

随着我国经济的快速发展，越来越多的城市已将亮化、美化工程列入城市建设发展规划，使得各种各样的电子广告屏也得到了广泛的应用。

●项目目标

知识目标：

●能认识流程图的结构、类型。

●掌握顺控指令在程序中的重要作用。

●能列举顺控指令的使用知识。

●能认识计数器的结构和应用方法。

技能目标：

●会熟练运用顺控指令编制相关程序。

●会熟练运用计数器指令编制相关程序。

●能独立完成复杂广告牌模拟控制系统的安装及调试。

任务7.1　单一闪亮广告牌模拟系统的安装

【任务教学环节】

教学步骤	时间安排	教学方式
阅读教材	课余	查资料、组内相互讨论
知识讲解	2 课时	重点讲授任务的应用、顺控指令以及流程图
实训操作	4 课时	流程图与梯形图对应 在流程图中运用顺控指令

【任务描述】

随着我国经济建设的快速发展,各地旅游、商贸、餐饮及文化娱乐事业日益繁荣,越来越多的城市已将亮化、美化工程列入城市建设发展规划,使得各种装饰彩灯、广告彩灯(图7.1)越来越多地出现在城市中。霓虹灯已成为不可缺少的夜间文化,夜间霓虹灯广告也成为不可缺少的媒体。各个企业为了宣传自己的企业形象,霓虹灯广告屏就在此过程中扮演着十分重要的角色。

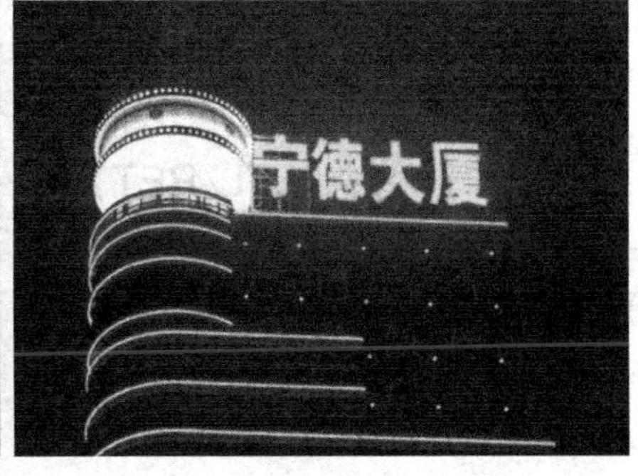

图7.1　户外霓虹灯广告图

这些灯的控制设备多为以单片机为主的数字电路。而在现代生活中,大型楼宇的轮廓装饰或大型晚会的灯光布景,由于其变化多、功率大,数字电路则不能胜任。针对这种情况,通过PLC在不同变化类型的彩灯控制中的应用,灯的亮灭、闪烁时间及流动方向的控制均达到控制要求。在彩灯的应用中,装饰灯、广告灯、布景灯的变化多种多样,但就其工作模式,可分为3种主要类型:长明灯、流水灯和变幻灯。长明灯的特点是只要灯投入工作,负载即长期接通,一般在彩灯中用以照明或衬托底色,没有频繁的动态切换过程,因此可用开关直接控制,不需经过PLC控制;流水灯负载变化频率高,变换速度快,使人有眼花缭乱之感,分为多灯流动、单灯流动等情形;变幻灯则包括字形变化、色彩变化、位置变化等,其主要特点是在整个工作过程中周期性地花样变化,但频率不高。流水灯及变幻灯均适宜采用PLC控制。

【任务分析】

那么,这里就用 YL-235A 机电一体化设备中的 HL1—HL6(见图 7.2)来仿真模拟一下带有“您好欢迎光临”6 个字的广告牌灯的闪亮过程。

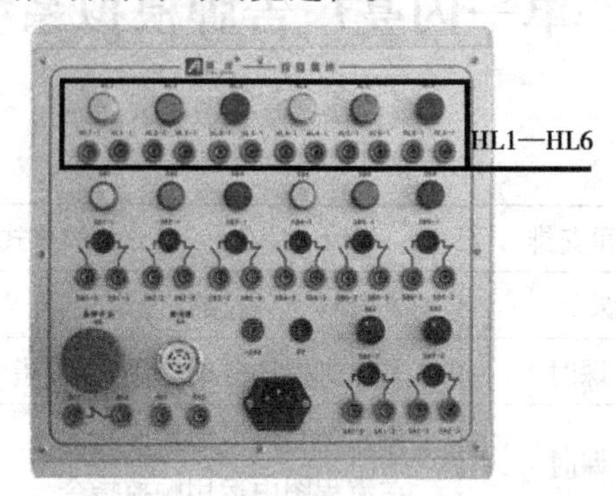

图 7.2 YL-235A 教学设备控制模板图

现在用 HL1—HL6 来代替“您好欢迎光临”这 6 个字的点亮过程吧!

需要组建的单一闪亮广告牌控制系统的具体工作要求如下:

①按下启动按钮,系统运行,广告牌灯从左至右依次时间间隔 1 s 点亮一个灯(前面点亮的灯不熄灭),全部灯同时点亮 3 s 后,全部灯熄灭,如此重复不断进行。

②关断系统电源,单一闪亮广告牌控制系统停止工作。

【任务相关知识】

本任务的控制过程可用顺序控制的方式来实现,使用步进指令实现顺序控制既方便实现又便于阅读修改。那么,什么是步进指令呢?

知识 7.1.1 步进指令(STL/RET)

(1)步进指令助记符和功能

步进指令是专为顺序控制而设计的指令。在工业控制领域许多的控制过程都可用顺序控制的方式来实现。

步进梯形图指令只有两条,见表 7.1。其中,一条为 STL 步进指令,另一条为 RET 步进结束指令。STL 是利用内部软元件状态(S),在顺序控制上面进行工序步进控制的指令。RET 是表示状态(S)流程结束,用于返回主程序(母线)的指令。

表 7.1 步进指令表

助记符、名称	功 能	回路表示和可用软元件	程序步
STL 步进梯形图	步进梯形图开始	S	1
RET 返回	步进梯形图结束	RST	1

(2)用步进指令编程的注意事项

①FX2N 中有两条步进指令:STL(步进触点指令)和 RET(步进返回指令)。STL 和 RET 指

令只有与状态器S配合才能具有步进功能。如STL S200表示状态常开触点，称为STL触点，它在梯形图中的符号为⊣⊢，它没有常闭触点。用每个状态器S记录一个工步。例如，STL S200有效（为ON），则进入S200表示的一步（类似于本步的总开关），开始执行本阶段该做的工作，并判断进入下一步的条件是否满足。一旦结束本步信号为ON，则关断S200进入下一步，如S201步。RET指令是用来复位STL指令的。执行RET后将重回母线，退出步进状态。

②一旦从STL内的母线写入LD或LDI指令，对不需要触点的指令就不能再编程。

③不能从STL内的母线中直接使用MPS/MPD/MPP指令。

④在STL内的母线中，对于状态（S），OUT指令和SET指令具有同样的功能。

⑤在中断程序与子程序内，不能使用STL指令。

知识7.1.2 自保持及解除（SET/RST）

SET，RST指令的功能、电路表示、操作元件等见表7.2。

表7.2 SET，RST指令的功能

符号、名称	功　能	电路表示及操作元件	程序步
SET（置位）	元件自保持ON	SET Y. M. C	Y，M：1 S，特M：2
RST（复位） （Reset）	清除动作保持 寄存器清零	RST Y. M. S. T. C. D. V. Z.	T，C：2 D，V，Z，特D：3

SET为置位指令，使操作保持。RST为复位指令，使操作保持复位。

SET，RST指令的使用见表7.3。

表7.3 SET，RST指令的使用

X000 — SET Y000
X001 — RST Y000
X002 — SET M0
X003 — RST M0
X004 — SET S0
X005 — RST S0
X006 — RST D0
X000 — T250 K10
X007 — RST T250

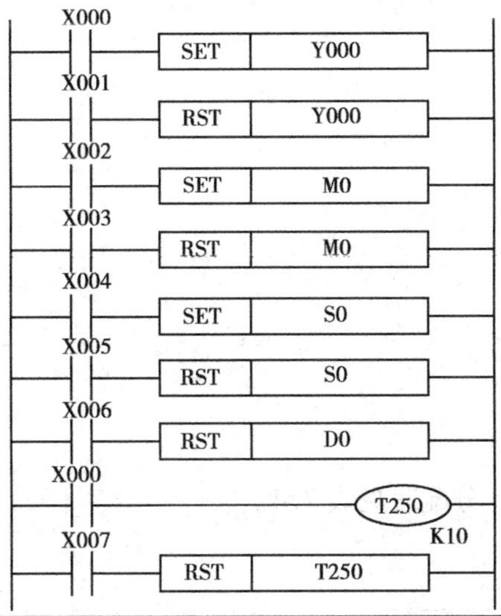

语句步	指令	元素	语句步	指令	元素
0	LD	X000	9	SET	S0
1	SET	Y000	11	LD	X005
2	LD	X001	12	RST	S0
3	RST	Y000	14	LD	X006
4	LD	X002	15	RST	D0
5	SET	M0	16	LD	X000
6	LD	X003	17	OUT	T250
7	RST	M0		SP	K10
8	LD	X004	20	LD	X007
			21	RST	T250

表7.3中X000接通后,Y000被驱动为ON,即使X000再成为OFF,也不能使Y000变为OFF的状态;X001接通后,Y000复位为OFF,即使X001再为ON,也不能使Y000变为ON的状态。

对同一元件,如表7.3中Y000,M0,S0等,SET,RST指令可以多次使用,且不限制使用顺序,最后执行者有效。

RST指令还可以用于使数据寄存器D、变址寄存器V,Z的内容清零,使积算定时器T246—T255的当前值以及触点复位,使计数器C的输出触点复位及当前值清零。

知识7.1.3 批次复位指令ZRST

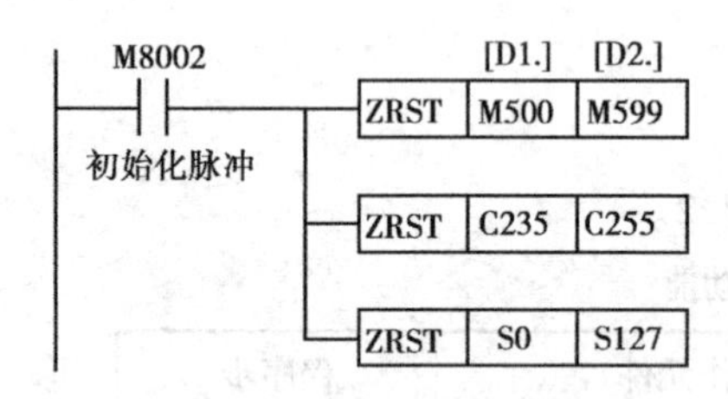

图7.3 区间复位指令ZRST的使用图

批次复位指令也称区间复位指令ZRST,指令代码为FNC40,其功能是将[D1.],[D2.]指定的元件号范围内的同类元件成批复位,目标操作数可取T,C,D或Y,M,S。[D1.],[D2.]指定的元件应为同类元件,[D1.]的元件号应小于[D2.]的元件号。若[D1.]的元件号大于[D2.]的元件号,则只有[D1.]指定的元件被复位。如图7.3所示,M8002在PLC运行开始瞬间为ON,M500—M599,C235—C255,S0—S127均被复位。

【做一做】

实训7.1.1 单一闪亮广告牌模拟控制系统安装

(1)实训目的

①能按照运用三菱PLC的步进实现单一闪亮广告牌模拟控制。

②会根据I/O地址的要求接线。

(2)实训器件

①个人计算机PC。

②三菱FX2N-48MR可编程序控制器。

③亚龙YL-235A按钮及指示灯模块、电源模块。

④亚龙YL-235A警示灯组件。

⑤RS-232数据通信线。

⑥连接线若干。

(3)实训方法及步骤

①熟悉工作任务及I/O口地址分配,广告牌I/O分配表见表7.4。

表 7.4 广告牌 I/O 分配表

输 入		输 出	
输入开关名称	输入地址	驱动设备	输出地址
启动按钮 SB1	X000	控制 6 个霓虹灯字	Y000—Y005

②绘制出控制系统硬件接线图,按图 7.4 所示完成系统硬件接线。

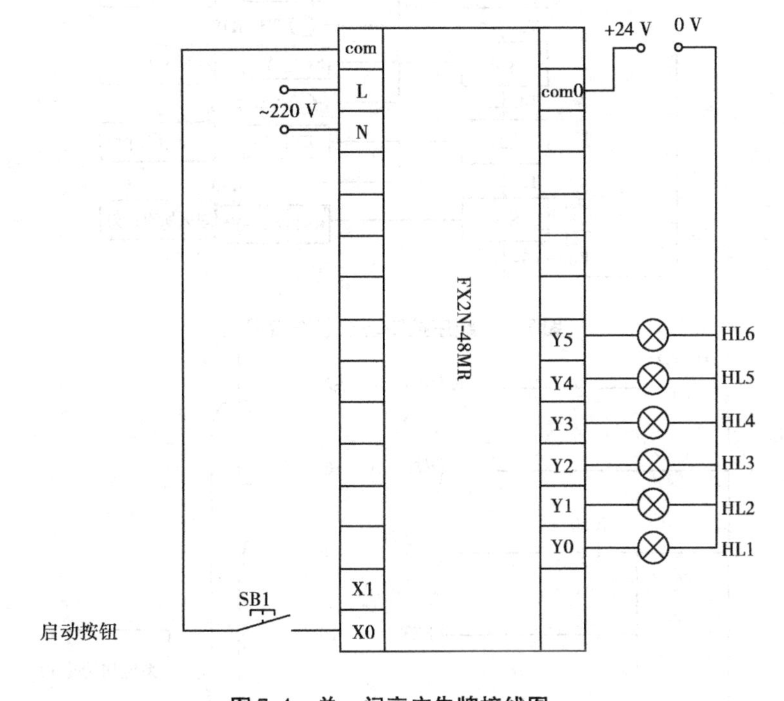

图 7.4 单一闪亮广告牌接线图

③控制系统顺序控制状态转移图如图 7.5 所示。

④根据状态转移图的过程,按照梯形图的指令格式要求,可以作出梯形图如图 7.6 所示。

从图 7.6 的梯形图中可以看出,RST 复位指令一个一个地使用很烦琐,遇到多个输出连续复位的时候,可以应用区间复位指令 ZRST 如图 7.3 所示,其功能是将[D1.],[D2.]指定的元件号范围内的同类元件成批复位。

因此,可以把图 7.6 的梯形图的第 4 行初始化步改为如图 7.7 所示。

很显然,这样的更改可以使梯形图少了很多行,可读性变得更好了。

⑤自检。按照每一步的动作要求,检查每一行的梯形图的输入是否有错。

⑥检查无误后通电调试。

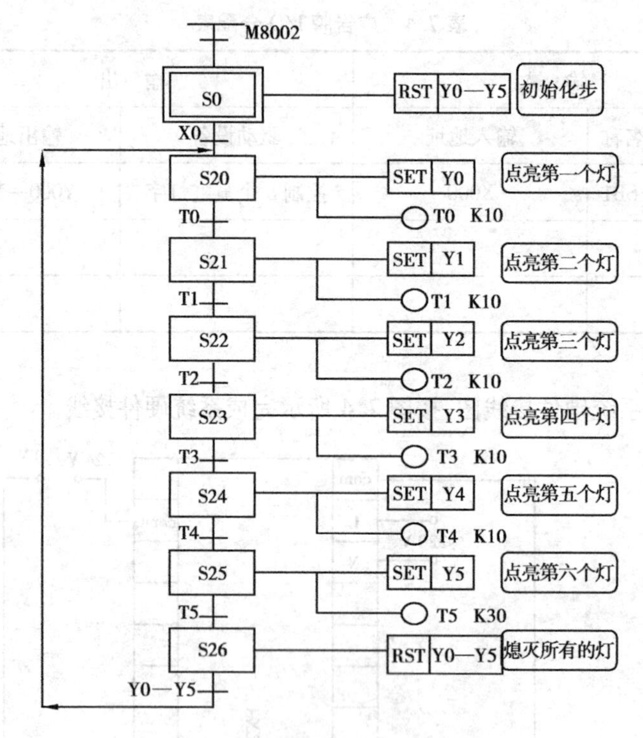

图 7.5　顺序控制功能状态转移图

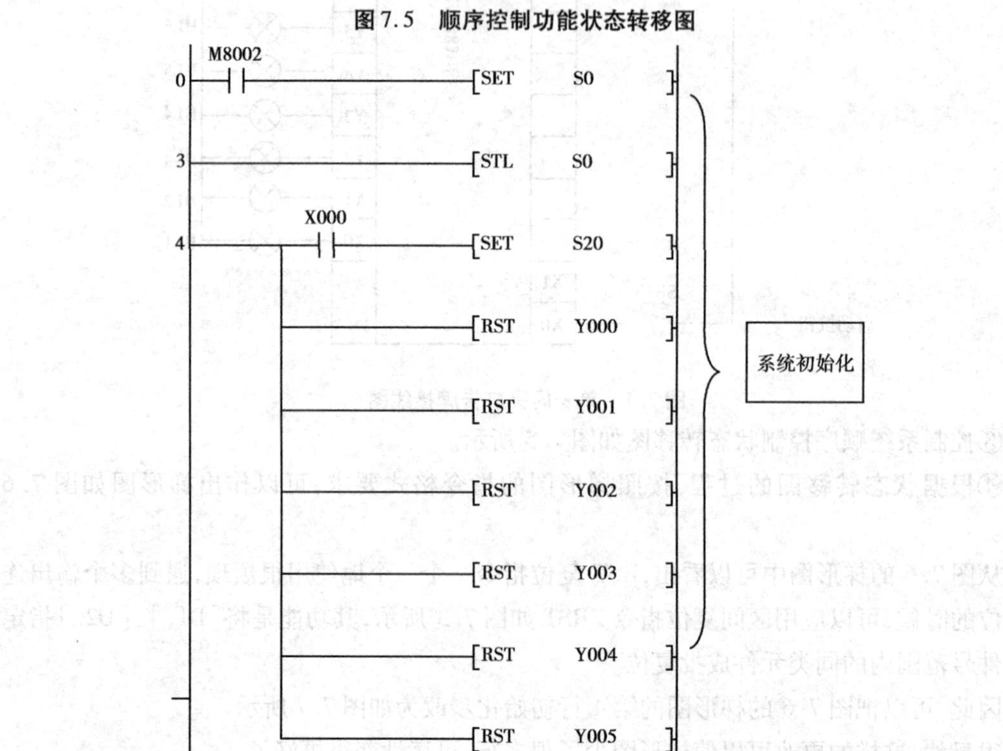

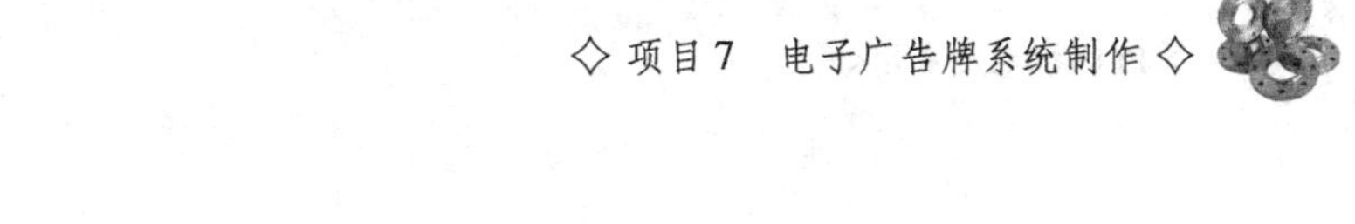

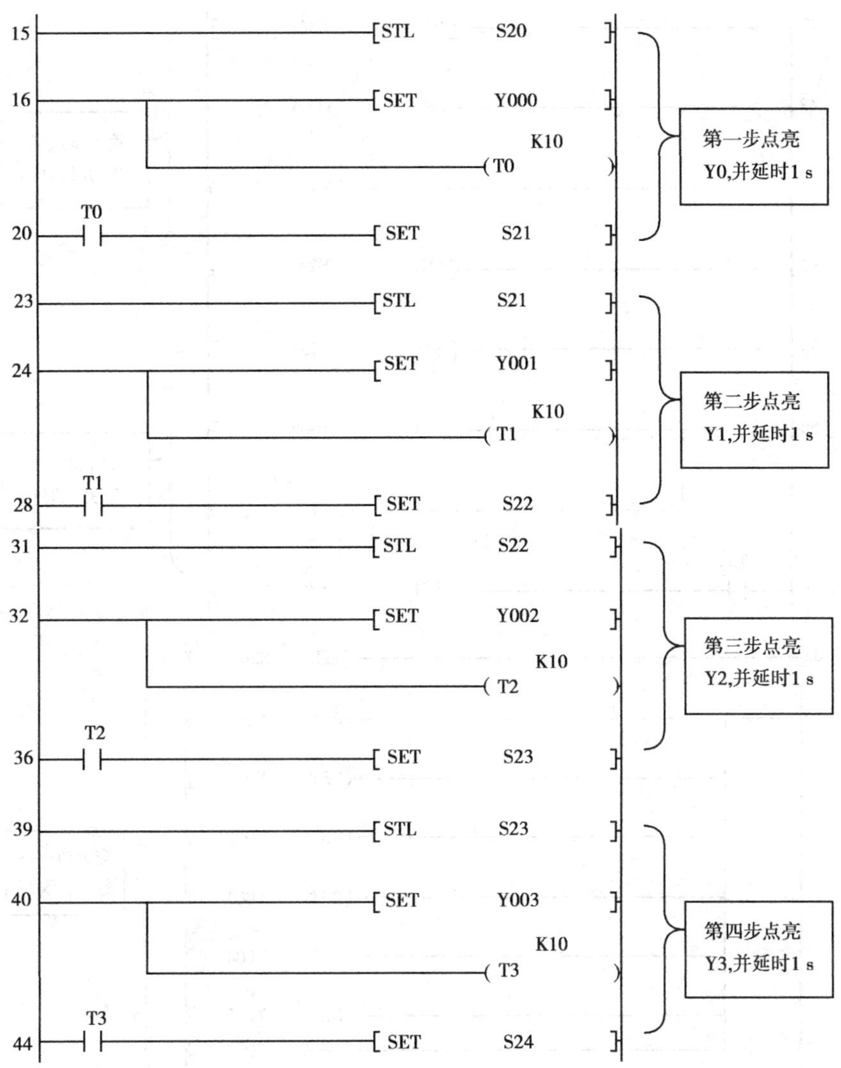
15
STL
S20
16
SET
Y000
K10
T0
第一步点亮
Y0,并延时1 s
T0
20
SET
S21
23
STL
S21
24
SET
Y001
K10
T1
第二步点亮
Y1,并延时1 s
T1
28
SET
S22
31
STL
S22
32
SET
Y002
K10
T2
第三步点亮
Y2,并延时1 s
T2
36
SET
S23
39
STL
S23
40
SET
Y003
K10
T3
第四步点亮
Y3,并延时1 s
T3
44
SET
S24

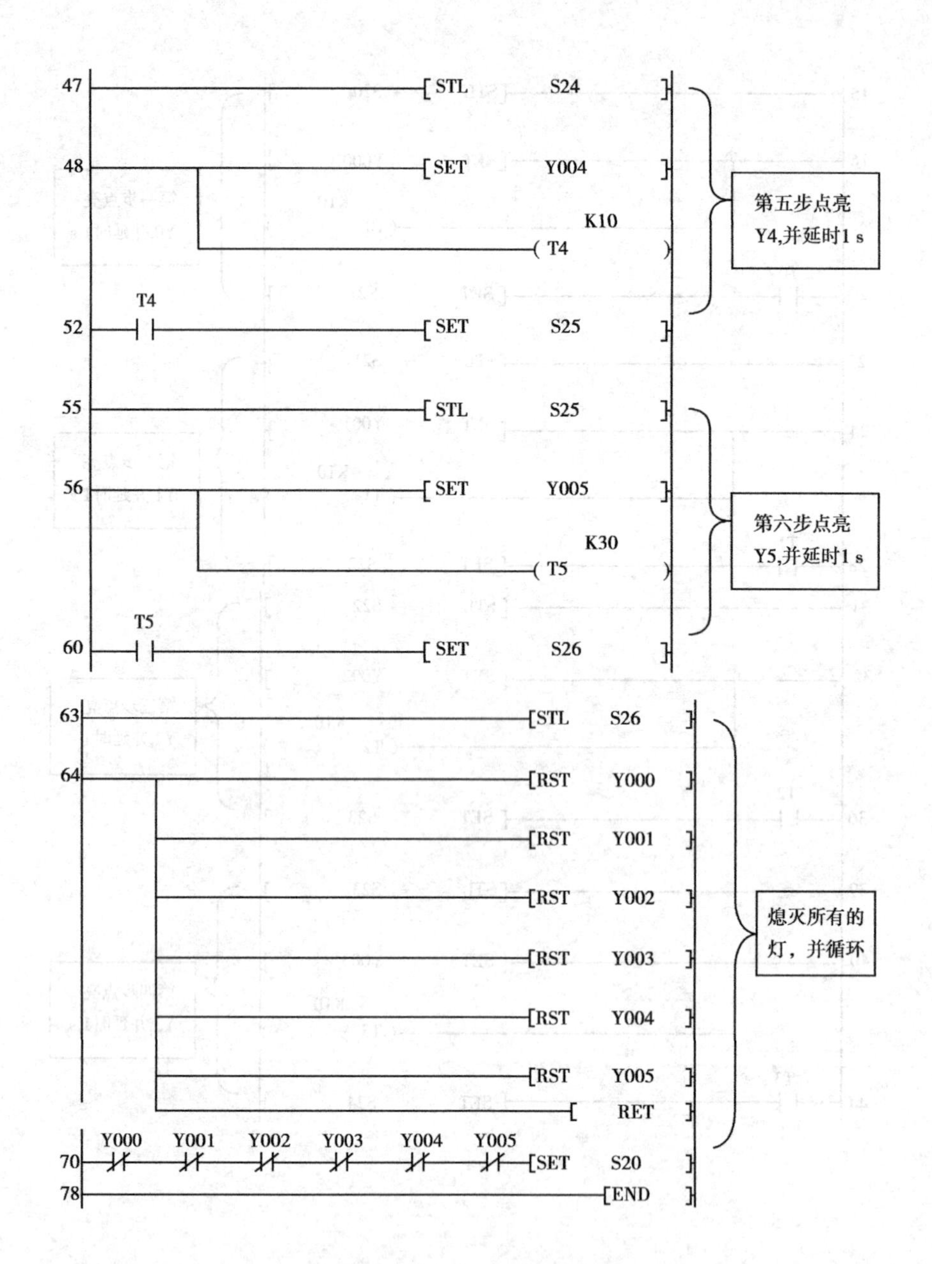

图 7.6 电子广告牌灯点亮梯形图

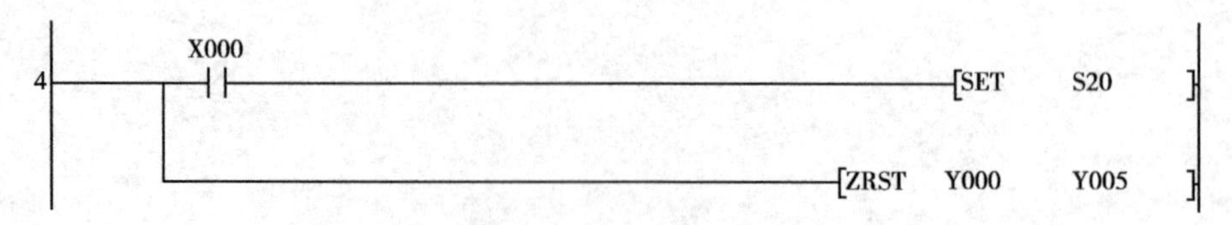

图 7.7 初始化步的更改

【议一议】

对比一下顺序控制功能图和梯形图,说一说它们之间的联系和区别是什么。

【评一评】

单一闪亮广告牌模拟系统的安装任务评价表

学生姓名		日　期		自评	组评	师评
应知应会(80分)						
序　号	评价要点					
1	会正确完成对PLC接线(30分)					
2	能用GX Developer软件编写步进程序(30分)					
3	通电校验接线和程序运行结果是否正常(20分)					
学生素养(20分)						
序　号	评价要点	考核要求	评价标准			
1	德育(20分)	团队协作 自我约束能力	小组团结协作精神 考勤,操作认真仔细 根据实际情况进行扣分			
整体评价						

任务7.2　复杂广告牌模拟控制系统的安装

【任务教学环节】

教学步骤	时间安排	教学方式
阅读教材	课余	查资料、组内相互讨论
知识讲解	2课时	重点讲授计数器指令以及它的应用方法
实训操作	4课时	1. 计数器指令基本结构用法 2. 长时间定时的应用

【任务描述】

在彩灯闪亮中流水灯负载变化频率高,变换速度快,使人有眼花缭乱之感,分为多灯流动、单灯流动等情形。变幻灯则包括字形变化、色彩变化、位置变化等,其主要特点是在整个工作过程中周期性地变化花样,因此把单一变化的点亮过程,增加一个变化内容,实现在依次点亮之后,再全闪。根据全闪的次数进行工作状态的切换,以使广告牌更加吸引人们的关注,达到广告的目的。

【任务分析】

本任务的控制过程可用顺序控制的方式来实现。在使用步进指令实现顺序控制的基础上,通过增加几步用计数器以完成全闪的动作过程。

本任务设置启动和停止按钮,以及 6 个输出点。

在任务 7.1 的基础上,完成本次任务需要用到计数器,通过计数器对全闪的次数进行统计,用统计结果实现触点的动作,以使线路接通或者断开。

因此,完成本任务的关键是计数器的应用。那么,什么是计数器呢?它应该怎么用呢?

通过分析可知,本任务要组建的广告牌点亮和闪烁 PLC 控制系统的具体工作要求如下:

①按下启动按钮,"您好欢迎光临"这 6 个字的点从左至右依次点亮,时间间隔 1 s 点亮一个灯(前面点亮的灯不熄灭)。

②全部灯都点亮 2 s 后,以 1 Hz 的频率全闪 3 次,然后熄灭,重复第一步不断循环进行。

【任务相关知识】

知识 7.2.1 计数器

FX2N 系列计数器分为内部计数器和高速计数器两类。

(1)内部计数器

内部计数器是在执行扫描操作时对内部信号(如 X,Y,M,S,T 等)进行计数。内部输入信号的接通和断开时间应比 PLC 的扫描周期稍长。

1)16 位增计数器(C0—C199)

16 位增计数器共 200 点,其中 C0—C99 为通用型,C100—C199 共 100 点为断电保持型(断电保持型即断电后能保持当前值待通电后继续计数)。这类计数器为递加计数,应用前先对其设置一设定值,当输入信号(上升沿)个数累加到设定值时,计数器动作,其常开触点闭合、常闭触点断开。计数器的设定值为 1 ~32 767(16 位二进制),设定值除了用常数 K 设定外,还可间接通过指定数据寄存器设定。现举例说明通用型 16 位增计数器的工作原理。

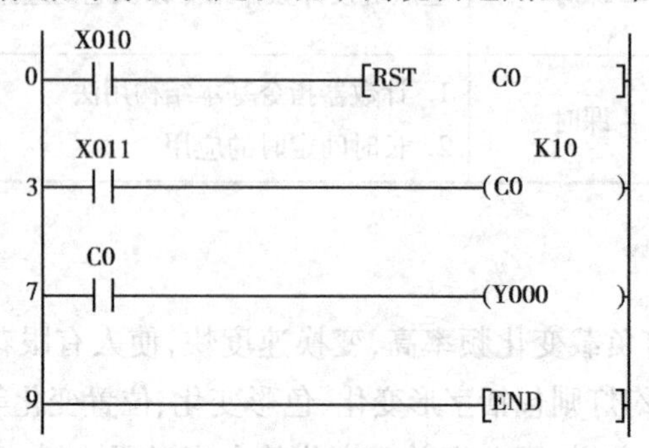

图 7.8 普通计数器应用图

如图 7.8 所示,X10 为复位信号,当 X10 为 ON 时 C0 复位。X11 是计数输入,每当 X11

接通一次计数器当前值增加1(注意X10断开,计数器不会复位)。当计数器计数当前值为设定值10时,计数器C0的输出触点动作,Y0被接通。此后即使输入X11再接通,计数器的当前值也保持不变。当复位输入X10接通时,执行RST复位指令,计数器复位,输出触点也复位,Y0被断开。

2)32位增/减计数器(C200—C234)

32位增/减计数器共35点,其中C200—C219(共20点)为通用型,C220—C234(共15点)为断电保持型。这类计数器与16位增计数器除位数不同外,还在于它能通过控制实现加/减双向计数。设定值范围均为 -214783648 ~ +214783647(32位)。

C200—C234是增计数还是减计数,分别由特殊辅助继电器M8200—M8234设定。对应的特殊辅助继电器被置为ON时为减计数,置为OFF时为增计数。

计数器的设定值与16位计数器一样,可直接用常数K或间接用数据寄存器D的内容作为设定值。在间接设定时,要用编号紧连在一起的两个数据寄存器。

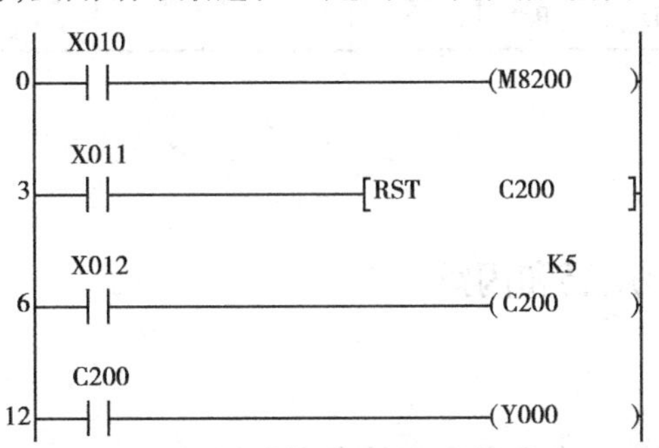

图7.9　可增减计数器应用图

如图7.9所示,X10用来控制M8200,X10闭合时为减计数方式。X12为计数输入,C200的设定值为5(可正、可负)。设C200置为增计数方式(M8200为OFF),当X12计数输入累加由4→5时,计数器的输出触点动作。当前值大于5时计数器仍为ON状态。只有当前值由5→4时,计数器才变为OFF。只要当前值小于4,则输出则保持为OFF状态。复位输入X11接通时,计数器的当前值为0,输出触点也随之复位。

(2)高速计数器(C235—C255)

高速计数器与内部计数器相比除允许输入频率高之外,应用也更为灵活,高速计数器均有断电保持功能,通过参数设定也可变成非断电保持。FX2N有C235—C255共21点高速计数器见表7.5。适合用来作为高速计数器输入的PLC输入端口有X0—X7。X0—X7不能重复使用,即某一个输入端已被某个高速计数器占用,它就不能再用于其他高速计数器,也不能用作它用。

表7.5 高速计数器简表

输入计数器		X0	X1	X2	X3	X4	X5	X6	X7
单相单计数输入	C235	U/D							
	C236		U/D						
	C237			U/D					
	C238				U/D				
	C239					U/D			
	C240						U/D		
	C241	U/D	R						
	C242			U/D	R				
	C243				U/D	R			
	C244	U/D	R					TOP	

【做一做】

实训7.2.1 广告牌的点亮和闪烁

(1)实训目的

①能按照运用计数器指令实现广告牌的点亮和闪烁。

②会根据I/O地址的要求接线。

(2)实训器件

①个人计算机PC。

②三菱FX2N-48MR可编程序控制器。

③亚龙YL-235A按钮及指示灯模块、电源模块。

④亚龙YL-235A警示灯组件。

⑤RS-232数据通信线。

⑥连接线若干。

(3)实训方法及步骤

①熟悉工作任务及I/O口地址分配,模拟广告牌I/O分配表见表7.6。

表7.6 模拟广告牌I/O分配表

输 入		输 出	
输入开关名称	输入地址	驱动设备	输出地址
启动按钮SB1	X000	控制6个霓虹灯字	Y000—Y005

②绘制出控制系统硬件接线图,按图 7.10 所示完成系统硬件接线。

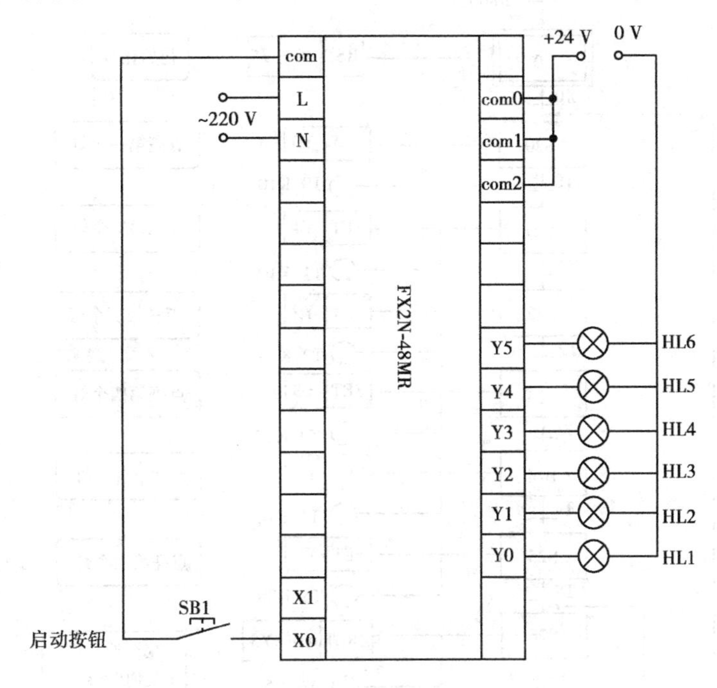

图 7.10　广告牌的点亮和闪烁接线图

③广告牌点亮和闪烁顺序控制功能状态转移如图 7.11 所示。

④广告牌点亮和闪烁梯形图如图 7.12 所示。

⑤自检。按照每一步的动作要求,检查每一行的梯形图的输入是否有错。

⑥检查无误后通电调试。

(4)实训注意事项

①严格遵守安全用电操作规程。

②保护好现场设备和仪表。

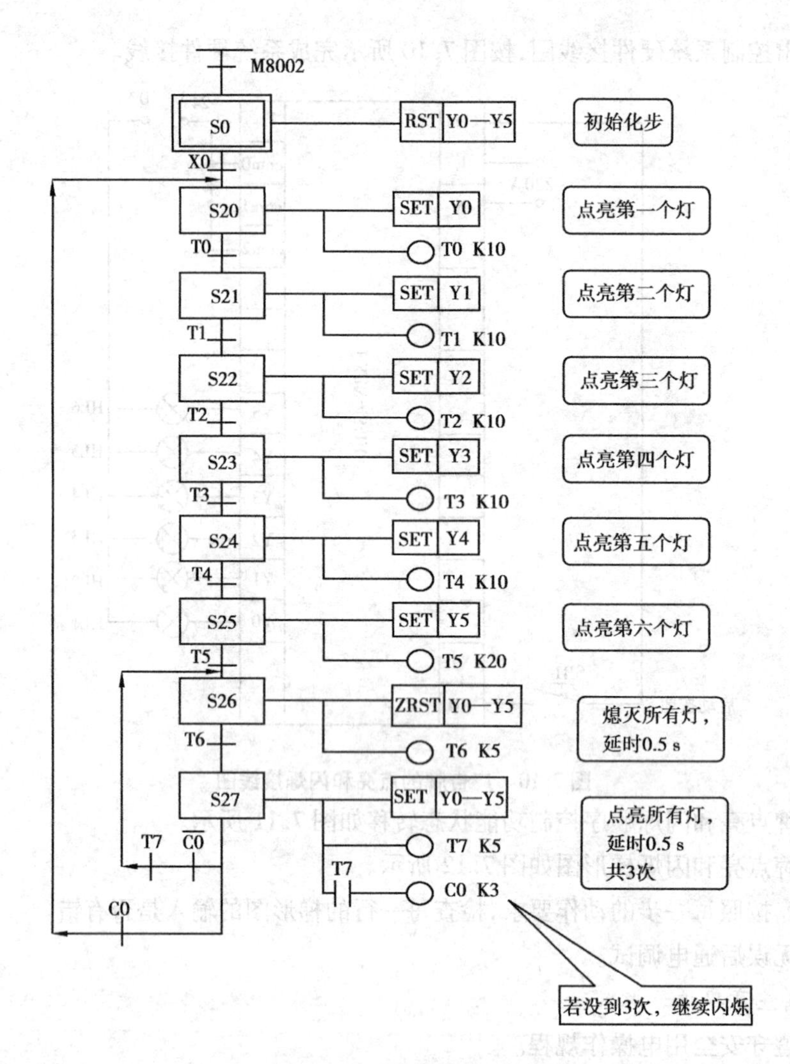

图 7.11　广告牌点亮和闪烁顺序控制功能状态转移图

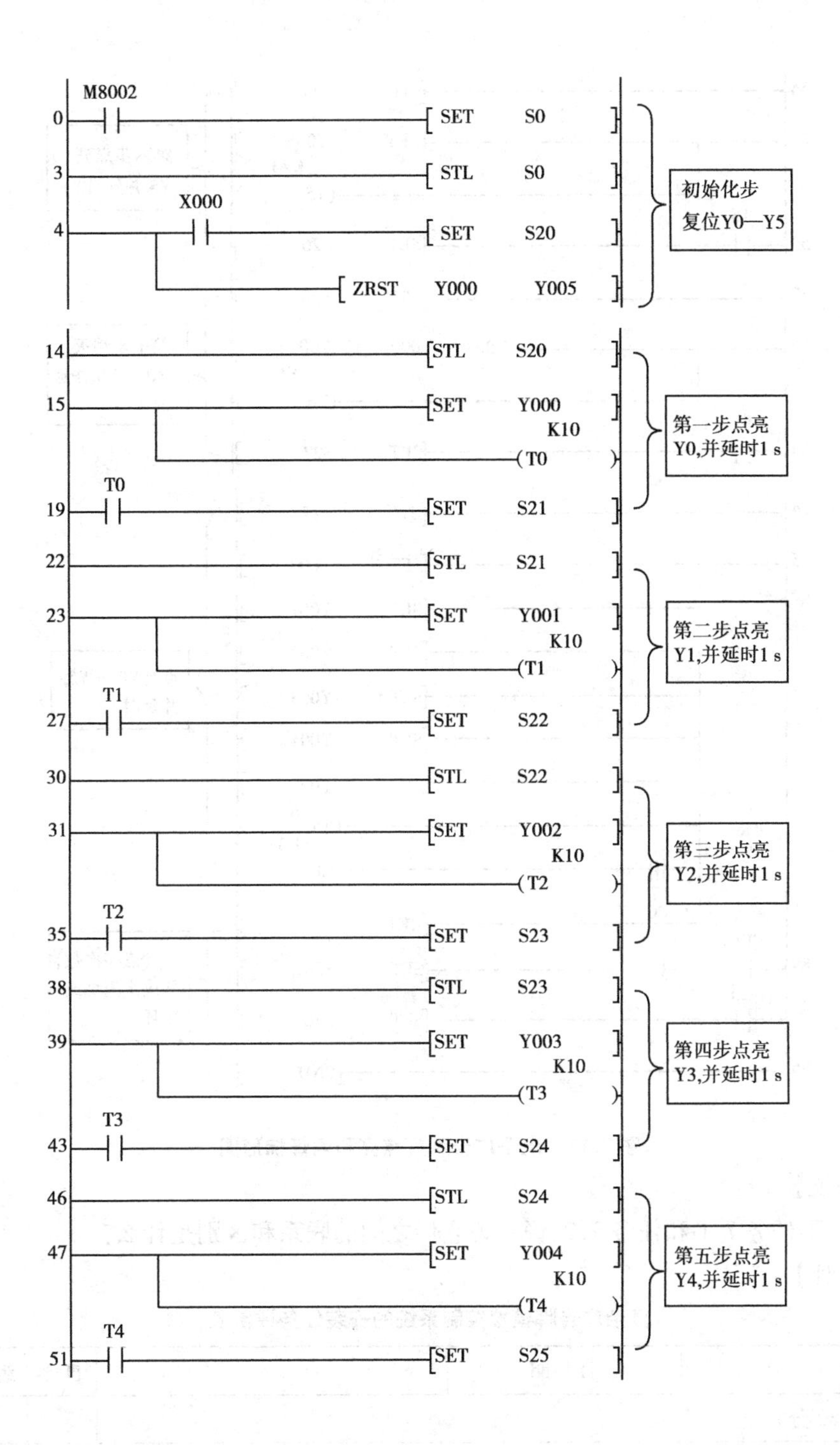
M8002
0 SET S0
3 STL S0
X000
4 SET S20
ZRST Y000 Y005
初始化步
复位Y0—Y5
14 STL S20
15 SET Y000
K10
T0
T0
19 SET S21
第一步点亮
Y0,并延时1 s
22 STL S21
23 SET Y001
K10
T1
T1
27 SET S22
第二步点亮
Y1,并延时1 s
30 STL S22
31 SET Y002
K10
T2
T2
35 SET S23
第三步点亮
Y2,并延时1 s
38 STL S23
39 SET Y003
K10
T3
T3
43 SET S24
第四步点亮
Y3,并延时1 s
46 STL S24
47 SET Y004
K10
T4
T4
51 SET S25
第五步点亮
Y4,并延时1 s

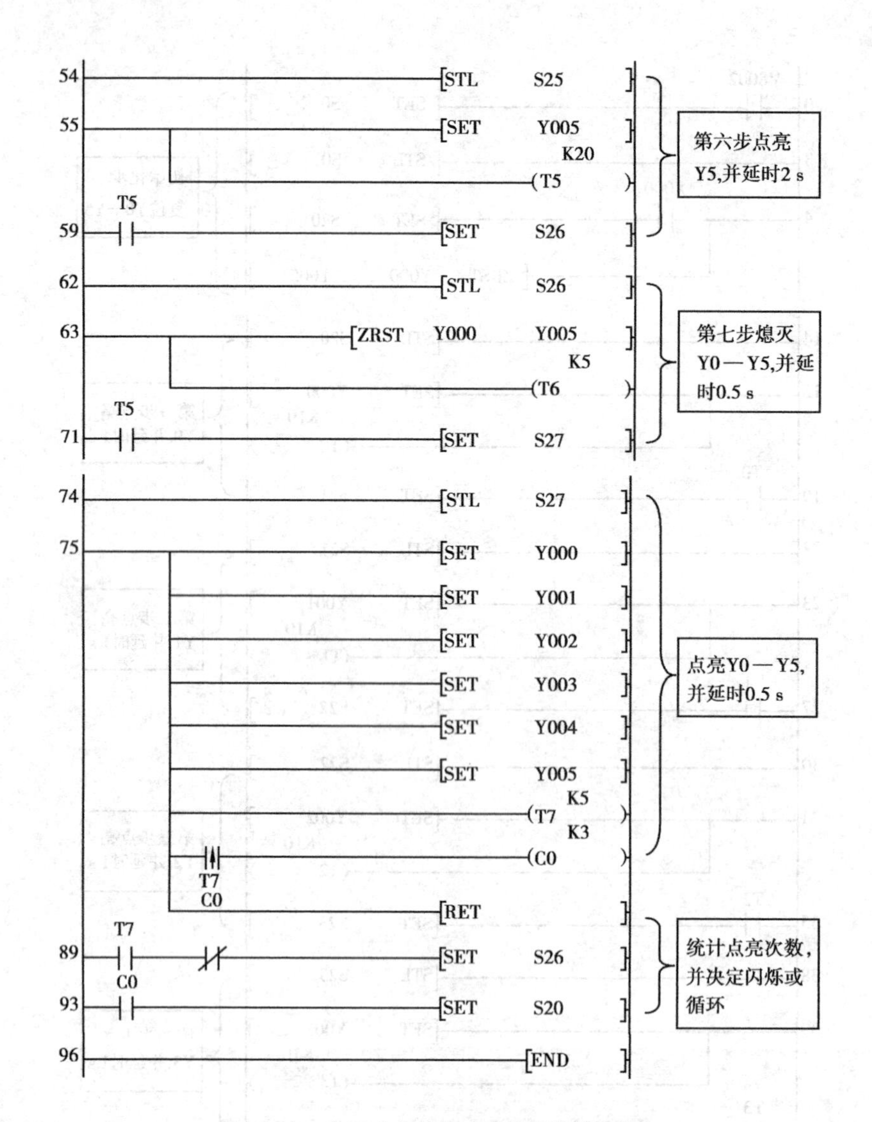

图 7.12　电子广告牌灯点亮和闪烁梯形图

【议一议】

对比一下任务 7.1 和任务 7.2,说一说它们之间的联系和区别是什么?

【评一评】

复杂广告牌模拟控制系统的安装任务评价表

学生姓名		日　期		自评	组评	师评
应知应会(80 分)						
序号	评价要点					
1	会正确完成对 PLC 接线(30 分)					
2	能用 GX Developer 软件编写步进程序(30 分)					
3	通电校验接线和程序运行结果是否正常(20 分)					

续表

学生姓名		日　期		自评	组评	师评
学生素养(20 分)						
序号	评价要点	考核要求	评价标准			
1	德育(20 分)	团队协作 自我约束能力	小组团结协作精神 考勤,操作认真仔细 根据实际情况进行扣分			
整体评价						

项目 8

交通信号灯模拟控制系统的制作

●项目描述

交通信号灯是现代生活中的一种智能装置,它担负着疏导交通、减小交通事故、改善道路通行效率的重要角色。常设置在各种交通要道和路口。

●项目目标

知识目标:

●能复述 STL 顺序控制功能图的功能及使用方法。

●能够运用顺序控制功能图分析 PLC 控制任务。

●学会运用并行分支 STL 功能图分析多任务 PLC 控制。

●能复述控制系统的电气原理图的工作原理。

技能目标:

●能够正确安装一组交通信号灯控制系统。

●能够正确安装、调试十字路口交通信号灯控制系统。

●能读懂控制系统的电气原理图。

任务 8.1　一组交通信号灯 PLC 控制系统的安装

【任务教学环节】

教学步骤	时间安排	教学方式
阅读教材	课余	自学、查资料、组内相互讨论
知识讲解	2 课时	1. 一组交通灯的结构、工作原理 2. 一组交通灯的控制功能图 3. 一组交通灯的顺序功能图及梯形图
实训操作	2 课时	1. 编写梯形图,实现通过按钮启动控制的一组交通灯按要求亮灭 2. 连接电路下载程序并调试实现功能

【任务描述】

红绿灯是为了疏导交通,减少交通事故,改善道路通行效率的一种智能装置,常设置在各种交通要道和路口。生活中应用较多的简单红绿灯控制系统如图 8.1 所示,系统中常设置有红、绿、黄灯各一个。3 个信号灯按一定的顺序和规律依次工作,管理通过路口的人和车流。

图 8.1　简单红绿灯控制系统

【任务分析】

①本系统工作受开关控制，启动按钮（X10）ON 时则系统开始工作指示灯（Y10）亮，如图 8.2 所示。

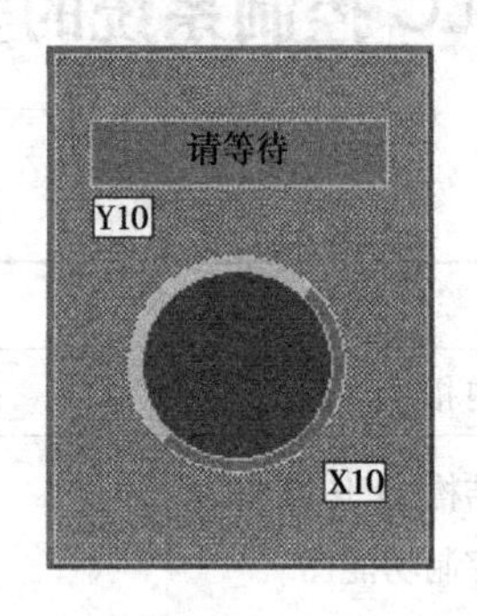

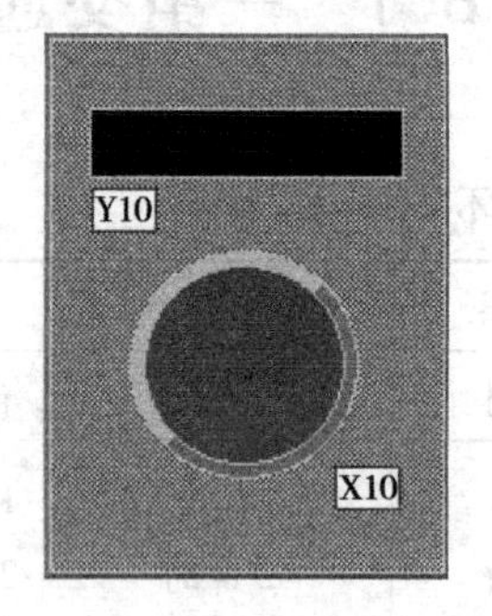

图 8.2　开关控制

②控制对象有 3 个：红灯一个、绿灯一个、黄灯一个，如图 8.3 所示。

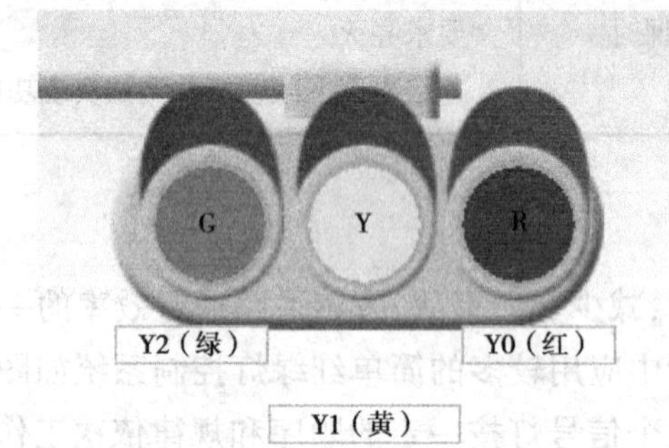

图 8.3　控制对象

③控制要求：启动按钮（X10）置为 ON 后，红灯 Y0 亮 30 s 熄灭，然后绿灯 Y2 亮 25 s 之后闪烁 3 s（闪烁间隔为 0.5 s）熄灭，然后黄灯 Y1 亮 2 s 熄灭，之后回到红灯亮 30 s，如此循环。具体要求见表 8.1。其时序图如图 8.4 所示。

表 8.1　一组交通灯控制要求

信　号	红灯点亮	绿灯点亮	绿灯闪烁	黄灯点亮
时　间	30 s	25 s	3 s	2 s

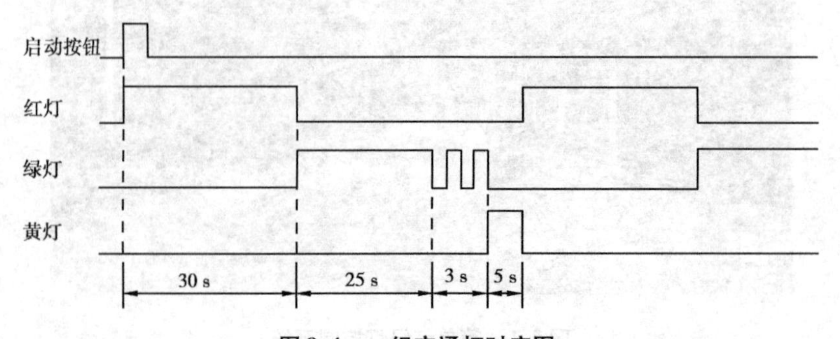

图 8.4　一组交通灯时序图

【任务相关知识】

知识8.1.1　顺序控制、顺序控制功能图(SFC)

定义:顺序控制功能图是描述顺序控制系统的控制过程、功能、特性的一种图形。它主要由步、有向线段及转移条件组成。

(1)步

将一个控制系统按控制要求分为若干个阶段,这些阶段称为步。在每一步中系统都要完成一个或多个特定的工作。

(2)有向线段

步与步之间用有向线段连接(从上到下或者从左至右省略箭头),它表示步的转移要按规定的路线和方向进行。

(3)转移条件

系统从一步进展到另一步必须要有转移条件。在有向线段上加一根小短线,在旁边标注好条件即可。转移条件可以是 PLC 外部各种输入信号以及 PLC 内部软元件的常开/常闭触点。当条件满足,可实现由前一步转移到下一步的执行。

例8.1　一组交通信号灯的顺序控制:启动按钮 ON 红灯 Y0 亮 30 s 熄灭,绿灯 Y2 亮 25 s 之后闪烁 3 s(闪烁间隔为 0.5 s)熄灭,黄灯 Y1 亮 2 s 熄灭,红灯 Y0 亮 30 s,如此循环。它的功能图应该怎么画呢?

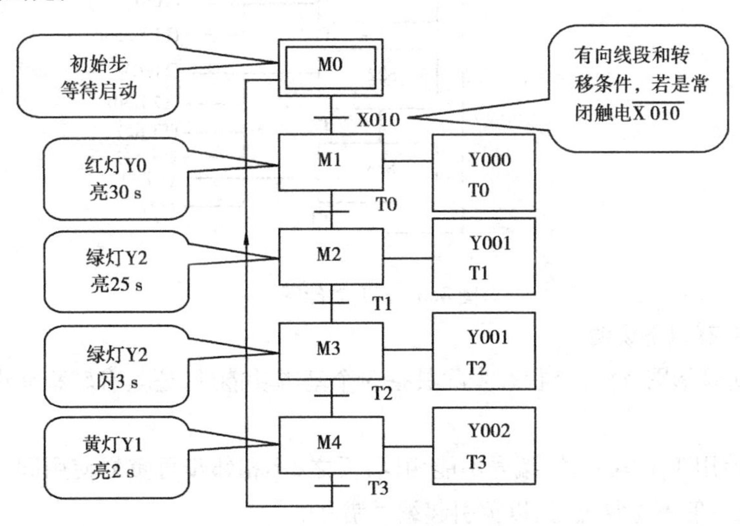

图8.5　一组交通灯控制功能图

解　如图8.5所示,在功能图中的步用矩形框表示,方框中用代表该步的编程元件 M 或 S 表示,步分为初始步和工作步。

初始步是一个控制系统等待启动命令的相对静止的状态,用双线方框表示,图8.5中的状态步 M0 就是初始步,系统可以不做任何工作,只是等待命令,每一个功能图至少应该有一个初始步。

工作步是系统正常工作时的状态,它可以是静态(没有任何工作,图8.5中状态步M2),也可以是动态(图8.5中状态步M3)。

知识8.1.2　回顾步进指令(STL,RET)在本任务中的应用

(1)步进指令STL

步进开始指令。用于状态器S的常开触点与左母线的连接,并建立子母线。其操作数只有S。

(2)步进指令RET

步进结束指令。

将例8.1功能图中M换成S,即可得到如图8.6所示的功能图。

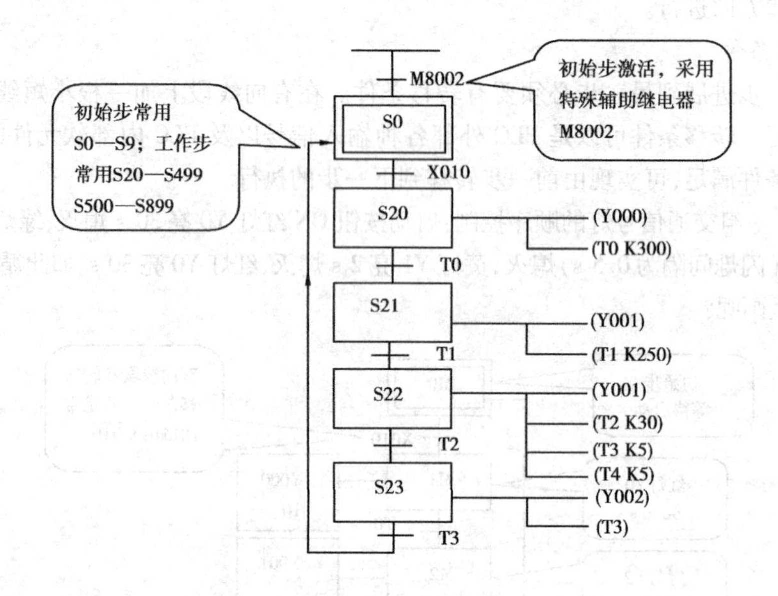

图8.6　STL功能图

对步进指令有以下说明:

①对于步进梯形图,每一个状态步除具备3个基本功能外,还具有转移允许后自复位的功能。

②相邻步使用T,C软元件,编号不能相同;反之,不相邻步可重复使用同一编号的T,C软元件,但建议一般不重复编号,以免引起编号错乱。

③所有的输出及转移处理都必须在子母线上完成。输出可用OUT指令,或具有保持功能的SET指令(但在要停止输出时用RST指令复位)。

知识8.1.3　回顾特殊辅助继电器的用途

PLC内有大量的特殊辅助继电器,它们都有各自的特殊功能。FX2N系列中有256个特

殊辅助继电器,可分成触点型和线圈型两大类。

(1)触点型

触点型的线圈由 PLC 自动驱动,用户只可使用其触点。例如:

M8000:运行监视器(在 PLC 运行中接通),M8001 与 M8000 相反逻辑。

M8002:初始脉冲(仅在运行开始时瞬间接通),M8003 与 M8002 相反逻辑。

M8011,M8012,M8013 和 M8014 分别是产生 10 ms,100 ms,1 s 和 1 min 时钟脉冲的特殊辅助继电器。

M8000,M8002,M8012 的波形图如图 8.7 所示。

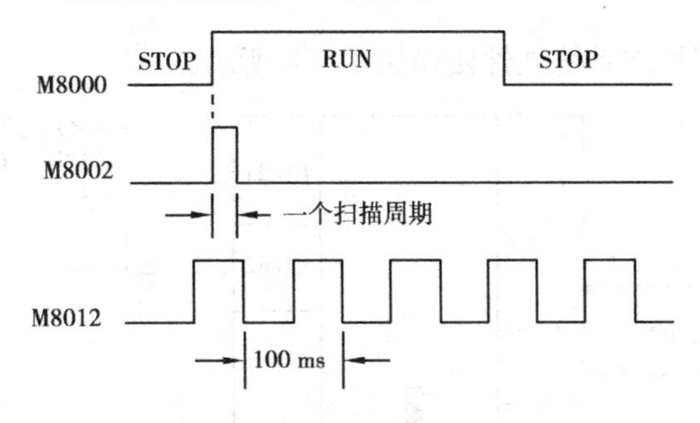

图 8.7　M8000,M8002,M8012 波形图

(2)线圈型

线圈型由用户程序驱动线圈后 PLC 执行特定的动作。例如:

M8033:若使其线圈得电,则 PLC 停止时保持输出映像存储器和数据寄存器内容。

M8034:若使其线圈得电,则将 PLC 的输出全部禁止。

M8039:若使其线圈得电,则 PLC 按 D8039 中指定的扫描时间工作。

【做一做】

实训 8.1.1　一组交通灯模拟控制系统的安装调试

(1)实训目的

①能认识 PLC 步进指令的作用、格式和使用方法。

②会在 YL-235A 实训台上安装一组交通灯模拟控制系统。

(2)实训器件

①个人计算机 PC。

②三菱 FX2N-48MR 可编程序控制器。

③亚龙 YL-235A 按钮及指示灯模块、电源模块。

④亚龙 YL-235A 警示灯组件。

⑤RS-232 数据通信线。

⑥连接线若干。

(3)实训方法及步骤

①一组交通灯模拟控制系统 I/O 口地址分配表见表 8.2。

表 8.2 I/O 口地址分配表

输入端口	功能说明	输出端口	功能说明
X010	启动按钮	Y010	指示灯
		Y000	红灯
		Y001	黄灯
		Y002	绿灯

②一组交通灯模拟控制系统硬件接线如图 8.8 所示。

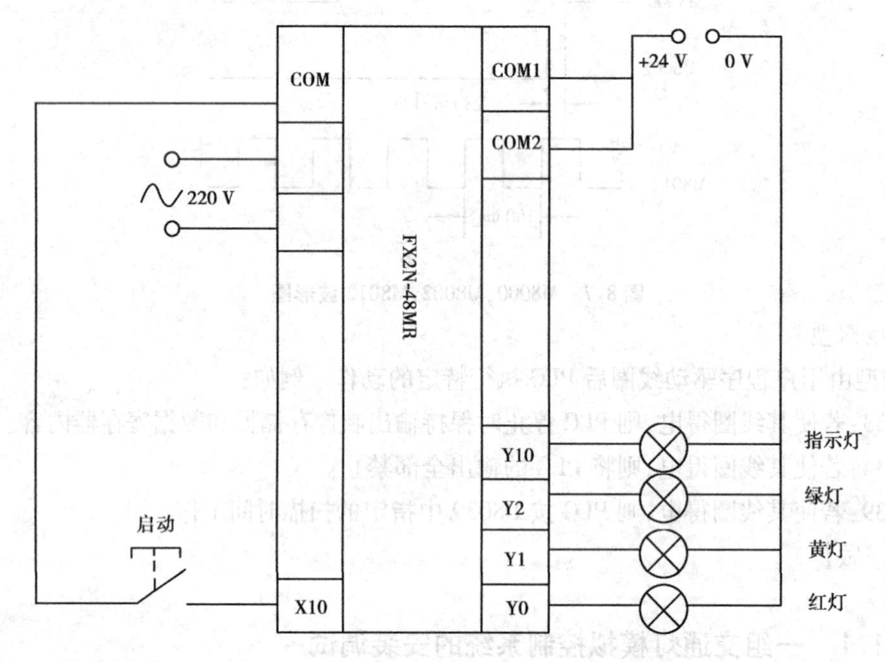

图 8.8 一组交通灯模拟控制系统硬件接线图

③编写模拟控制系统程序并传送到 PLC,如图 8.9 所示。

④自检。

⑤检查无误后通电调试。

(4)实训注意事项

①严格遵守安全用电操作规程。

②保护好现场设备和仪表。

【议一议】

①什么是顺序控制功能图?

②顺序控制功能图由哪几部分组成?

③怎样将 STL 顺序控制功能图转换成 STL 梯形图?

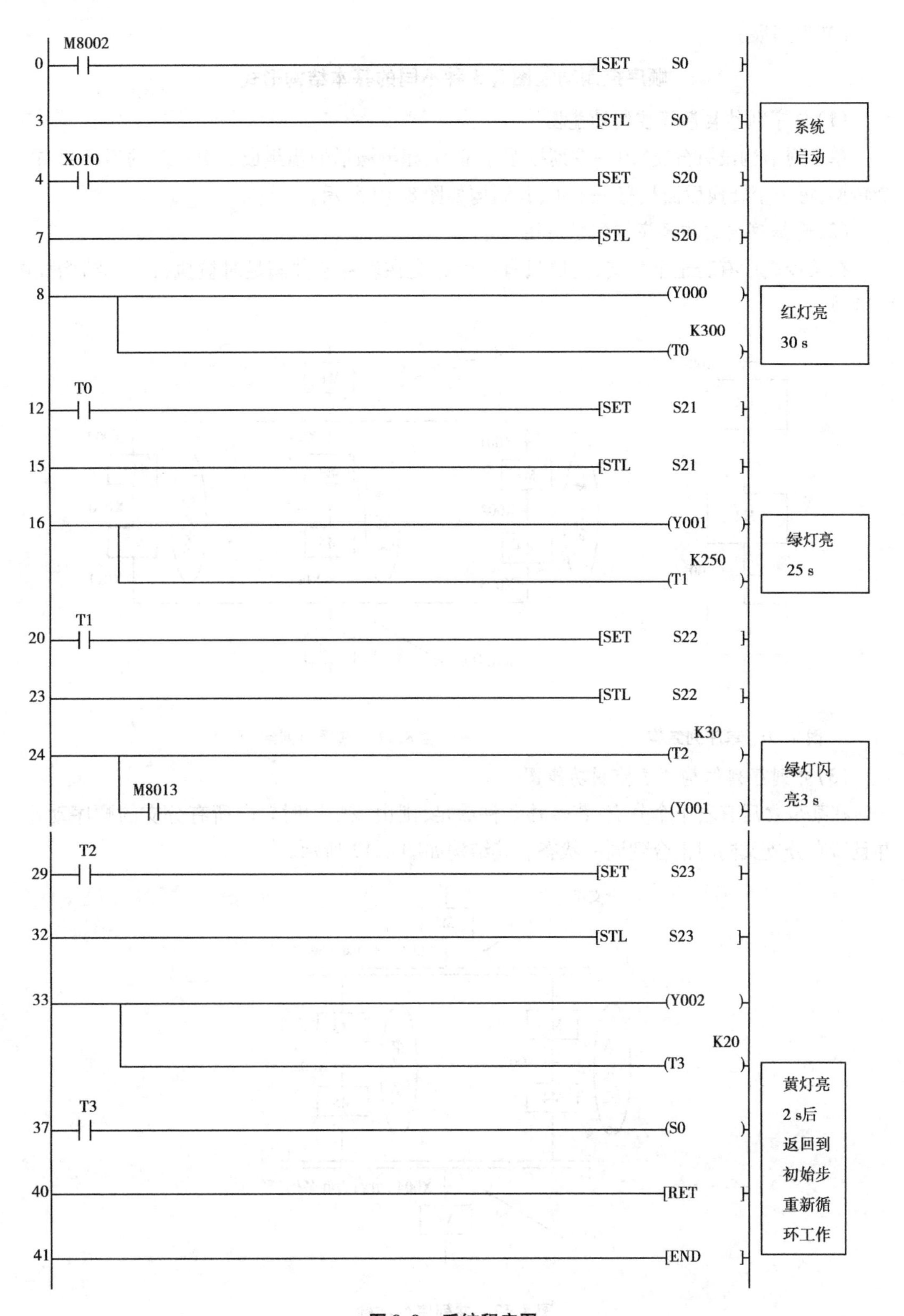
M8002
0
SET S0
3
STL S0
系统
启动
X010
4
SET S20
7
STL S20
8
Y000
K300
T0
红灯亮
30 s
T0
12
SET S21
15
STL S21
16
Y001
K250
T1
绿灯亮
25 s
T1
20
SET S22
23
STL S22
K30
24
T2
M8013
Y001
绿灯闪
亮3 s
T2
29
SET S23
32
STL S23
33
Y002
K20
T3
T3
37
S0
40
RET
41
END
黄灯亮
2 s后
返回到
初始步
重新循
环工作

图8.9 系统程序图

【知识拓展】

顺序控制功能图有3种不同的基本结构形式

(1)单序列结构顺序控制功能图

单序列结构没有分支,由一系列按顺序排列、相继激活的步组成。每一步的后面只有一个转换,每一个转换后面只有一个步,其结构如图8.10所示。

(2)选择序列结构顺序控制功能图

在某步之后有若干个分支,但仅只有一个分支在转移条件满足时被执行。其结构如图8.11所示。

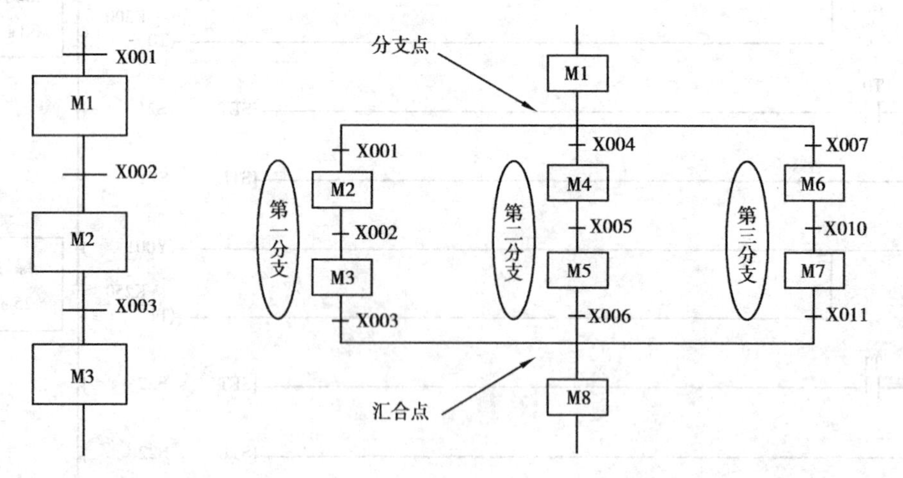

图8.10　单序列结构　　**图8.11　选择序列结构**

(3)并列序列结构顺序控制功能图

在某步之后有若干个分支,若转移条件满足,则由该步同时转向所有分支的顺序动作,并且所有分支又同时汇合到同一状态。其结构如图8.12所示。

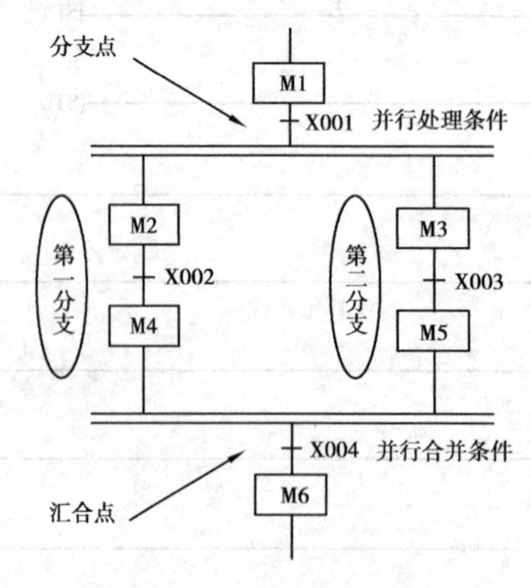

图8.12　并列序列结构

【评一评】

一组交通信号灯 PLC 控制系统的安装任务评价表

学生姓名		日　期		自评	组评	师评
应知应会(80分)						
序号	评价要点					
1	知道顺序控制功能图的基本结构形式(20分)					
2	掌握单序列顺序控制功能图的绘制方法(20分)					
3	能将 STL 顺序控制功能图转换成 STL 梯形图(20分)					
4	能用仿真软件编写一组交通信号灯控制系统程序(20分)					
学生素养(20分)						
序号	评价要点	考核要求	评价标准			
1	操作规范 (10分)	安全文明操作	无违反操作规程,未损坏元器件及仪表 操作完成后器材摆放有序,实训台整理达到要求 根据实际情况进行扣分			
2	德育(20分)	团队协作 自我约束能力	小组团结协作精神 考勤,操作认真仔细 根据实际情况进行扣分			
整体评价						

任务8.2　十字路口交通信号灯模拟控制系统安装

【任务教学环节】

教学步骤	时间安排	教学方式
阅读教材	课余	自学、查资料、组内相互讨论
知识讲解	2课时	1. 并列序列结构功能图的画法及其与梯形之间的转换 2. 十字路口交通信号灯实际工作原理及过程
实训操作	6课时	1. 十字路口交通信号灯 PLC 模拟电路连接 2. 编写梯形图并下载调试,实现十字路口交通信号灯模拟控制

【任务描述】

前面学习了简单的红绿灯系统制作,但在实际应用中,往往还需制作出更复杂的交通信号灯控制系统。典型十字路口交通信号灯工作示意图如图 8.13 所示。系统内设置有东西方向红灯两个,南北方向红灯两个,东西方向黄灯两个,南北方向黄灯两个,东西方向绿灯两个,南北方向绿灯两个,一共 12 个信号灯。这 12 个信号灯按照一定的规律有序地工作,指挥着四面八方来往的车辆。那么,这 12 个交通信号灯到底按怎样的规律有序地工作呢? 接下来开始学习如何用 PLC 来制作十字路口的交通信号灯控制系统。

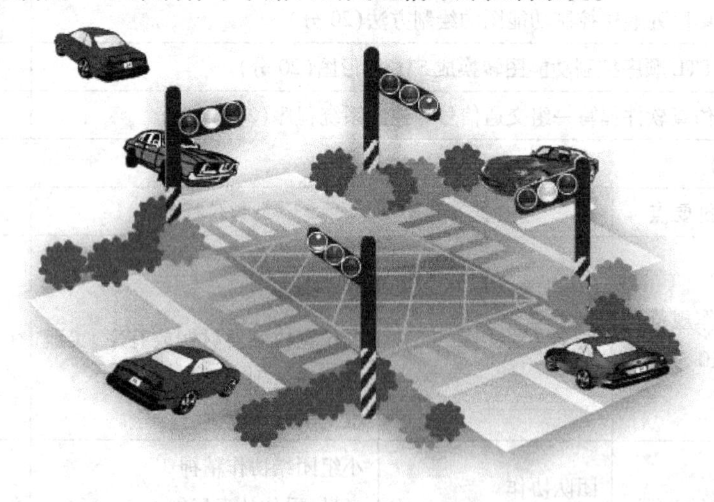

图 8.13　十字路口交通信号灯控制

【任务分析】

①系统工作受开关控制,启动按钮(X0)ON 时则系统开始工作;启动按钮(X1)OFF 时则系统停止工作。

②控制对象有 6 个:东西方向红灯两个,南北方向红灯两个,东西方向黄灯两个,南北方向黄灯两个,东西方向绿灯两个,南北方向绿灯两个。

③控制要求:

a. 按下启动按钮 X0,系统开始工作,首先南北红灯亮 25 s,同时东西绿灯先长亮 20 s,然后以 1 s 为周期闪烁 3 次后熄灭。

b. 南北红灯继续亮 2 s,东西黄灯也点亮 2 s。

c. 东西红灯亮 25 s,同时南北绿灯先长亮 20 s, 然后以 1 s 为周期闪烁 3 次后熄灭。

d. 东西红灯继续亮 2 s,南北黄灯也点亮 2 s。

以后重复以上步骤。直到按下停止按钮 X1 后停止工作。

【任务相关知识】

知识 8.2.1　十字路口交通灯工作情况简介

如图 8.14 所示为十字路口交通灯示意图,其东西方向及南北方向各有两组红绿黄信号

灯,东和西两个方向信号灯同步变化,南和北两个方向信号灯也同步变化。点亮时间分配见表8.3,其交通信号灯亮灭时序图如图8.15所示。

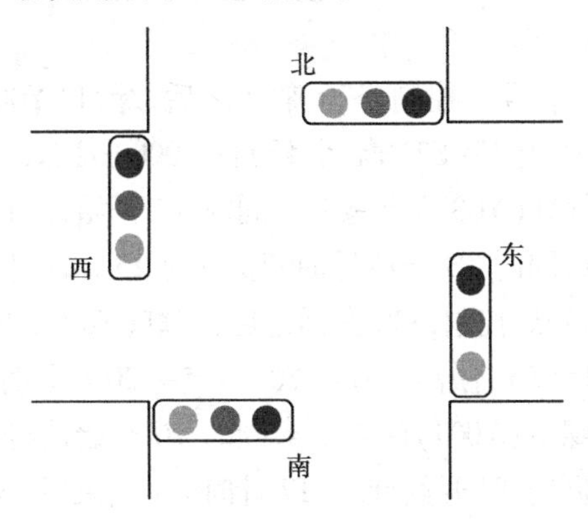

图8.14　十字路口交通灯示意图

表8.3　十字路口交通灯点亮时间分配表

东　西	信　号	绿灯点亮	绿灯闪烁	黄灯点亮	红灯点亮	
	时　间	20 s	3 s	2 s	25 s	
南　北	信　号	红灯点亮			绿灯点亮	绿灯点亮	黄灯点亮
	时　间	25 s			20 s	3 s	2 s

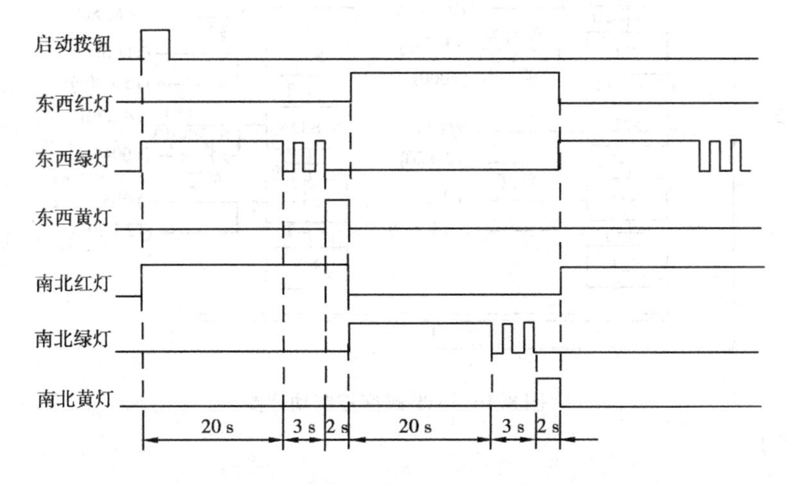

图8.15　十字路口交通灯时序图

知识8.2.2　十字路口交通灯控制系统PLC程序设计思路

①十字路口交通灯控制系统STL顺序控制功能图如图8.16所示,M8002为初始化脉冲,X001为停止按钮,按下X001后系统会自动转向S0,因此不管在任何时刻按下停止按钮X001,交通信号灯立即停止工作。S0为初始状态,每个顺序控制功能图至少应有一个初始

状态,它一般是处于等待启动或停止复位状态。

②X000 为启动按钮,按 X000 后 S10 被激活,程序开始运行。S10 为循环起始状态,并列分支流程从这里开始。

③第一分支为东西方向信号灯控制,S20 激活之后,绿灯(Y000)点亮 20 s,同时定时器 T0 开始计时;T0 计时 20 s 时间到后 S21 激活,绿灯(Y000)闪烁 3 s,同时 T1 开始计时;T1 计时 3 s 时间到后 S22 激活,黄灯(Y001)点亮 2 s,同时 T2 开始计时;T2 计时 2 s 时间到后 S23 激活,红灯(Y002)点亮 25 s,同时 T3 开始计时;T3 计时 25 s 时间到后 S24 激活,等待汇合。

④第二支为南北方向信号灯控制,S30 激活之后,红灯(Y006)点亮 25 s,同时定时器 T4 开始计时;T4 计时 25 s 时间到后 S31 激活,绿灯(Y004)点亮 20 s,同时定时器 T5 开始计时;T5 计时 20 s 时间到后 S32 激活,绿灯(Y004)闪烁 3 s,同时 T6 开始计时;T6 计时 3 s 时间到后 S33 激活,黄灯(Y005)点亮 2 s,同时 T7 开始计时;T7 计时 2 s 结束后 S34 激活,等待汇合。

⑤S24 和 S34 汇合后转回 S10,开始进入循环阶段。

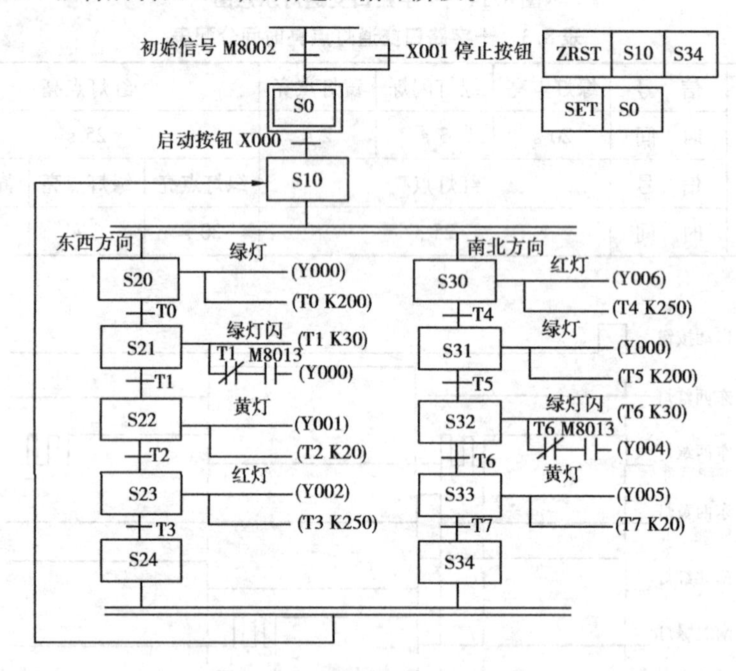

图 8.16　STL 顺序控制功能图

【做一做】

实训 8.2.1　十字路口交通信号灯模拟控制系统安装与调试

(1)实训目的

①会用并列序列结构顺序控制功能图分析复杂的分支任务。

②会在 YL-235A 实训台上安装十字路口交通信号灯模拟控制系统。

(2)实训器件

①个人计算机 PC。

②三菱 FX2N-48MR 可编程序控制器。

③亚龙 YL-235A 按钮及指示灯模块、电源模块。

④亚龙 YL-235A 警示灯组件。

⑤RS-232 数据通信线。

⑥连接线若干。

(3)实训方法及步骤

①十字路口交通灯控制系统电路 I/O 端口分配见表 8.4。

表 8.4　十字路口交通灯的 I/O 分配

输入端口	功能说明	输出端口	功能说明
X000	启动按钮	Y000	东西绿灯
X001	停止按钮	Y001	东西黄灯
		Y002	东西红灯
		Y004	南北绿灯
		Y005	南北黄灯
		Y006	南北红灯

②控制电路接线图如图 8.17 所示。

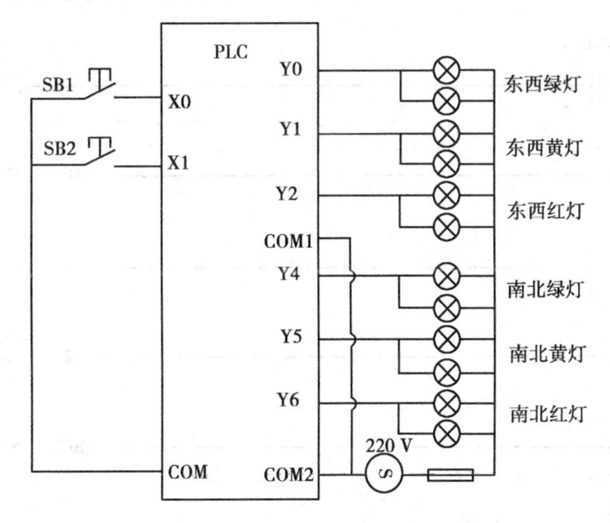

图 8.17　十字路口交通灯控制接线图

③编写控制系统程序并传送到 PLC,参考程序梯形图及控制语句如图 8.18、图 8.19 所示。

④自检。

⑤检查无误后通电调试。

M8002 — [ZRST S0 S34] 启动初始化

X001 — [SET S0] 启动控制

S0 STL — X000 — [SET S10]

S10 STL — [SET S20] / [SET S30] 东西方向信号灯控制

S20 STL — (Y000) / (T0 K200) / T0 — [SET S21]

S21 STL — (T1 K30) / T1 M8013 — (Y000) / T1 — [SET S22]

S22 STL — (Y001) / (T2 K20) / T2 — [SET S23]

S23 STL — (Y002) / (T3 K250) / T3 — [SET S24]

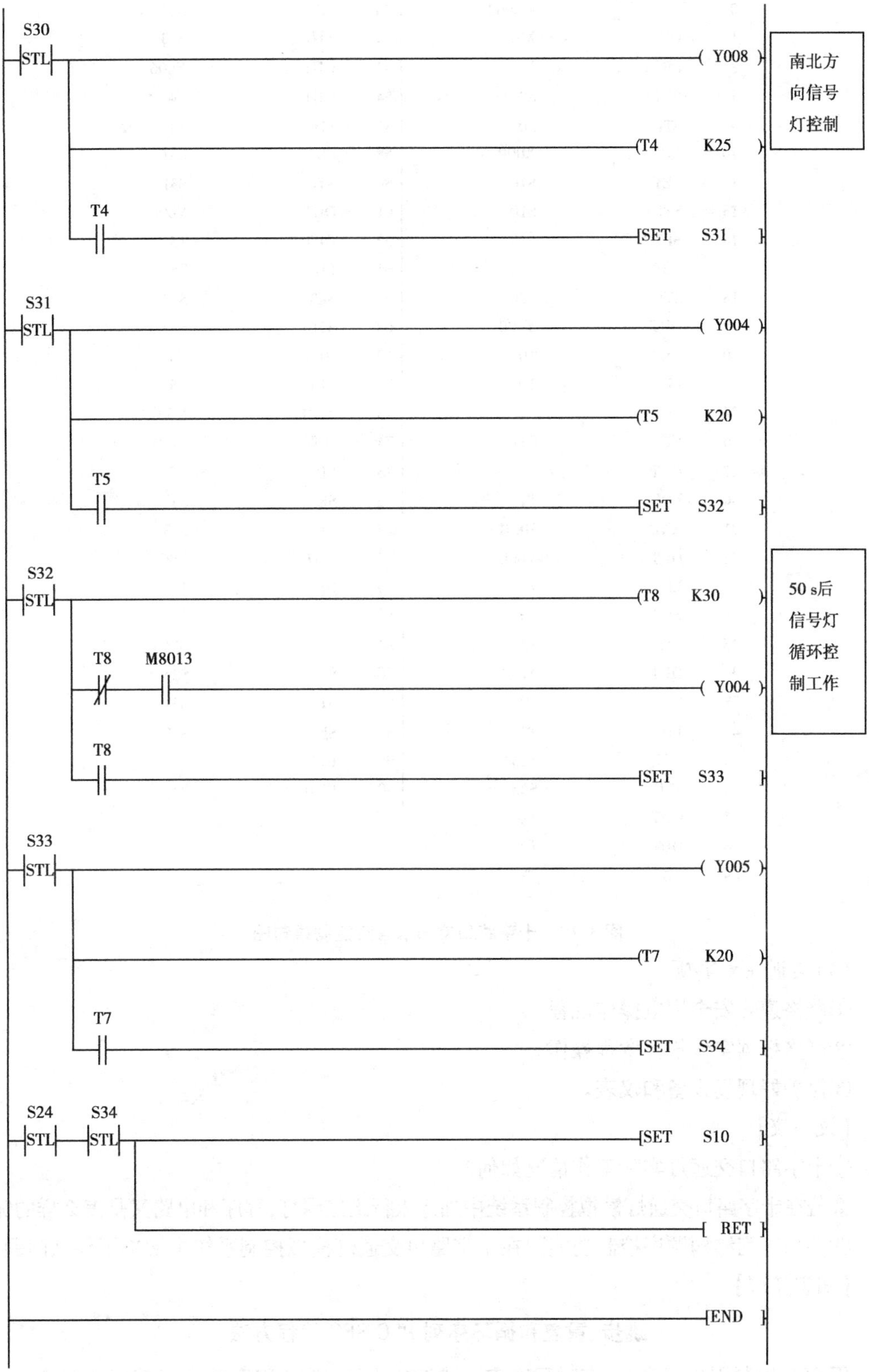

```
S30
-|STL|--+-------------------------------------( Y008 )    南北方
        |                                                  向信号
        +-------------------------------------(T4   K25 )  灯控制
        |  T4
        +--| |--------------------------------[SET  S31 ]

S31
-|STL|--+-------------------------------------( Y004 )
        |
        +-------------------------------------(T5   K20 )
        |  T5
        +--| |--------------------------------[SET  S32 ]

S32
-|STL|--+-------------------------------------(T8   K30 )  50 s后
        |  T8    M8013                                     信号灯
        +--|/|----| |-------------------------( Y004 )     循环控
        |  T8                                              制工作
        +--| |--------------------------------[SET  S33 ]

S33
-|STL|--+-------------------------------------( Y005 )
        |
        +-------------------------------------(T7   K20 )
        |  T7
        +--| |--------------------------------[SET  S34 ]

S24    S34
-|STL|--|STL|--+------------------------------[SET  S10 ]
               |
               +------------------------------[ RET ]

----------------------------------------------[END ]
```

图 8.18　十字路口交通信号灯控制 STL 梯形图

0	LD	M8002	50	SET	S24
1	OR	X001	52	STL	S30
2	ZRST	S0	53	OUT	Y006
7	SET	S0	54	OUT	T4
9	STL	S0	57	LD	T4
10	LD	X000	58	SET	S31
11	SET	S10	60	STL	S31
13	STL	S10	61	OUT	Y004
14	SET	S20	62	OUT	T5
16	SET	S30	65	LD	T5
18	STL	S20	66	SET	S32
19	OUT	Y000	68	STL	S32
20	OUT	T0	69	OUT	T6
23	LD	T0	72	LDI	T6
24	SET	S21	73	AND	M8013
26	STL	S21	74	OUT	Y004
27	OUT	T1	75	LD	T6
30	LDI	T1	76	SET	S33
31	AND	M8013	78	STL	S33
32	OUT	Y000	79	OUT	Y005
33	LD	T1	80	OUT	T7
34	SET	S22	83	LD	T7
36	STL	S22	84	SET	S34
37	OUT	Y001	86	STL	S24
38	OUT	T2	87	STL	S34
41	LD	T2	88	SET	S10
42	SET	S23	90	RET	
44	STL	S23	90	END	
45	OUT	Y002			
46	OUT	T3			
49	LD	T3			

图 8.19　十字路口交通信号灯控制语句图

(4)实训注意事项

①严格遵守安全用电操作规程。

②严格根据实作规范章程操作。

③保护好现场设备和仪表。

【议一议】

①十字路口交通灯实际工作情况如何?

②若在十字路口交通灯模拟控制系统中加入人行道红绿灯,程序和电路又是怎么样的呢?

③并列序列结构顺序控制功能图在十字路口交通灯模拟控制系统中解决了什么问题?

【知识拓展】

跳步、重复和循环序列 PLC SFC 编程方法

用 SFC 编制用户程序时,有时程序需要跳转或重复,则用 OUT 指令代替 SET 指令。

(1)部分重复的编程方法

在一些情况下,需要返回某个状态重复执行一段程序,可以采用部分重复的编程方法,如图8.20所示。

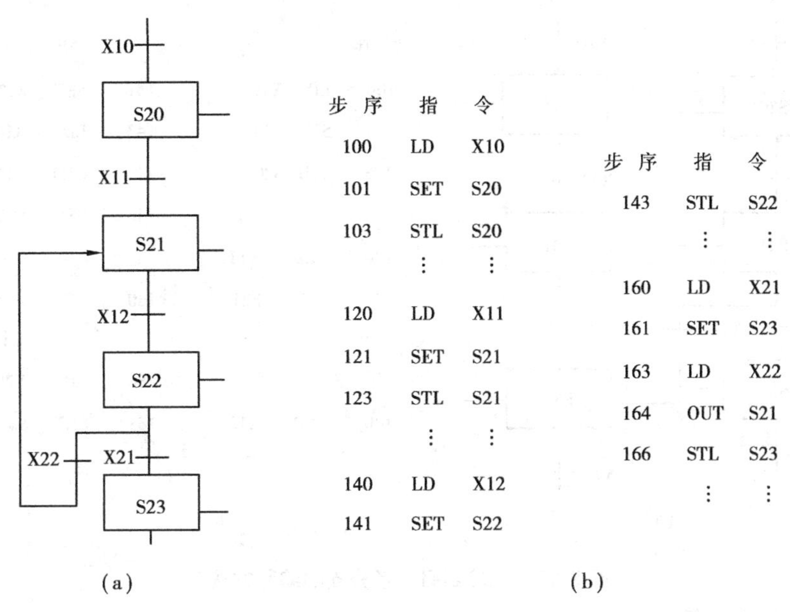

图8.20　部分重复的编程方法

(2)同一分支内跳转的编程方法

在一条分支的执行过程中,由于某种需要跳过几个状态,执行下面的程序,此时,可以采用同一分支内跳转的编程方法,如图8.21所示。

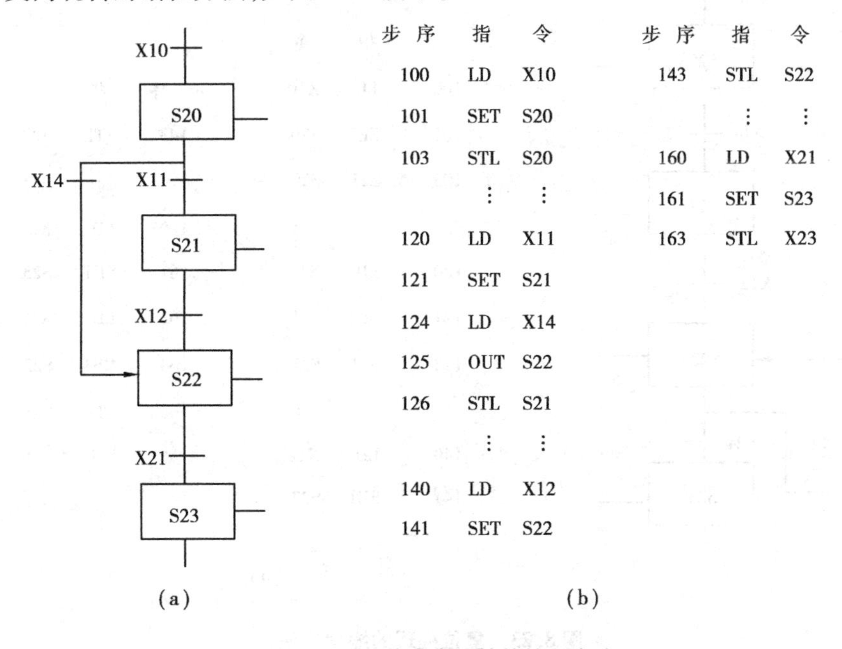

图8.21　同一分支内跳转的编程方法

(3)跳转到另一条分支的编程方法

在某种情况下,要求程序从一条分支的某个状态跳转到另一条分支的某个状态继续执行,此时,可以采用跳转到另一条分支的编程方法,如图 8.22 所示。

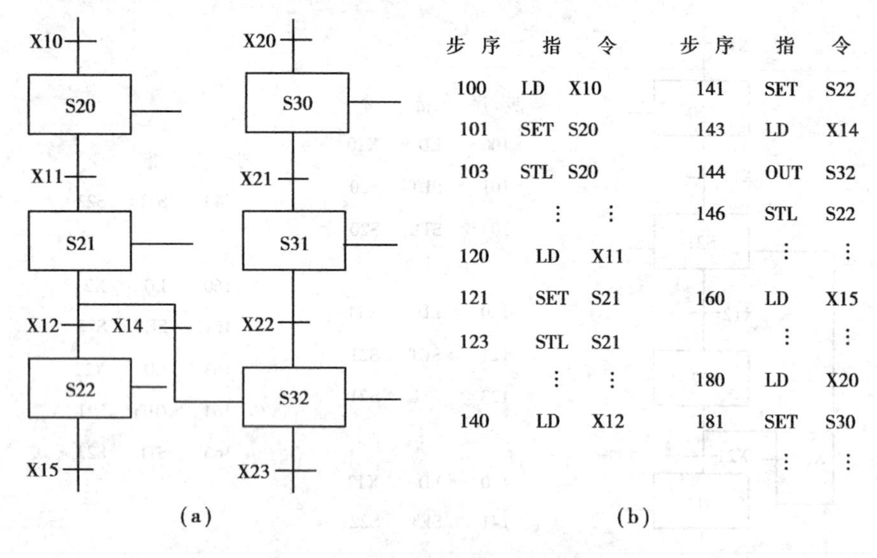

图 8.22 跳转到另一条分支的编程方法

(4)复位处理的编程方法

在用 SFC 语言编制用户程序时,如果要使某个运行的状态(该状态为 1)停止运行(使该状态置 0),其编程的方法如图 8.23 所示。

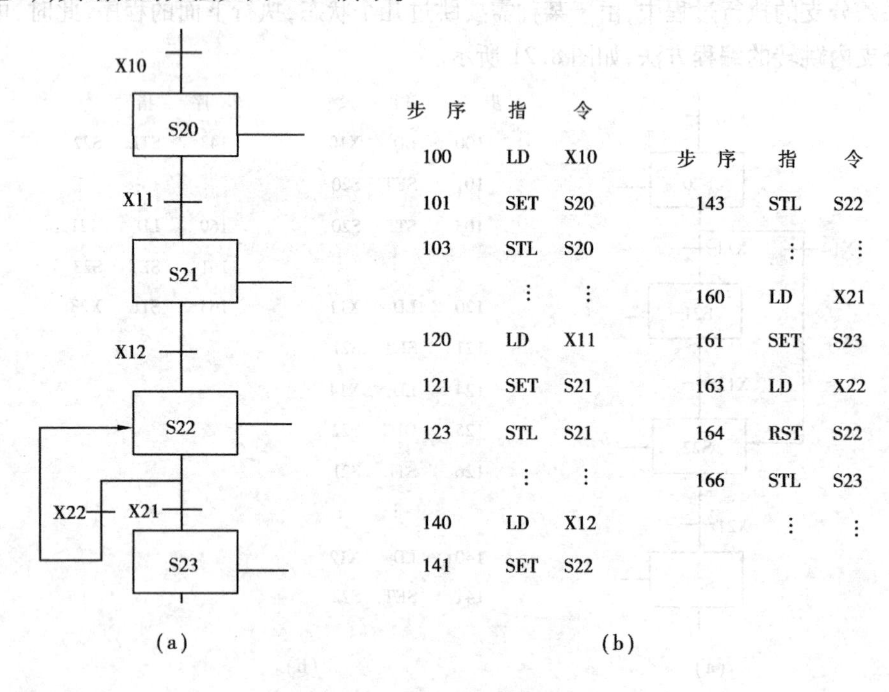

图 8.23 复位处理的编程方法

图8.23中,当状态S22为1时,此时若输入X21为1,则将状态S22置0,状态S23置1;若输入X22为1,则将状态S22置0,即该支路停止运行。如果要使该支路重新进入运行,则必须使输入X10为1。

【评一评】

十字路口交通信号灯模拟控制系统安装任务评价表

学生姓名		日 期		自评	组评	师评
应知应会(80分)						
序号	评价要点					
1	知道十字路口交通灯是怎么工作的(20分)					
2	能画出十字路口交通灯STL顺序控制功能图(20分)					
3	会连接十字路口交通灯模拟控制系统电路(20分)					
4	能编写程序实现十字路口交通灯模拟控制(20分)					
学生素养(20分)						
序号	评价要点	考核要求	评价标准			
1	德育(20分)	团队协作 自我约束能力	小组团结协作精神 考勤,操作认真仔细 根据实际情况进行扣分			
整体评价						

项目 9

大小球自动分拣系统的制作

●项目描述

分拣设备的积极作用正日益为人们所认识。它能高效地代替人的劳动,并且按人的意愿来完成工件的分拣和传送。它能大大地改善工人的劳动条件,提高生产效率,加快实现工业生产机械化和自动化的步伐。因此,各类分拣系统在工控领域也得到了广泛的应用和推广。

●项目目标

知识目标:

- ●能列举顺控指令的使用知识及在程序中的作用,能运用顺控指令编制控制程序。
- ●能认识选择分支流程图的结构、类型。

技能目标:

- ●能编写大小球分拣系统的控制程序。
- ●能够完成硬件连接及系统调试。

任务9.1　PLC大小球自动分拣控制系统的安装

【任务教学环节】

教学步骤	时间安排	教学方式
阅读教材	课余	自学、查资料、组内相互讨论
知识讲解	1.5课时	重点讲授功能指令的作用、格式和使用方法
实训操作	4.5课时	1. 现场编写大小球分拣系统的控制程序 2. 现场安装和调试大小球分拣系统

【任务描述】

分拣控制系统是一种能将不同物品进行自动分拣的装置。它广泛应用于社会各行各业,如物流配送中心、邮政快递、采矿、港口、码头、仓库等。合理地利用分拣系统,可大大地提高企事业单位的生产效率和行业竞争力。大小球分拣系统的工作示意图如图9.1所示,它能够按预定的工作要求对大、小球进行自动分拣。

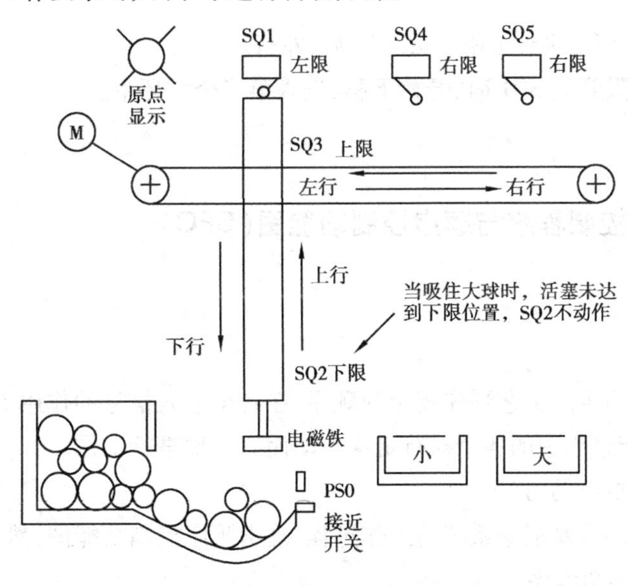

图9.1　分拣控制系统工作示意图

【任务分析】

①本次要制作的大、小球分拣PLC控制系统的机械臂起始位置在机械原点,处于起始位置时,上限位开关和左限位开关被压下,原点位置指示灯亮。

②系统的启动、停止由两个按钮来实现,停止时机械手臂运行完本次吸球及放球整套动

作后回到原点。启动后机械臂动作顺序为:下降→吸球→上升(至上限)→右行(至右限)→下降→释放→上升(至上限)→左行返回(至原点)。机械臂右行时,有小球右限和大球右限之分;下降时,当电磁铁压着大球时下限开关断开,压着小球时下限开关接通。

③启动装置后,捡球装置下行,一直到接近开关闭合。此时,若碰到的是小球,则下限开关处于接通状态;若碰到的是大球,则下限开关处于断开状态。

④吸起小球后,则捡球装置向上行,碰到上限位开关后,捡球装置向右行;碰到右限位开关(小球的右限位开关)后,再向下行,碰到下限位开关后,将小球释放到小球箱里,然后返回到原位。如果吸起的是大球,捡球装置右行碰到另一个右限位开关(大球的右限位开关)后,再向下行,碰到下限位开关后,将大球释放到大球箱里,然后返回到原位。

⑤通过上述分析得出机械手大小球分拣控制系统的具体要求如下:

a. 原位:机械手原始状态为左上角原位处,即上限开关 SQ3 及左限开关 SQ1 压合,这时原位显示亮,表示准备就绪。

b. 按下启动按钮 X0 后,机械手下降,到接近开关 PS0 时,开始吸球:当压着大球时,下限开关 SQ2 断开;压着小球时,下限开关 SQ2 接通,此处延时 5 s。

c. 机械手吸住球后就提升,碰到上限开关 SQ3 和左限开关 SQ1 后就右行。

d. 如果是小球,则右行到 SQ4 处;如果是大球,则右行到 SQ5 处。

e. 机械手下降,此处延时 2 s 后将小球释放到小球容器中;如果是大球,则释放到大球容器中。

f. 释放后机械手提升,碰到上限开关 SQ3 后,左行。

g. 左行至碰到左限开关 SQ1 时,开始下移,进入第二个循环中。

【任务相关知识】

知识 9.1.1　顺序控制程序与顺序控制功能图(SFC)

(1)定义

1)顺序控制

顺序控制就是按照生产工艺预先规定的顺序,在各个输入信号的作用下,根据内部状态或时间的顺序,使生产过程中的各个执行机构自动而有序地进行工作。

2)顺序控制程序的编写方法

顺序控制程序的编写要根据系统的工作过程,画出顺序控制功能图,然后根据顺序控制功能图(SFC)编写梯形图程序。

(2)顺序控制程序的编写基本步骤

1)步的划分

控制系统中某一执行装置在某一段时间相对不变的动作,称为状态。按动作的不同,将控制系统划分若干控制任务,在 PLC 编程中,每一个控制任务就称为一步。

2)转换条件的确定

转换条件是系统从当前进入下一步的条件,即从一个动作转换为另一个动作的条件。

3)顺序控制功能图(SFC)的绘制

根据以上分析画出描述系统工作过程的顺序控制功能图(SFC)。每一步都用状态软元件S来表示。FX2N系列可编程控制器中共有900个状态软元件(S0—S899)可用于构成SFC图,其中,S0—S9用作初始状态,S10—S19用作原点状态,S20—S499用作通用工作状态,S500—S899用作断电保持型工作状态。

4)梯形图的绘制

一般采用步进梯形图指令来绘制梯形图。

(3)顺序控制功能图(SFC)的组成要素

1)步与动作

当系统正工作某一步时,该步处于活动状态,称为“活动步”。处于活动状态时,相应的动作为执行;处于不活动状态时,相应的非断电保持型动作被停止执行。

每一个顺序控制功能图至少应有一个初始步,它对应于系统等待启动的初始状态。一般要用特殊辅助继电器M8002来转换。

2)有向连线、转换和转换条件

有向连线上无箭头标注时,其进展方向是从上到下、从左到右。若不是上述方向,应在有向连线上有箭头标注。

转换条件写在表示转换的短画线旁边。

3)步成为活动步的条件

步成为活动步应同时具备两个条件:前级步必须是活动步,并且对应的转换条件成立。

(4)顺序控制功能图的基本结构

SFC图根据具体的控制过程有单流程结构、选择性分支结构和并行分支结构。

1)单流程结构SFC

当工作过程是一个简单的顺序动作过程时,只用单流程结构的SFC就足够了,如图9.2所示的小车前进1小段的状态转移的条件,小车进入1的“步”。当小车到达前进1的终点,压下该位置的开关,满足状态转移条件,小车就从前进1的“步”转移到小车后退的“步”……小车运动的SFC如图9.3所示。

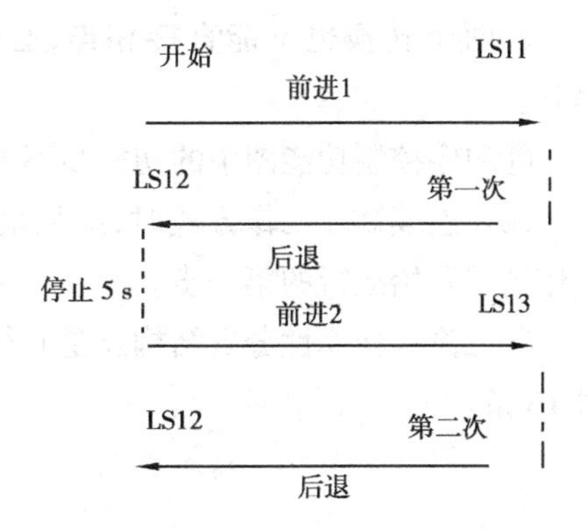

图9.2　小车工作流程示意图

2)选择性分支结构

当工作过程需要根据当时条件的不同的状态时,要用选择性分支结构。选择性分支结构的SFC示例如图9.4所示。选择性分支在分流处的转换条件不能相同,并且转换的条件都应位于各分支中;在合流处,转换的条件也应该是在各分支中,转换的条件可以相同,也可以不相同。

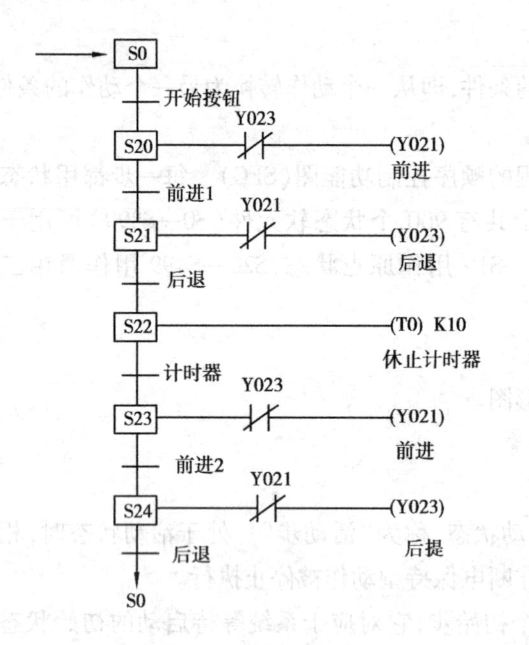

图 9.3　单流程 SFC

S20 分流状态
X000
X010
X020
S21
S31
S41
X001
X011
X021
S22
S32
S42
X002
S50 合流状态

图 9.4　选择性分支结构

3）并行分支结构

当要求有几个工作流程同时进行时，要用并行分支结构。并行分支结构的 SFC 示例如图 9.5 所示。在并行分支结构中，分流处转换的条件一定是在发展之前，分支后的第一个状态前不能再有转换条件；在合流处转换的条件应该完全相同，并且不能放在分支中。

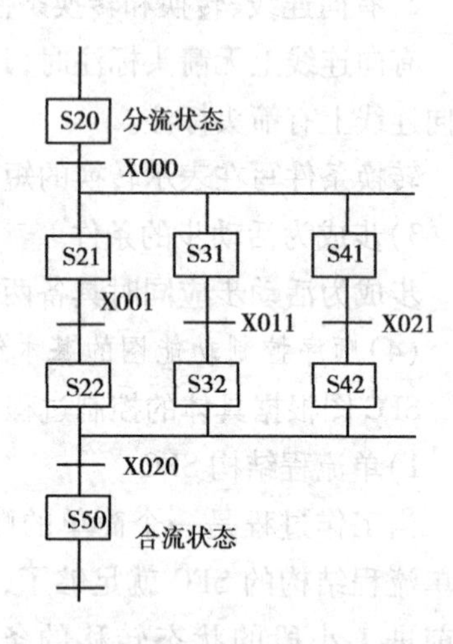

图 9.5　并列性分支结构

（5）画顺序控制功能图（SFC）的注意事项

①两个步绝对不能直接相连，必须用一个转换将它们隔开。

②两个转换也不能直接相连，必须用一个步将它们隔开。

③顺序控制功能图中的初始步不能少。

④在连续循环工作方式时，应从最后一步返回下一个工作周期开始运行的第一步。

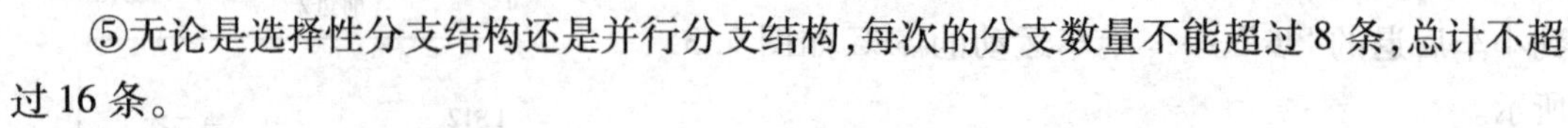

⑤无论是选择性分支结构还是并行分支结构，每次的分支数量不能超过 8 条，总计不超过 16 条。

【做一做】

实训9.1.1　大小球分拣系统的安装与调试

(1)实训目的

①能认识 PLC 功能指令的作用、格式和使用方法。

②能安装和调试大小球分拣系统。

(2)实训器件

①个人计算机。

②三菱 FX_{2N}-48MR 可编程序控制器。

③亚龙 YL235A 按钮及指示灯模块、电影模块。

④亚龙 YL235A 警示灯组灯。

⑤RS-232 数据通信线。

⑥连接线若干。

(3)实训方法及步骤

①熟悉工作任务及 I/O 口地址分配,I/O 口地址分配表见表 9.1。

表 9.1　I/O 口地址分配表

输入地址	对应的外部设备	输出地址	对应设备的动作
X0	启动按钮	Y0	原点显示
X1	左限位 SQ1	Y1	机械臂上升
X2	下移限位开关 SQ2	Y2	机械臂下降
X3	上移限位开关 SQ3	Y5	电磁铁
X4	小球右限开关 SQ4	Y20	机械臂右行
X5	大球右限开关 SQ5	Y21	机械臂左行
X6	接近开关 PS0		
X7	停止按钮		
T0	5 s		
T1	1 s		
T2	2 s		

②系统硬件接线图如图 9.6 所示。

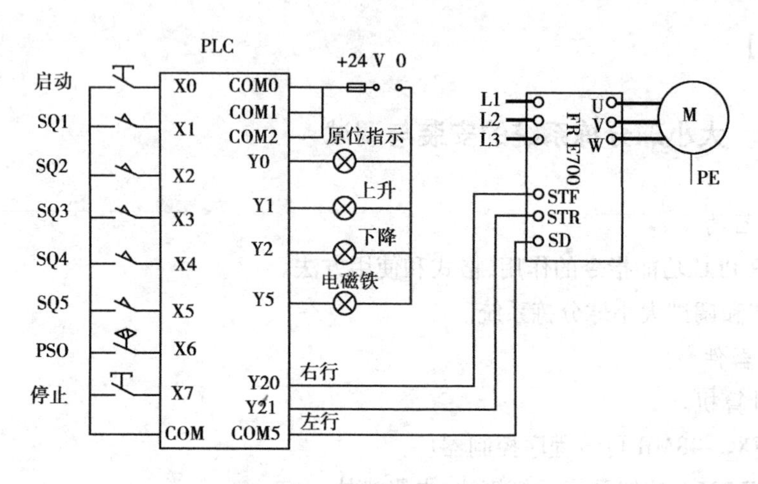

图 9.6　PLC 硬件接线图

③程序控制顺序流程图如图 9.7 所示。

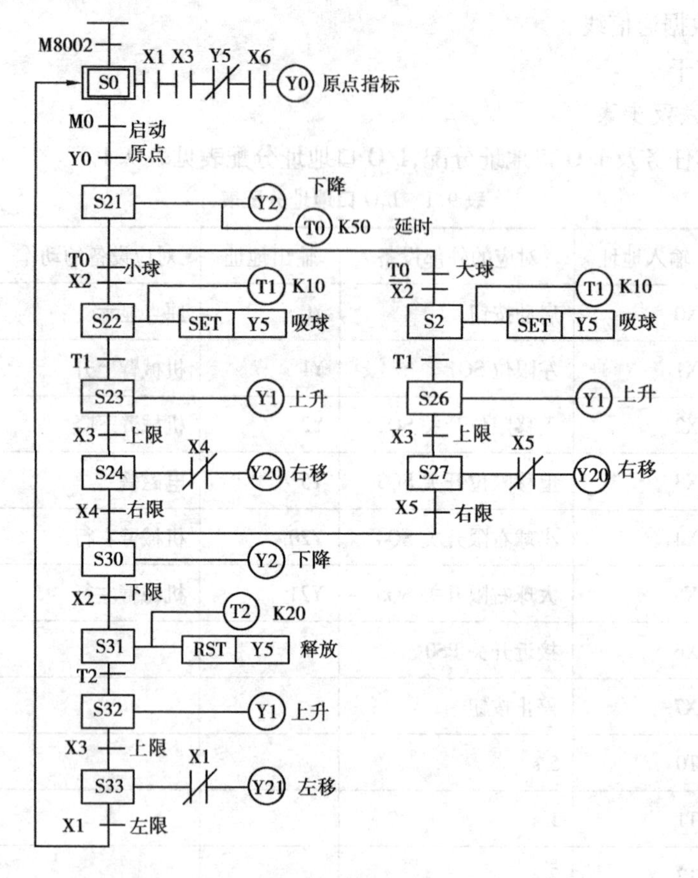

图 9.7　顺序流程图

④编制控制程序并传至 PLC，如图 9.8 所示。

⑤自检。

⑥通电调试并记录结果。

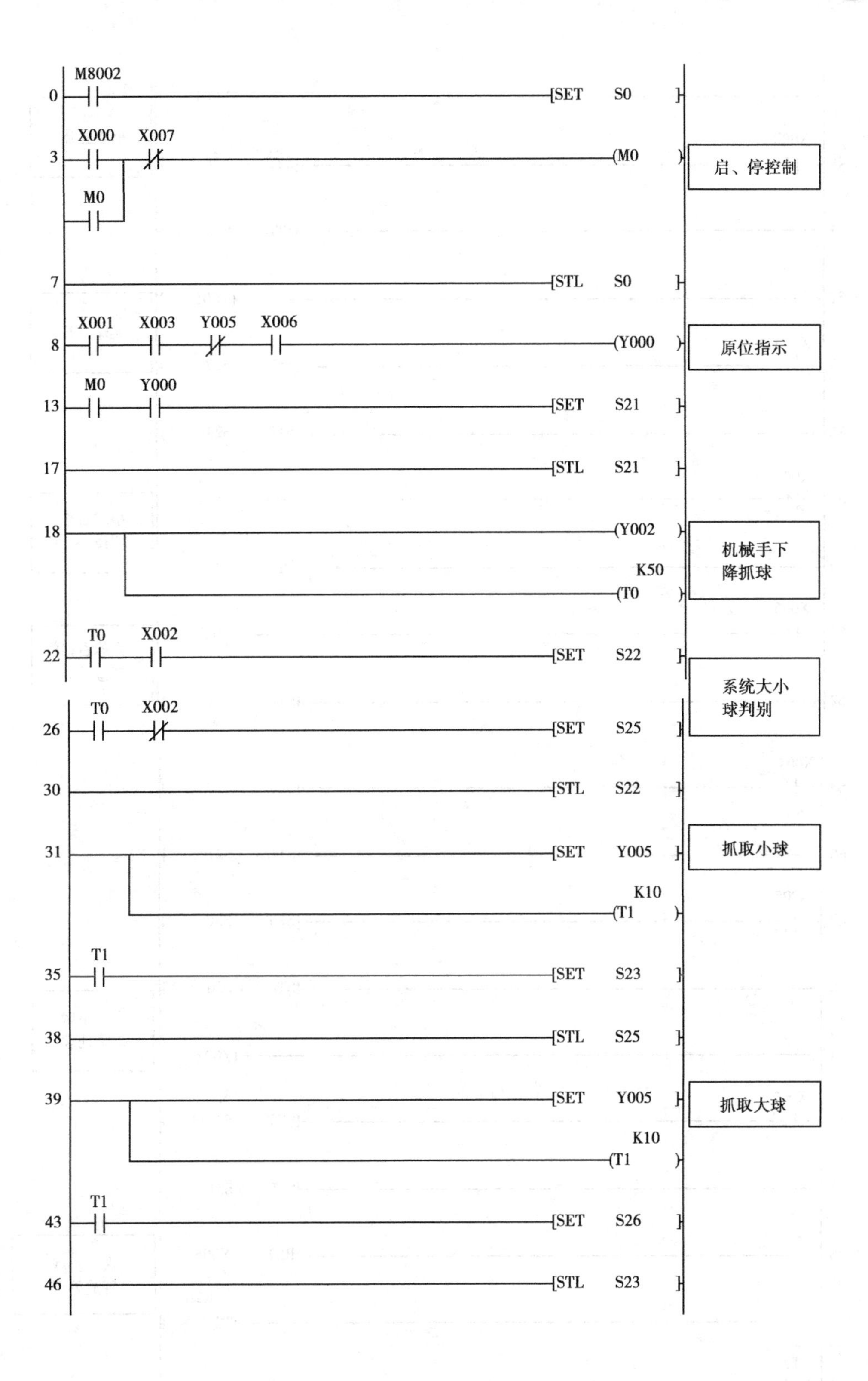
M8002
0
SET S0
X000
X007
3
M0
M0
启、停控制
7
STL S0
X001
X003
Y005
X006
8
Y000
原位指示
M0
Y000
13
SET S21
17
STL S21
18
Y002
K50
T0
机械手下降抓球
T0
X002
22
SET S22
系统大小球判别
T0
X002
26
SET S25
30
STL S22
31
SET Y005
抓取小球
K10
T1
T1
35
SET S23
38
STL S25
39
SET Y005
抓取大球
K10
T1
T1
43
SET S26
46
STL S23

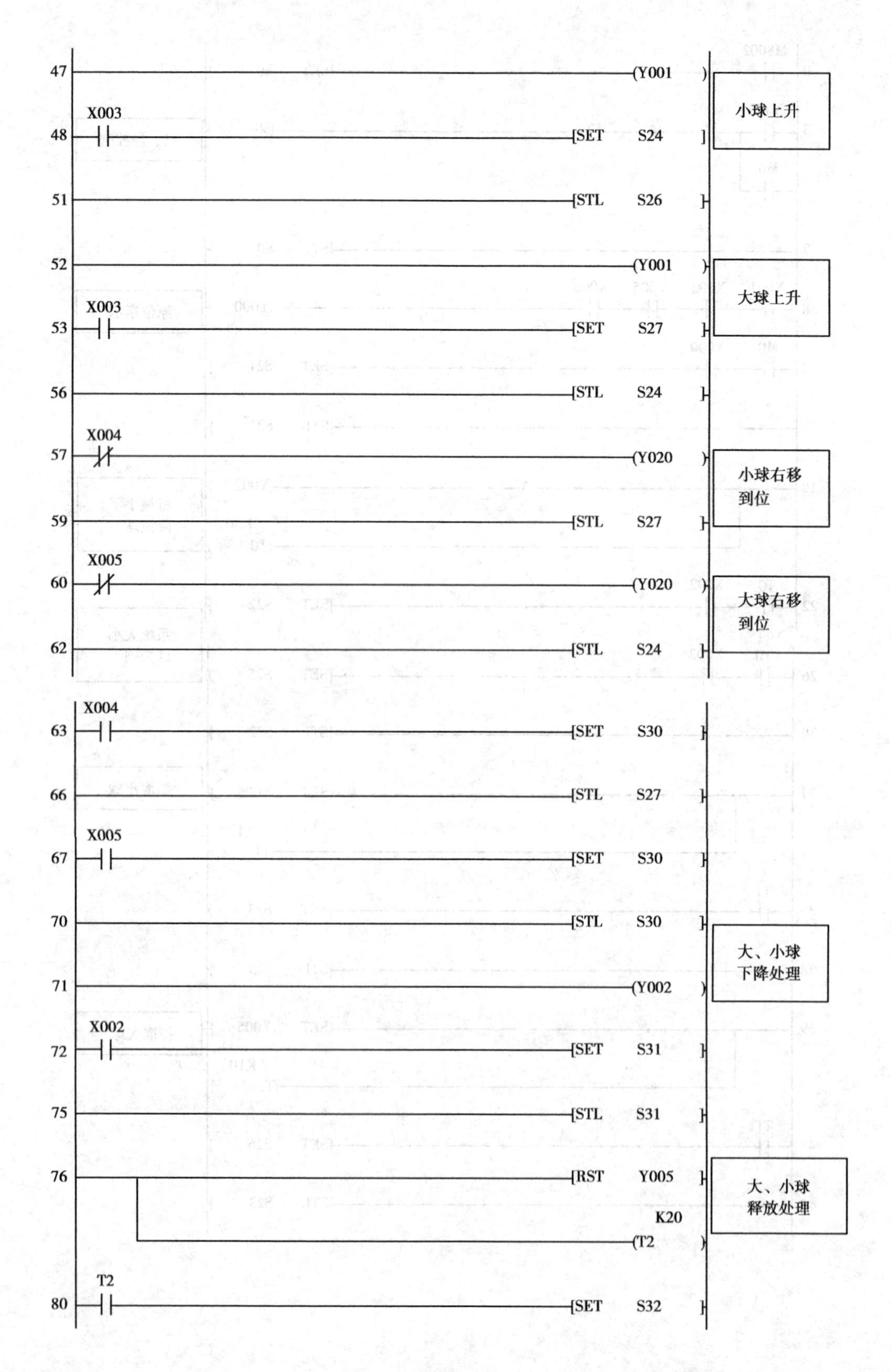
47
(Y001
小球上升
X003
48
SET S24
51
STL S26
52
(Y001
大球上升
X003
53
SET S27
56
STL S24
X004
57
(Y020
小球右移
到位
59
STL S27
X005
60
(Y020
大球右移
到位
62
STL S24
X004
63
SET S30
66
STL S27
X005
67
SET S30
70
STL S30
大、小球
下降处理
71
(Y002
X002
72
SET S31
75
STL S31
76
RST Y005
大、小球
释放处理
K20
(T2
T2
80
SET S32

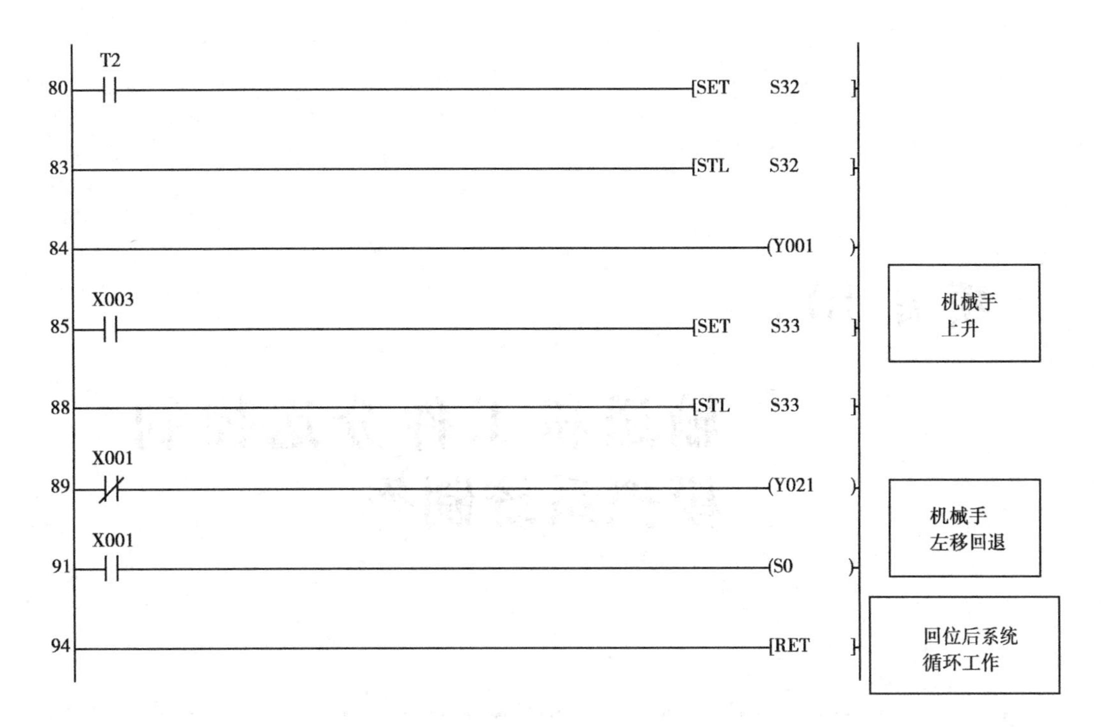

图9.8　分拣系统梯形图

【议一议】

你能用所学的知识编制大、中、小球自动分拣系统的控制程序吗？

【评一评】

PLC大小球自动分拣控制系统的安装任务评价表

学生姓名		日　期		自评	组评	师评
应知应会(80分)						
序号	评价要点					
1	能说出大、小球分拣系统的工作流程(20)					
2	能画出大小球分拣系统的SFC功能图(20)					
3	会连接分拣系统的硬件接线(20)					
4	能正确编写大小球分拣系统的控制程序(20)					
学生素养(20分)						
序号	评价要点	考核要求	评价标准			
1	德育(20分)	团队协作 自我约束能力	小组团结协作精神 考勤，操作认真仔细 根据实际情况进行扣分			
整体评价						

项目 10

输送机工件分送控制模拟系统制作

●项目描述

输送机是在一定的线路上连续输送物料的物料搬运机械，它可进行水平、倾斜输送，也可组成空间输送线路，输送线路一般是固定的。输送机输送能力大、运距长，还可在输送过程中同时完成若干工艺操作，广泛应用于家电、电子、电器、机械、烟草、注塑、邮电、印刷、食品等各行各业，实现物件的分拣、组装、检测、调试、包装及运输等。输送机具有输送能力强，输送距离远，结构简单易于维护，能方便地实行程序化控制和自动化操作。常见的一些输送机如图 10.0(a)所示。

(a)无动力输送机

(b)摆头式输送机

(c)爬坡式输送机

(d)网带输送机

(e)倾斜式输送机

图 10.0(a)　常见输送机

自动分拣系统是工厂自动生产线中经常使用的工作系统，它的主体部分为自动分拣机。自动分拣系统最常见的应用是物流公司的货物自动分拣线(见图10.0(b))。该系统的作业过程可以简单描述如下：物流公司每天接收成百上千供应商或货主通过各种运输工具送来的成百上千种商品，在最短时间内将这些商品卸下并按商品主、货主、储位或发送地点进行快速准确的分类，将这些商品运送到指定的地点如指定的货架、加工区域、出货站台。物流公司中的自动分拣系统主要有以下3个优点：

图10.0(b)　自动分拣系统

①可以迅速同时分拣大量货品，不但节约时间，而且节省人力资源。

②自动分拣系统准确率高，只要程序编写正确，参数设定无误，系统出错概率很小。

③自动分拣系统维护成本低，如果变化分拣要求，只需简单修改参数即可，操作简单。YL-235A实训设备提供了模拟自动分拣系统的装置，如图10.0(c)所示。YL-235A实训设备中用PLC模块模拟控制系统，用传送带、三相异步电动机和变频器模块模拟传送系统，用单出杆气缸、磁性开关、出料斜槽、单控电磁反向阀、电容式传感器、电感式传感器及光电传感器模拟分拣系统。

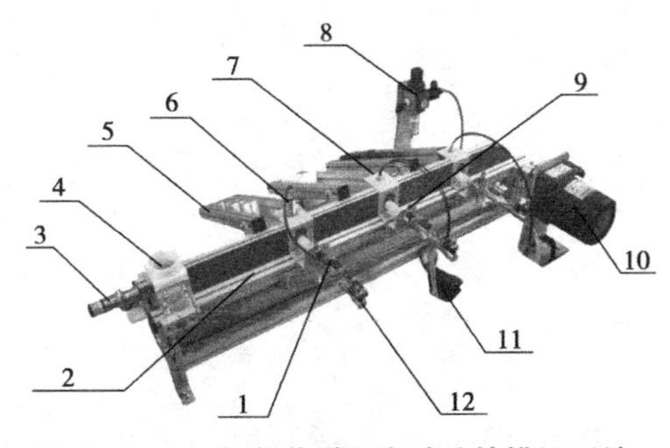

图10.0(c)　物料传送和自动分拣模拟系统

1—磁性开关D-C73；2—传送分拣机构；3—落料口传感器；4—落料口；5—料槽；6—电感式传感器；7—光纤传感器；8—过滤调压阀；9—节流阀；10—三相异步减速电机；11—光纤放大器；12—推料气缸

●项目目标

知识目标：

●能辨认模拟自动分拣系统的基本结构。

●能复述各种传感器的性能。

●能描述 PLC 的经验设计法和顺控设计法。

●能复述 PLC 控制系统的安装工艺。

●能列举各种传感器的型号。

技能目标：

●能安装 YL-235A 皮带输送机。

●能用 PLC 和变频器来实现皮带输送机按不同速度工作。

●能完成 PLC 电气控制程序编写和调试。

●能完成 PLC 控制系统安装调试试车。

●能完成 PLC 电气控制硬件选择、设备保护的方法和措施的设计。

任务 10.1　皮带输送机调速控制系统的安装

【任务教学环节】

教学步骤	时间安排	教学方式
阅读教材	课余	自学、查资料、组内相互讨论
知识讲解	4 课时	1. 重点讲授变频器参数设置方法 2. PLC 控制系统介绍
实训操作	4 课时	1. 会用 PLC 和变频器来实现皮带输送机按不同的速度运行 2. 会设置变频器参数 3. 会对控制程序进行调试

【任务描述】

某生产设备上的皮带输送机接通电源，按下“启动”按钮后，以 20 Hz 的频率正转；5 s 后，皮带输送机变为以 40 Hz 的频率正转；再过 5 s，皮带输送机变为以 10 Hz 频率正转；3 s 后，皮带输送机变为以 20 Hz 的频率反转；反转 5 s 后自动停止。停止后再次按下“启动”按钮，皮带输送机重复以上运行过程。

【任务分析】

①根据上面的描述以及皮带输送机的运行要求，画出自动控制皮带输送机多段速度运行的电气原理图，并按电气原理图连接好线路。

②根据皮带输送机的运行要求编写 PLC 程序并设置变频器参数。

③调试设备达到控制要求。

【任务相关知识】

知识 10.1.1　变频器及使用

(1)变频器定义

变频器是利用电力半导体器件的通断作用将工频电源变换为频率电源的控制装置，能实现对交流异步电动机的启动、调速控制，并且有过流、过压、过载保护等功能。国外技术较领先的品牌有三菱、西门子、ABB 等，国内品牌主要有汇川、欧瑞、三晶、蓝海华腾等。

交流异步电动机转速公式为

$$n = n_1(1 - s) = \frac{60f}{p}(1 - s)$$

式中　n_1——旋转磁场转速；

s——转差率；

f——电动机的极对数。

根据交流异步电动机转速公式，交流异步电动机调速方法有 3 种，即变极调速、变转差率调速和变频调速。变频器的作用是通过改变交流异步电动机供电的频率，改变其旋转磁场的转速，达到调节交流异步电动机转速的目的。变频器的出现，使得复杂的调速控制简单化，用变频器和交流异步电动机组合代替了大部分原先只能用直流电动机完成的工作，缩小了体积，降低了维修率，使传动技术发展到新阶段。

亚龙 YL-235A 型光机电一体化实训考核装置使用的是三菱 E540 和 E740 变频器，下面重点介绍 E540 和 E740 变频器。

(2)三菱 E540 变频器的外观结构

E540 变频器的前视图和拆掉前端盖及辅助板后的视图如图 10.1 所示。

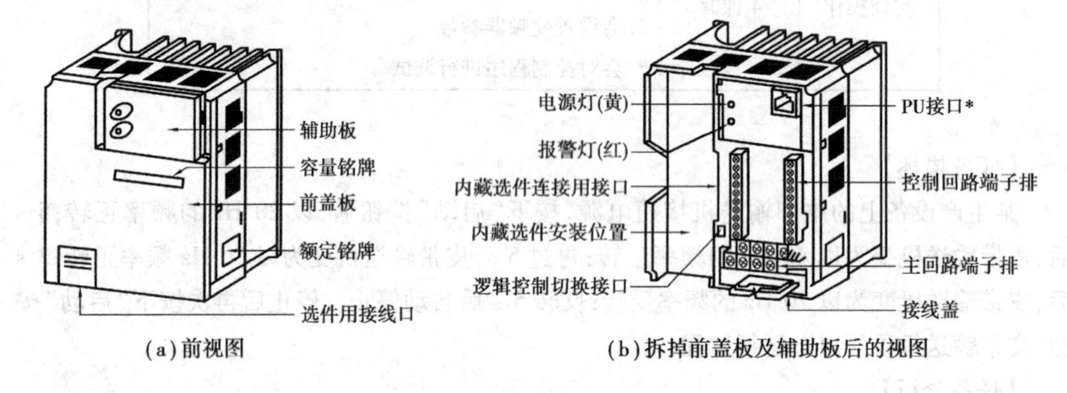

图 10.1　变频器视图

(3)变频器的接线端子及说明

①E540 变频器的各接线端子如图 10.2 所示。

②主电路连接端子说明见表 10.1。

③控制电路端子说明见表 10.2。

表 10.1　E540 变频器主电路连接端子说明

序　号	端子记号	端子名称	说　明
1	L1,L2,L3	电源输入	连接工频电源。当使用高功率因数整流器时，不要接任何东西
2	U,V,W	变频器输出	接三相交流异步电动机
3	—,PR	连接制动电阻器	在端子“—”至“PR”之间连接制动电阻器
4	⏚	接地	变频器外壳接地用，必须接大地

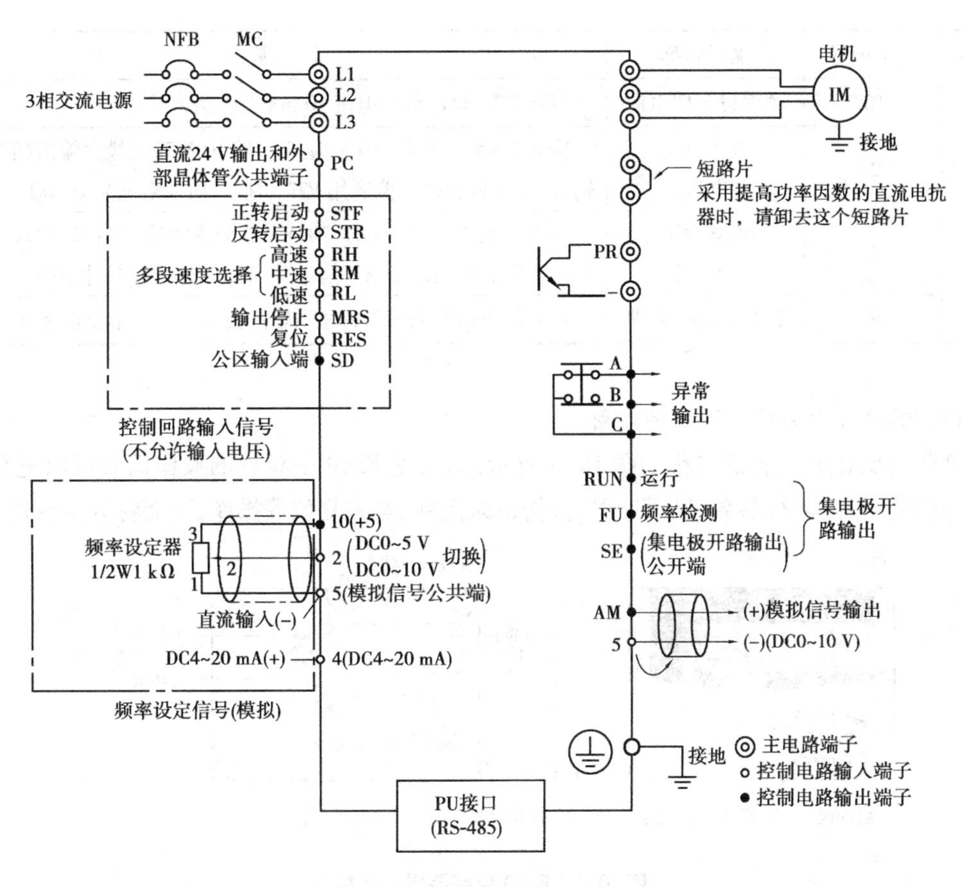

图10.2　E540变频器的接线端子

表10.2　控制电路端子说明

类型	端子记号	端子名称	说　明	
输入信号	STF	正转启动	STF信号ON为正转,OFF为停止	同时ON相当于停止
	STR	反转启动	STR信号ON为反转,OFF为停止	
	RH,RM,RL	多段速度选择	只有RH,RL,RM各自单独ON,分别对应高速、中速、低速	
	MRS	输出停止	MRS信号为ON(20 ms以上)时,变频器输出停止。用电磁制动电动机时,用于断开变频器的输出	
	SD	公共端输入端子漏型	接点输入端子的公共端。直流24 V,0.1 A(PC端子)电源的输出公共端	
	PC	电源输出和外部晶体管输入公共端子(源型)	当连接晶体管输出(集电极开路输出时)时,例如可编程控制器,将晶体管输出用的外部电源公共端接到这个端子,可以防止因漏电引起的误动作,端子PC至SD之间可用于直流24 V,0.1 A电源输出	

续表

类型	端子记号	端子名称	说　明
模拟频率设定	10	频率设定用电源	直流5 V,允许负荷电流10 mA
	2	频率设定（电压）	输入0～5 V或0～10 V时,5 V或10 V对应最大输出频率。输入、输出成比例。两者用P73切换。输入阻抗为10 kΩ
	4	频率设定（电流）	输入直流4～20 mA时,20 mA对应最大输出频率,输入、输出成比例。只在端子AU信号ON时,该输入信号才有效
	5	频率设定公共端	频率设定信号和模拟输出AM的公共端子。不要接大地

(4)E540变频器操作面板的使用

变频器操作面板各键名称如图10.3所示,用三菱E540变频器的操作面板可以进行改变监视模式、设定运行参数、显示错误、报警记录清除、参数复位等操作,下面将分别叙述。

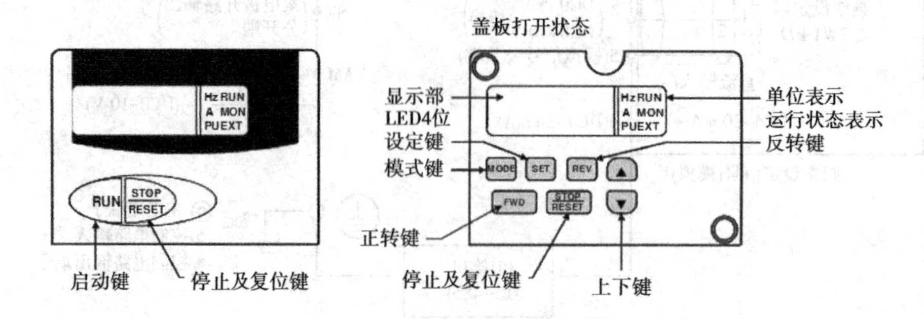

图10.3　E540变频器操作面板

①改变变频器监视模式:按“MONE”键可改变变频器的监视模式。改变变频器监视模式的方法如图10.4所示。

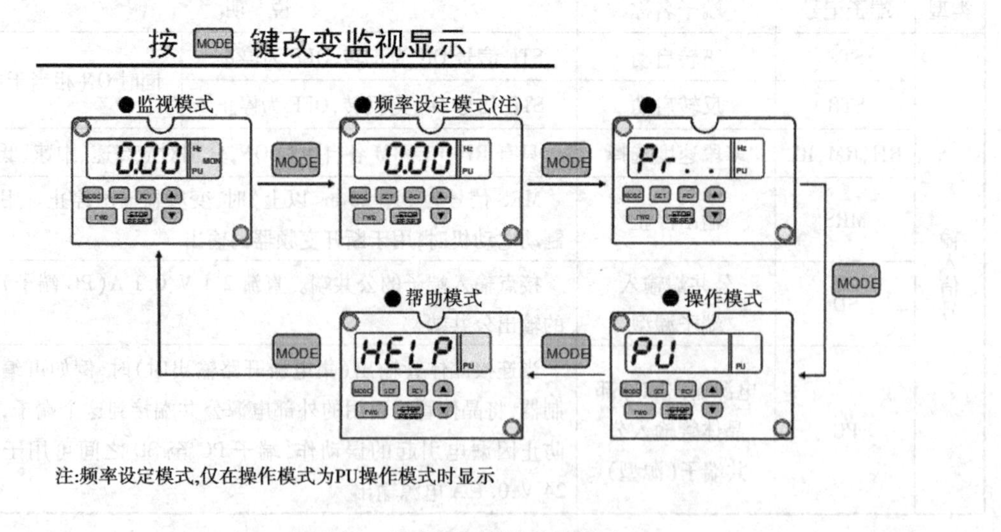

图10.4　改变变频器的监视模式

②监视运行中的参数:在监视模式下监视模式显示运转中的指令和参数。EXT 指示灯亮表示外部操作,PU 指示灯亮表示 PU 操作,EXT 指示灯和 PU 指示灯同时亮表示 PU 和外部操作组合方式。按“SET”键可监视运行中的参数,操作如图 10.5 所示。

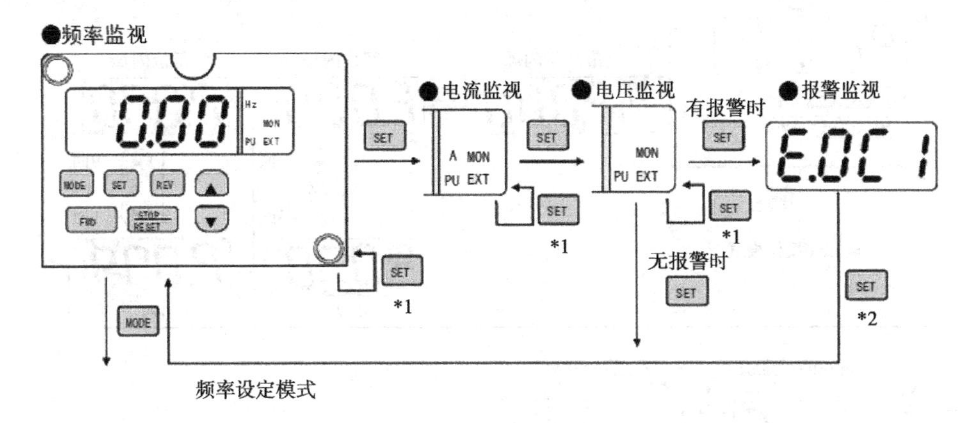

图 10.5　监视运行中的参数

a. 按下标有*1 的“SET”键超过 1.5 s,能把电流监视模式改为上电监视模式。

b. 按下标有*2 的“SET”键超过 1.5 s,能显示最近 4 次的错误指示。

c. 在外部操作模式下转换到参数设定模式。

③频率设定模式:在 PU 操作模式下设定运行频率的操作如图 10.6 所示。

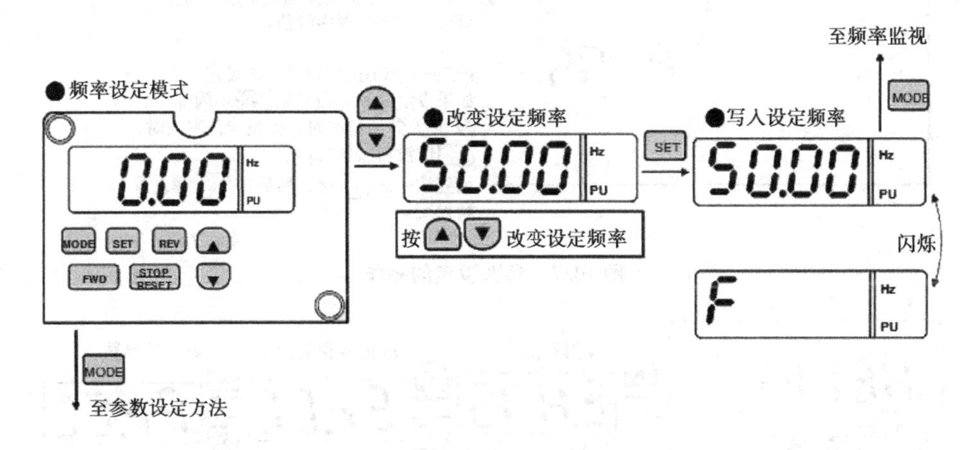

图 10.6　频率设定模式操作

④设定参数:通过操作 E540 变频器操作面板,可以调节变频器内部参数。通常在改变参数之前,首先要将操作模式选择为 PU 模式,即 P79 要设定为“0”“1”“2”“3”或“4”。当 P79 为“2”时(外部操作模式),要进行修改。在改变参数值时,用△▽键进行数值的调整,按“SET”键 1.5 s 写入设定值。以参数 P79 由“2”变为“1”为例介绍参数的设定方法,如图 10.7 所示。

⑤帮助模式:在帮助模式时,可以查看报警记录、清除报警记录、清除已设定的部分参数等,如图 10.8 所示。

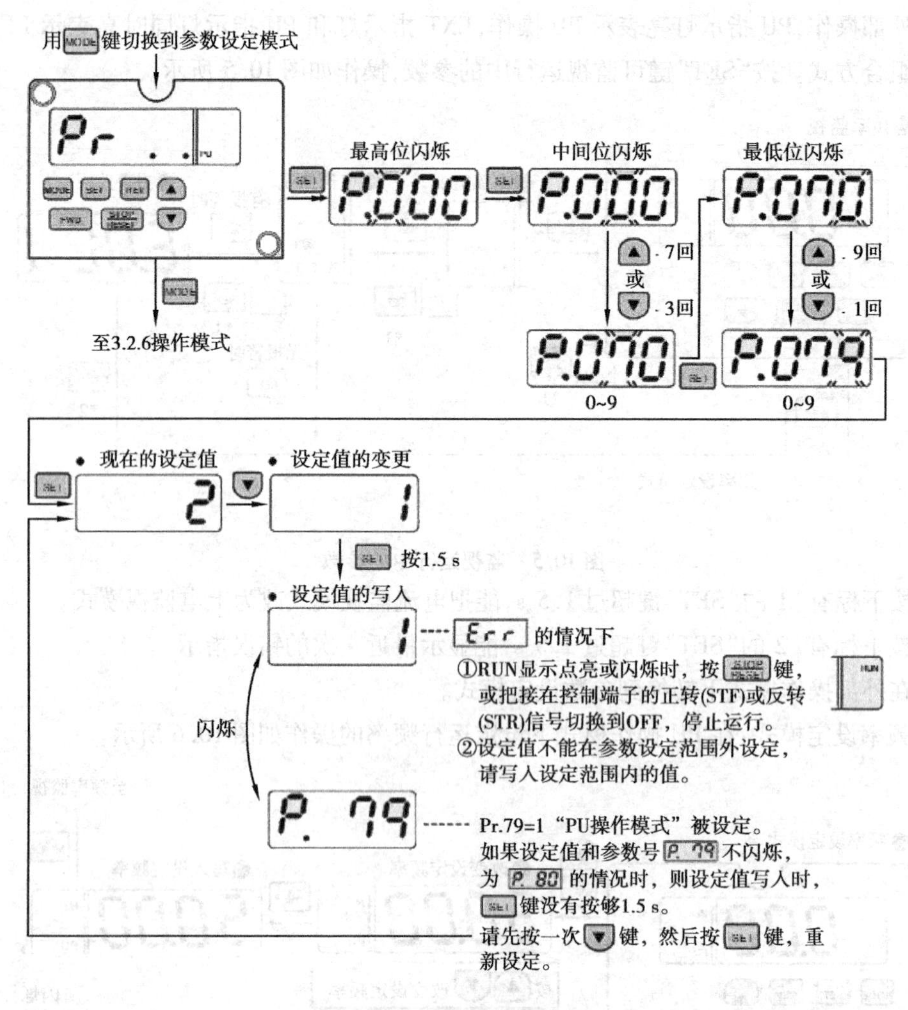

图 10.7　参数设定的操作

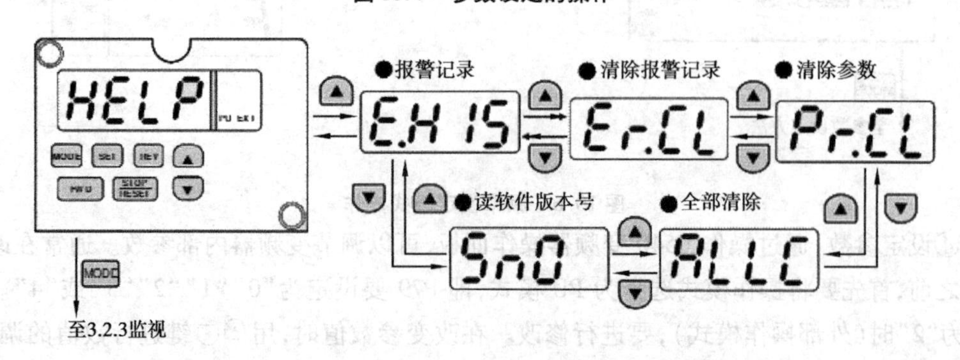

图 10.8　帮助模式操作

⑥恢复出厂设置:在设置变频器的参数前,通常需要将变频器的参数值和校准值全部初始化,恢复到出厂设定值。具体操作如图 10.9 所示。

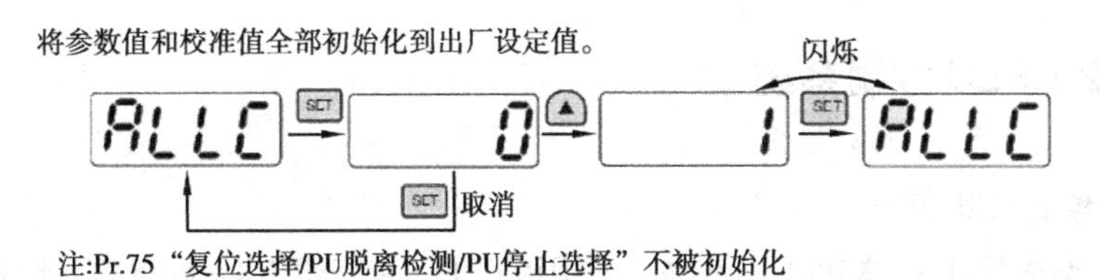

图10.9　恢复出厂设置操作

(5)E540变频器参数

E540变频器主要参数见表10.3。

表10.3　E540变频器主要参数

参　数	名　称	设定范围	出厂设定	用　途
P1	上限频率	0～120 Hz	120 Hz	设定最大和最小输出频率
P2	下限频率	0～120 Hz	0 Hz	
P3	高速	0～400 Hz	50 Hz	3段速度设定
P4	中速	0～400 Hz	30 Hz	
P5	低速	0～400 Hz	10 Hz	
P7	加速时间	0～3 600 s	5 s	设定加减速时间
P8	减速时间	0～3 600 s	5 s	
P9	电子过电流保护	0～500 A	额定输出电流	设定为电动机的额定电流,防止电动机过热或损坏变频器
P77	参数写入或禁止	0,1,2	0	“0”—仅限于PU操作模式的停止中可写入 “1”—不可写入参数 “2”—运行时也可写入,与运行模式无关
P79	操作模式选择	0～4,6～8	0	“0”—电源投入时为外部操作,可用切换PU操作模式和外部操作模式 “1”—PU操作模式 “2”—与“3”外部/PU组合操作模式
P80	电动机容量	0.2～7.5 kW	9 999	可选择通用磁通矢量控制
P82	电动机额定电流	0～500 A	9 999	当用通用磁通矢量控制时,设定为电动机的额定电流
P83	电动机额定电压	0～1 000 V	200 V/400 V	设定为电动机的额定电压
P84	电动机额定频率	50～120 Hz	50 Hz	设定为电动机的额定频率

知识10.1.2　PLC控制系统

(1)PLC控制系统简介

YL-235A型光机电一体化实训装置上使用的PLC为三菱FX2N-48MR,已经安装在一个模块上,并且将其输入端子、输出端子、内部DC24 V电源及外部电源接线端都引出到模块的面板插孔上,如图10.10所示。

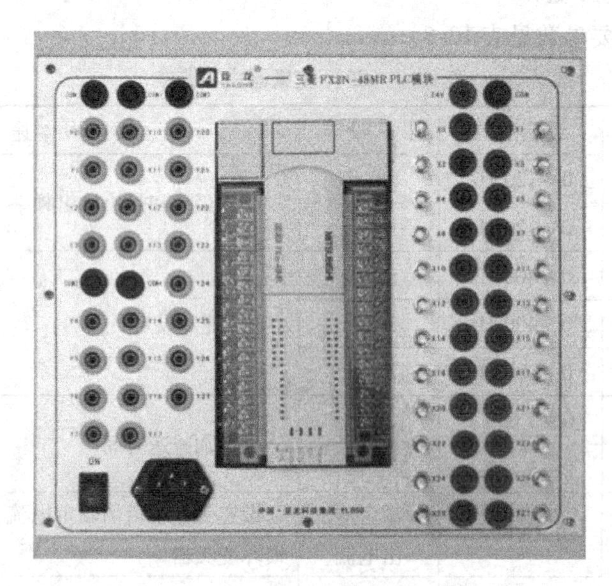

图10.10　三菱PLC模块面板

面板上左边并列的3排插孔为PLC输出端子引出插孔,左边最下端还有一个PLC的电源开关和PLC电源接入插孔。右边最上部的两个插孔为PLC内部DC24 V电源的引出插孔,右边其他并列的两排插孔为PLC输入端引出插孔,在右边还有两排开关可以给PLC的输入端子提供输入信号。

PLC模块外部接线的输入端子一般采用汇入式接线方式,输出端子的接线一般根据负载不同分组,采用分组式接线方式,如图10.11所示。

(2)PLC电气控制原路图

画PLC的电气控制原理图,首先了解输入与输出信号的性质及相关要求,然后再根据所选的PLC来合理地安排输入与输出地址,最后才能画出电气控制原理图。

1)输入/输出信号

关于输入信号,需要了解所控制设备输入信号是常开还是常闭;关于输出信号,需要了解所控制设备的电源电压和工作电流,然后按所需电源电压的不同进行分组。

2)输入/输出地址分配表

输入/输出地址分配表是根据控制要求中需要的输入信号和所要控制的设备来确定PLC的各输入/输出端子分别对应哪些输入输出信号或设备所列出的表。一般要根据输入/

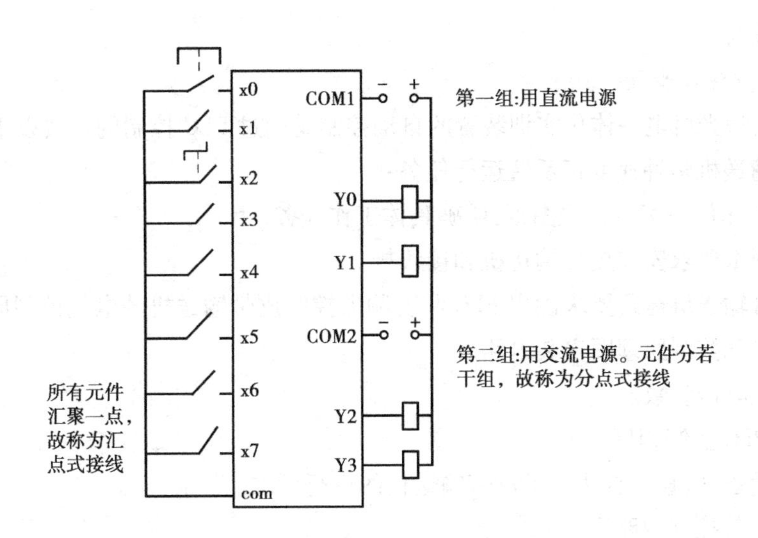

图 10.11　输入/输出端子接线方式示意图

输出信号和相关要求及选用 PLC 型号来进行分配。例如,YL-235A 型光机电一体化实训装置中所用的 PLC 为 FX2N-48MR 型,它的输出分为 5 组,其中,有 4 组是 4 个输出共用的一个 COM 端,有一组是 8 个输出端共用一个 COM 端。而 YL-235A 型光机电一体化实训装置中的负载除变频器外都是 DC24 V 电源,电源的负载又多于 16 个,因此在分配 PLC 的输出地址表时,Y20—Y27 这一组输出地址就不能给变频器使用,否则输出端子就不够用了。

3) PLC 的电气控制原理图

根据输入/输出地址分配表、输入信号、输出所带负载及电气控制原理图一般就能画出 PLC 的电气控制原理图。

【做一做】

实训 10.1.1　皮带输送机调速系统的安装

(1) 实训目的

①会在 YL-235A 实训台上安装皮带输送机的调速控制系统。

②能编制 PLC 控制程序。

③能正确设置变频器的工作参数。

(2) 实训器件

①个人计算机 PC。

②三菱 FX2N-48MR 可编程序控制器。

③亚龙 YL-235A 机械部分组件及相关传感器。

④亚龙 YL-235A 按钮及指示灯模块、电源模块。

⑤亚龙 YL-235A 警示灯组件。

⑥RS-232 数据通信线。

⑦连接线若干。

(3)实训方法及步骤

YL-235A 型光机电一体化实训装置的自动控制是通过 PLC 控制的。按以下步骤完成自动控制皮带输送机多种速度正反转运行任务:

1)阅读工作任务书与相关图纸,明确具体工作任务

①根据图纸要求安装皮带输送机和接线排。

②按皮带输送机运行要求画出 PLC 和变频器控制皮带输送机的电气控制原理图。

③根据电气控制原理图安装电路。

④设置变频器参数。

⑤编写 PLC 控制程序。

⑥调试设备,检查是否达到了皮带输送机的运行要求。

2)绘制电气控制原路图

①确定 PLC 的输入/输出地址分配表

从工作任务描述可知,只需要一个启动按钮,不需要停止按钮,也没有其他的输入信号,因此只有一个输入信号,也就只需要用 PLC 的一个输入端,可以在 PLC 的 24 个输入端子中任意选择一个;另外,PLC 所带的负载只有变频器,而变频器需要 3 种速度输出,同时要求皮带输送机能正反转运行,因此输出需要正转信号、反转信号、高速、中速、低速共 5 个信号,也可以在 PLC 的 24 个输出端中任意选择 5 个。表 10.4 列出了一种 PLC 的输入/输出地址分配表。

表 10.4 PLC 的输入/输出地址分配表

序 号	输 入		输 出	
	输入信号	PLC 输入地址	负 载	PLC 输出地址
1	启动信号 SB4	X0	变频器 STF	Y0
2			变频器 STR	Y1
3			变频器 RH	Y2
4			变频器 RM	Y3
5			变频器 RL	Y4

②绘制电气控制原理图

根据控制要求和 PLC 的输入/输出地址分配表绘制电气控制原理图。参考的原理图如图 10.12 所示。

3)安装皮带输送机、警示灯和接线排

按要求安装皮带输送机、警示灯和接线排,检查各机械部件的安装是否牢固、位置是否准确,是否达到了该工件的工艺安装要求。若有问题,应立刻进行调整。当机械部件的安装达到要求后,再进行下一步工作。

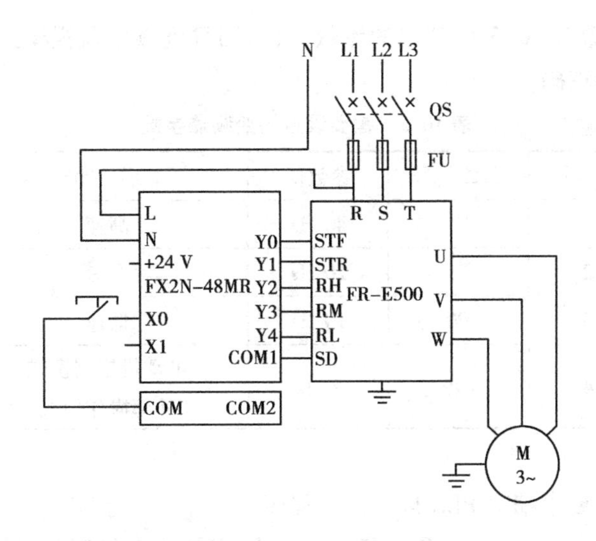

图10.12　皮带输送机自动调速的电气控制原理图

4)根据电气控制原理图安装电路

①根据电气控制原理图安装电路

首先要确认电源开关处于断开状态,然后按以下的安装步骤和方法来完成电气控制原理图的安装:

a.断开电源开关。

b.将三相交流异步电动机电源和地线接至接线排上。

c.连接PLC的输入/输出端子的连线。

d.连接PLC的输入/输出端子的连线。

e.连接三相异步电动机和变频器之间的连线。

f.连接变频器、PLC的电源线和接地线。

②检测电路

电路安装结束后,一定要进行通电前的检查,以保证电路连接正确,没有外露铜丝过长、一个接线端子上有超过两个接头等不符合工艺要求的现象;另外,还要进行通电前的检测,确保电路中没有短路现象,否则通电后可能损坏设备。

安全提示:

在完成PLC电路连接过程中,必须确保输入端的连接正确,千万不可将DC24 V电源直接接入输入端。PLC内部提供的DC24 V电源的工作电流较小,最好不要用作负载电源。

5)设置变频器参数

①列出需要设置的变频器参数

根据皮带输送机能以10 Hz,20 Hz,40 Hz 3种频率运行,而且没有加减速时间的要求,需要设定的变频器参数及相应的参数值见表10.5。

②设置变频器参数

先将变频器模块上的各控制开关置于断开位置,接通变频器电源,将变频器参数恢复为出厂设置,再依次设置表 10.5 所列出的参数,最后回复到频率监视模式,操作各控制开关,检查各参数设置是否正确。

表 10.5 需要设置的变频器参数

序 号	参数代号	参数值	说 明
1	P4	40 Hz	高速
2	P5	20 Hz	中速
3	P6	10 Hz	低速
4	P79	2 Hz	电动机控制模式（外部操作模式）

6)根据工作任务要求编写 PLC 自动控制程序

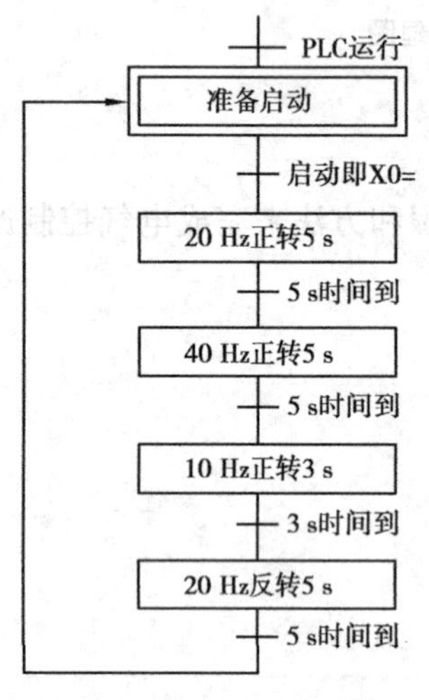

图 10.13 工作流程图

①分析控制要求,画出自动控制的工作流程图

分析是依次进行的,并且完成一次工作过程设备就自动停止。可以先画出自动控制的工作流程图,工作流程图如图 10.13 所示。然后根据前面学过的 PLC 编程方法来实现。

②编写 PLC 控制程序

根据工作的特点,确定编程思路。本任务中要求的工作过程是由时间来控制皮带输送机依次以不同的速度运行。这样就可抓住"时间控制"这一特点来编程。先编写启动/停止控制梯形图程序,再编写定时器控制梯形图程序,最后根据工作过程要求编写控制输出的梯形图程序。

A. 启动/停止控制梯形图程序

启动/停止控制梯形图程序与一般的启动/停止控制梯形图程序结构完全一样,只是在本任务中,停止是由时间控制的,因此停止的常闭触点要用定时器的常闭触点,如图 10.14 所示。

B. 定时器控制梯形图程序

根据工作流程图,要求的时间间隔依次为 5,5,3,5 s,因此需要 4 个定时器,分别定时 5,10,13,18 s,而定时是在启动之后才开始的,设启动的辅助继电器为 M0,则可编写如图 10.15 所示的定时控制梯形图程序。

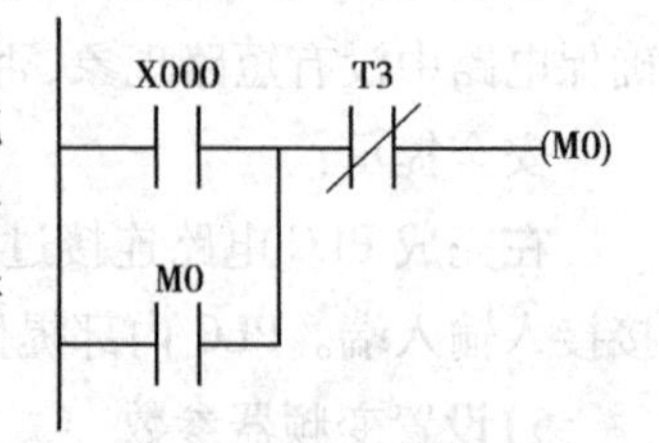

图 10.14 启/停控制梯形图程序

C. 控制输出的梯形图程序

根据工作流程图,列出各输出有信号的时间段,找到各输出有信号的条件,即可编写出控制输出的梯形图程序。实现本任务工作过程的梯形图的编写方法还有很多。

7)调试检查是否达到了规定的控制要求

在检查电路正确无误,各机械部件安装符合要求,写入PLC程序后,按照工作任务描述操作启动按钮,检查皮带输送机是否按要求的工作流程运行,同时检查各机械传动部件是否达到了规定的工艺要求。一次调试结束后,还要进行第二次调试,检查设备操作是否具有重复性。如果发现皮带输送机不能按规定要求运行则要根据出现的问题来进行相应的调整或修改。

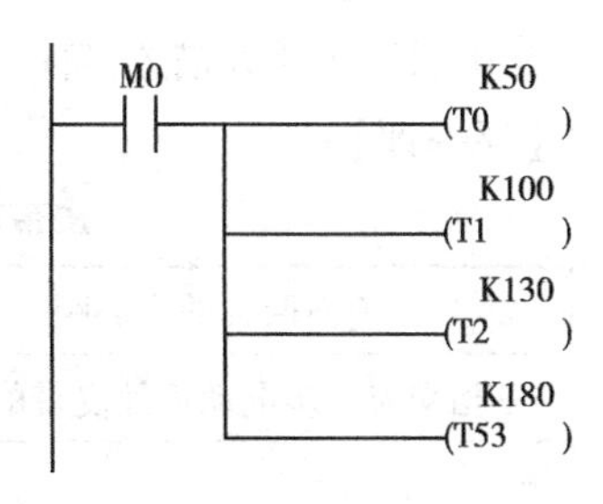

图10.15　定时控制梯形图程序

①皮带输送机不能运行,不一定是程序错误,也可能是电路连接错误或者皮带输送机机械传动部分出现故障。是否是程序错误,可以通过观察PLC是否有输出及输出信号是否正确来判断。若PLC没有输出信号或输出信号错误,则说明是程序问题。如果PLC输出信号正常,则说明是电路或机械部件故障。

②皮带输送机的运行速度不符合要求,可能是变频器参数设置不正确,可用检查变频器的参数设置是否正确来判断,若不正确,可通过手动调试变频器,重新设置变频器参数。如果变频器参数设置正确,则可能是变频器与PLC之间的电路连接错误,检查电路并改正。还有可能是程序错误引起的。

③皮带输送机的运行过程不符合要求。如果皮带输送机的运行速度符合控制要求,但运行过程不符合要求,则可能是程序问题。

(4)实训注意事项

①严格遵守安全用电操作规程。

②保护好现场设备和仪表。

【议一议】

①你会根据控制要求列出PLC的输入/输出地址分配表吗?请根据下列控制要求列出PLC的两种不同的输入/输出地址分配表。控制要求:PLC控制变频器实现皮带输送机调速,要求按下启动按钮后,皮带输送机能分别以20 Hz和40 Hz的频率控制其正、反转运行。

②在画原理图时你感觉什么最困难?什么地方最容易画错?请根据议一议①中的控制要求画出电气控制原理图。

③你认为在安装电路的过程中应该注意些什么?你认为完成任务中安装的步骤合理吗?你是按怎样的顺序完成电路安装的?

④你在电路安装过程中出现过什么问题吗?是什么原因造成的?你有什么技巧保证电路的连接不出现问题?

⑤在通电前你做了哪些检测?检测到什么故障了吗?若有,请说明是什么故障。

⑥在编写PLC程序过程中,你遇到过什么困难?

⑦你知道功能调试时为什么要重复调试吗?请说明原因。

⑧你在调试过程中出现过哪些问题?是由于什么原因造成的?你是怎样解决这些问题的?

⑨仿照工作任务描述，自己设计自动控制皮带输送机运行的工作任务，并完成工作任务。

【评一评】

皮带输送机调速控制系统的安装任务评价表

前面两轴的中心距		后面两轴的中心距		同轴度	
三相交流异步电动机处皮带的高度		进料口处皮带的高度		水平度	
尺寸检查	皮带输送机机架离后边缘和右边缘的距离				
	警示灯的高度				
	警示灯离后边缘、右边缘的距离				
皮带输送机主轴转动是否顺畅					
电路连接所选元件是否有问题					
电路连接有无不牢或外露铜丝是否超过 2 mm					
同一接线端子上连接的导线是否超过两条					
接线排上的连接有无未套号码管的现象					
你设计的可编程控制输入/输出地址分配表：		你安装电路的方法和步骤：			
调试结果记录(写出操作过程和观察到的控制过程)：					
你完成该工作任务的步骤：					
你对完成本次工作任务的自我评价：					
小组同学对你完成本次工作任务的评价(请你去找小组的同学)：					
老师对你完成本次工作任务的评价(请你去找老师)：					

任务10.2　带指示的工件识别装置的安装及调试

在工件的生产加工过程中,经常需要对不同材质或不同颜色的工件进行不同的处理,只有识别出工件的种类才能完成相应的生产和加工,由此可见,工件的识别是机电一体化设备的一项重要技术。YL-235A型光电一体化实训装置是通过传感器来完成工件的识别的。

【任务教学环节】

教学步骤	时间安排	教学方式
阅读教材	课余	自学、查资料、组内相互讨论
知识讲解	4课时	重点讲授传感器的基本知识
实训操作	4课时	学会传感器的使用和如何实现根据工件的不同完成工件的识别

【任务描述】

某生产线加工金属、白色塑料和黑色塑料3种工件,在该生产线的终端有一识别装置,用以识别这3种工件。接通电源,按下启动按钮SB4后,设备启动,皮带输送机以20 Hz的频率正转运行,指示灯HL1以1 s(即亮0.5 s、灭0.5 s)的频率闪烁,此时可以从进料口放入工件,当皮带输送机进料口检测到有工件时,指示灯HL1变为常亮,表示此时输送皮带上有工件,输送机以40 Hz的频率正转运行,将工件送到检测位置,当检测出工件的材质时,皮带输送机停止运行,直到皮带输送机上没有工件时再以20 Hz的频率正转运行,准备下一工件的识别。

当检测出工件材质时,指示灯HL2以不同的发光规律来指示,表示工件识别已完成,可以将工件取走,工件取走后,指示灯HL2熄灭。HL2的发光规律是:若工件为金属,则HL2以2 s(即亮1 s、灭1 s)的周期闪烁;若工件为白色塑料,则HL2以0.5 s(即亮0.25 s、灭0.25 s)的周期闪烁;若工件为黑色塑料,则HL2以亮0.5 s、灭1 s的规律闪烁。

当按下停止按钮SB5后,识别完当前工件,并在工件取走后设备才能停止工作。

【任务分析】

根据组装带指示的工件识别装置的工作要求,本任务应完成以下工作:

①按图10.16所示在安装平台上安装好皮带输送机、传感器,自行确定接线排安装位置并安装。

②根据工作过程要求,画出在皮带输送机上识别工件的电气控制原理图。

③按照电气控制原理图连接好线路。

④根据工作过程要求设置变频器参数,使皮带输送机满足工作过程的运行要求。

⑤根据工作过程要求编写PLC程序。

⑥调试设备的PLC程序以达到工作要求。

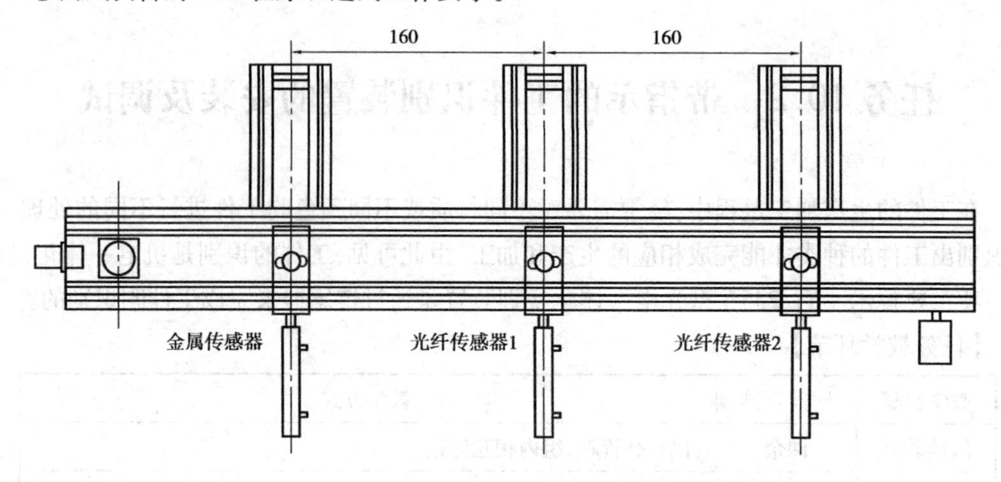

图10.16　带指示的3种工件识别的机械部件安装示意图

注:皮带输送机的输送皮带上表面离安装平台台面的垂直高度为140 mm。

【任务相关知识】

知识10.2.1　传感器的基本知识

传感器是指能感受规定被测量,并按照一定规律转换成可用输出信号的器件或装置。

(1)传感器的分类

传感器的种类繁多、功能各异。由于同一被测量物体可用不同转换原理实现探测,利用同一种物理法则、化学效应或生物效应可设计制作出检测不同被测量物体的传感器,而功能大同小异的同一类传感器可用于不同的技术领域,因此传感器有不同的分类法,具体分类见表10.6。

表10.6　传感器的分类

分类方法	传感器的种类	说　明
按依据的效应分类	物理传感器	基于物理效应(光、电、声、磁、热)
	化学传感器	基于化学效应(吸附、选择性化学分析)
	生物传感器	基于生物效应(酶、抗体、激素等分子识别和选择功能)
按输入量分类	位移传感器、速度传感器、温度传感器、压力传感器、气体传感器、浓度传感器等	传感器以被测量的物理量名称命名
按工作原理分类	应变传感器、电容传感器、电感传感器、电磁传感器、压电传感器、热电传感器等	传感器以工作原理命名

续表

分类方法	传感器的种类	说明
按输出信号分类	模拟式传感器	输出为模拟量
	数字式传感器	输出为数字量
按能量关系分类	能量转换型传感器	直接将被测量的能量转换为输出量的能量
	能量控制型传感器	由外部供给传感器能量,而由被测量的能量控制输出量的能量
按是利用场的定律还是利用物质的定律分类	结构型传感器	通过敏感元件几何结构参数变化实现信息转换
	物性型传感器	通过敏感元件材料物理性质的变化实现信息转换
按是否依靠外加能源分类	有源传感器	传感器工作时需外加电源
	无源传感器	传感器工作是无须外加电源
按使用的敏感材料分类	半导体传感器、光纤传感器、陶瓷传感器、金属传感器、高分子材料传感器、复合材料传感器等	传感器以使用的敏感材料命名

(2)传感器的结构和符号

1)传感器的结构

传感器通常由敏感元件、转换元件及转换电路组成。敏感元件是指传感器中能直接感受(或响应)被测量的部分;转换元件是能将感受到的非电量直接转换成电信号的器件或元件;转换电路是对电信号进行选择、分析、放大,并转换为需要的输出信号等的信号处理电路。尽管各传感器的组成部分大体相同,但不同种类的传感器的外形结构都不尽相同,一些机电一体化设备常用传感器的外形如图10.17所示。

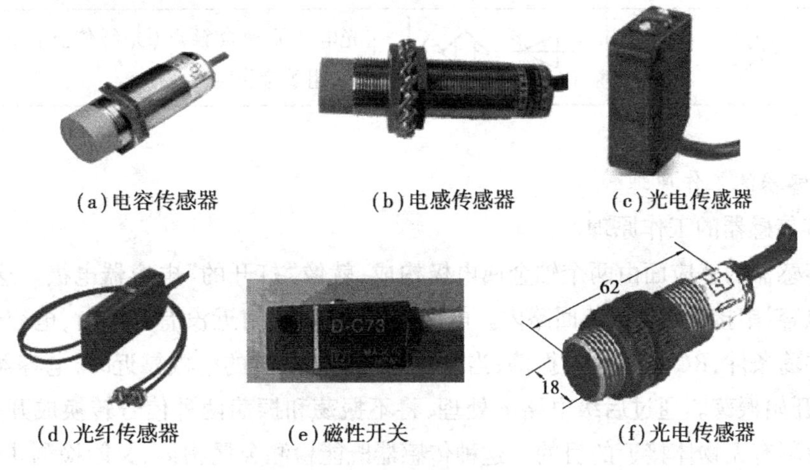

(a)电容传感器　(b)电感传感器　(c)光电传感器

(d)光纤传感器　(e)磁性开关　(f)光电传感器

图10.17　常用传感器的外形

2)传感器的图形符号

不同种类的传感器的图形符号有一些差别。根据其结构和使用电源种类的不同,有直流两线制、直流三线制、直流四线制、交流两线制及交流三线制传感器。表 10.7 列出了部分传感器的图形符号。

表 10.7　部分传感器的图形符号

引用标准及序号	图形符号	说　明
GB/T 4728.7—2000 07-19-01		接近传感器
GB/T 4728.7—2000 07-19-02		接近传感器器件方框符号。操作方法可以表示出来
07-19-03		示例:固体材料接近时改变电容的接近检测器
GB/T 4728.7—2000 07-19-04		接触传感器
GB/T 4728.7—2000 07-20-01		接触敏感开关动合触点
GB/T 4728.7—2000 07-20-02		接近开关动合触点
GB/T 4728.7—2000 07-20-03		磁铁接近动作的接近开关动合触点
GB/T 4728.7—2000 07-20-04	Fe	磁铁接近动作的接近开关动断触点
		光电开关动合触点(光纤传感器借用此符号,组委会指定)

(3)传感器的工作原理

1)电容传感器的工作原理

电容传感器的感应面由两个轴金属电极构成,就像“打开的”电容器电极。这两个电极构成一个电容,串接在 RC 振荡回路内。电源接通,当电极附近没有物体时,电容器容量小,不能满足振荡条件,RC 振荡器不振荡;当有物体朝着电容器的电极靠近时,电容器的容量增加,振荡器开始振荡。通过后级电路的处理,将不振荡和振荡两种信号转换成开关信号,从而起到了检测有无物体接近的目的。这种传感器既能检测金属物体,又能检测非金属物体。它对金属物体可以获得最大的动作距离,而对非金属物体,动作距离的决定因素之一是材料

的介电常数,介电常数越大,可获得的动作距离越大。材料的面积对动作距离也有一定影响。大多数电容传感器的动作距离都可通过其内部的电位器进行调节、设定。

2)光电传感器(光电开关)

光电传感器是通过把光强度的变化转换成电信号的变化来实现检测的。光电传感器在一般情况下由发射器、接收器和检测电路3部分构成。发射器对准物体发射光束,发射的光束一般来源于发光二极管和激光二极管等半导体光源。光束不间断地发射,或者改变脉冲宽度。接收器由光电二极管或光电三极管组成,用于接收发射器发出的光线。检测电路用于滤出有效信号。常用的光电传感器又可分为漫反射式、反射式、对射式等几种,它们中大多数的动作距离都可以调节。

①漫反射式光电传感器

漫射式光电接近开关是利用光照射到被测物体上后反射回来的光线而工作的,由于物体反射的光线为漫射光,故称为漫射式光电接近开关。它的工作原理示意图如图10.18所示,它的光发射器与光接收器处于同一侧位置,且为一体化结构。在工作时,光发射器始终发射检测光,若接近开关前方一定距离内没有物体,则没有光被反射到接收器,接近开关处于常态而不动作;反之,若接近开关的前方一定距离内出现物体,只要反射回来的光强度足够,则接收器接收到足够的漫射光就会使接近开关动作而改变输出的状态。漫反射式光电传感器的有效作用距离是由目标的反射能力决定的,即由目标表面的性质和颜色决定。

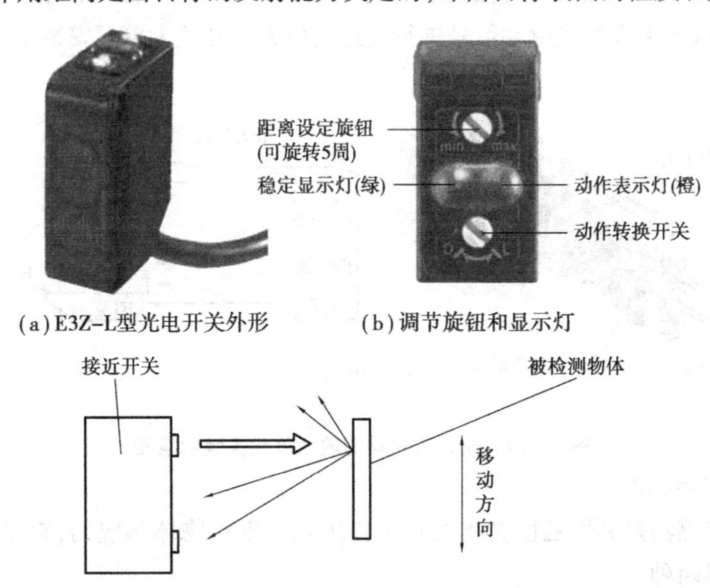

图10.18　漫射式光电接近开关的工作原理示意图

②反射式光电传感器

反射式光电传感器也是集发射器与接收器于一体,与漫反射式光电传感器不同的是其前方装有一块反射板。当反射板与发射器之间没有物体遮挡时,接收器可以接收到光线,开关不动作。当被测物体挡住反射板时,接收器无法接收到发射器发出的光线,传感器产生输出,开关动作。这种光电传感器可以辨别不透明的物体,借助反射镜部件,形成较大难度有效距离范围,且不易受干扰,可以可靠地用于野外或者粉尘污染较严重的环境中。

③对射式光电传感器

对射式光电传感器的发射器和接收器是分离的。在发射器与接收器之间如果没有物体遮挡,发射器发出的光线能被接收器接收到,开关不动作。当有物体遮挡时接收器接收不到发射器发出的光线,传感器产生输出信号,开关动作。这种光电传感器能辨别不透明反光物体,有效距离大。由于发射器发出的光束只跨越感应距离一次,因此不易受干扰,可以可靠地用于野外或者粉尘污染较严重的环境中。

④光纤式光电传感器

光纤式光电传感器又称光电传感器,它利用光导纤维进行信号传输。光导纤维是利用光的完全内反射原理传输光波的一种介质,它由高折射率的纤芯和包层组成。包层的折射率,直径为 0.1 ~0.2 mm。当光线通过端面透入纤芯,在到达与包层的交界面时,由于光线的完全内反射,光线反射回纤芯层。这样经过不断反射,光线就能沿着纤芯向前传播且只有很小的衰减。光纤式光电传感器就是把发射器发出的光线用光导纤维引导到检测点,再把检测到的光信号用光纤引导到接收器来实现检测的。按动作方式的不同,光纤传感器也可分成对射式、漫反射式等多种类型。光纤传感器可以实现被检测物体在较远区域的检测。由于光纤损耗和光纤射散的存在,在长距离光纤传输系统中,必须在线路适当位置设立中级放大器,以对衰减和失真的光脉冲信号进行处理及放大。其放大单元安装示意图如图 10.19 所示。

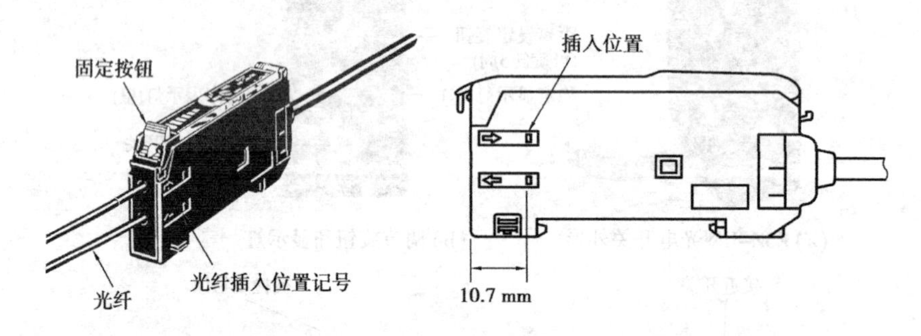

图 10.19　光纤传感器的放大单元安装示意图

3)磁感应式传感器

磁感应式传感器是利用磁性物体的磁场作用来实现对物体感应的,它主要有霍尔传感器和磁性传感器两种。

①霍尔传感器

当一块通有电流的金属或半导体薄片垂直地放在磁场中时,薄片的两端就会产生电位差,这种现象称为霍尔效应。霍尔元件是一种磁敏元件,用霍尔元件制成的传感器称为霍尔传感器,也称霍尔开关。当磁性物体移近霍尔开关时,开关检测面上的霍尔元件因产生霍尔效应而使开关内部电路状态发生变化,由此识别附近有磁性物体的存在,并输出信号。这种接近开关的检测对象必须是磁性物体。

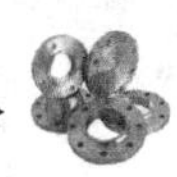

②磁性传感器

磁性传感器又称磁性开关，是液压与气动系统中常用的传感器。磁性开关可以直接安装在气缸缸体上，当带有磁环的活塞移动到磁性开关所在位置时，磁性开关内的两个金属簧片在磁环磁场的作用下吸合，发出信号。当活塞离开金属簧片，触点自动断开，信号切断。通过这种方式可以很方便地实现气缸活塞位置的检测。

(4)传感器的使用

1)传感器的电路连接

传感器的输出方式不同，电路连接也有些差异，但输出方式相同的传感器的电路连接方式相同。YL-235A 型光机电一体化实训装置使用的传感器有直流两线制和直流三线制两种，其中光电传感器、电感传感器、电容传感器、光纤传感器均为直流三线制传感器，磁性传感器为直流两线制传感器。下面主要介绍 YL-235A 型光机电一体化实训装置中传感器的电路连接方式。

直流三线制传感器有棕色、蓝色和黑色 3 根连接线，其中，棕色线接直流电源“+”极，蓝色线接“-”极，黑色线为信号线，接 PLC 输入端。直流两线制传感器有蓝色和棕色两根连接线，其中，蓝色线接直流电源“-”极，棕色线为信号线，接 PLC 输入端。具体的电路连接方式如图 10.20 所示。

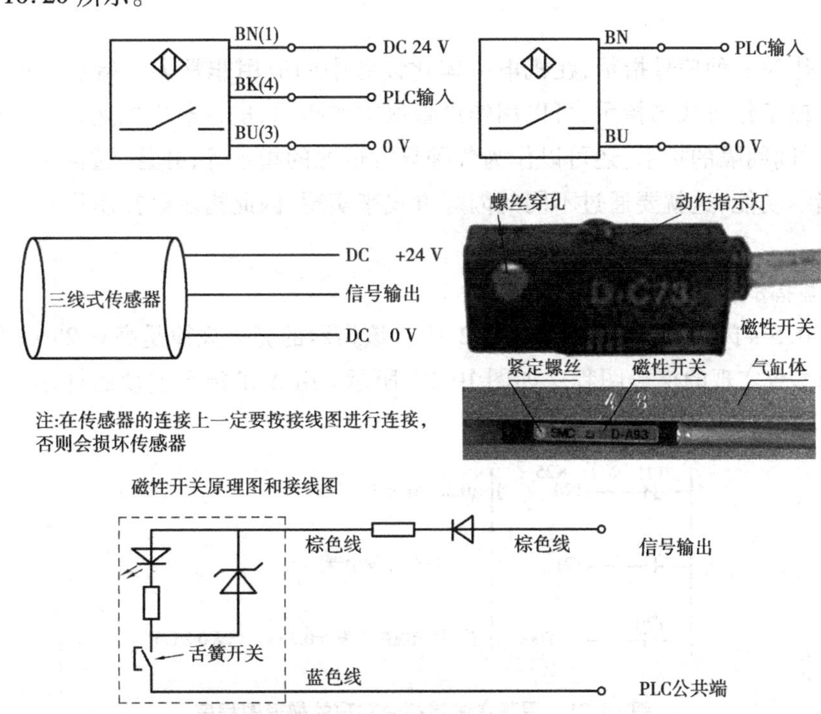

图 10.20　传感器电路连接示意图

2) 使用传感器的注意事项

①传感器不宜安装在阳光直射、高温、可能会结霜、有腐蚀性气体等场所。

②连接导线不要与电力线使用同一配线管或配线槽,若传感器的连接导线与动力线在同一配线管内,则应使用屏蔽线。

③连接导线不能过长。

④接通电源后要等待一定时间才能进行检测。

3) 光纤传感器灵敏度的调节

在物料传送分拣系统中用到了两个光纤传感器。它们的放大器单元采用的是 E3X-NA11 光量条显示带旋钮设定型放大器。它带有 8 个挡位的灵敏度调节旋钮;通过定时开关可以设定开/关 40 ms 延时断电功能;利用动作模式切换开关可以进行常开输出和常闭输出的切换。这种放大器还具有电源逆接保护和输出短路保护功能。

知识 10.2.2 指示灯典型控制

本工作任务中要求完成 3 种工件的识别,并用指示灯以不同的发光规律来指示检测到不同材质的工件。与工作任务 10.1 相比,多了指示灯指示功能。下面介绍指示灯控制的典型梯形图程序。

指示灯作为一种信号指示,在机电一体化设备中的应用非常多。指示灯可以用作各种工作状态或工作方式的指示,可以用作设备保护的指示,皮带输送机允许下料或禁止下料的指示,时间间隔的指示,还可以作为各种异常情况的指示等,并且,通常一盏指示灯要求有多种指示功能,这就要通过不同的闪烁方式来实现,因此指示灯控制程序的编写是很重要的。

(1) 一盏指示灯 0.5 s 闪烁一次

指示灯 0.5 s 闪光一次,闪光频率为 2 Hz。该指示的亮灭规律是亮 0.25 s、灭 0.25 s。用基本逻辑指令实现的梯形图程序如图 10.21 所示。用 ALT 指令实现的梯形图程序如图 10.22 所示。

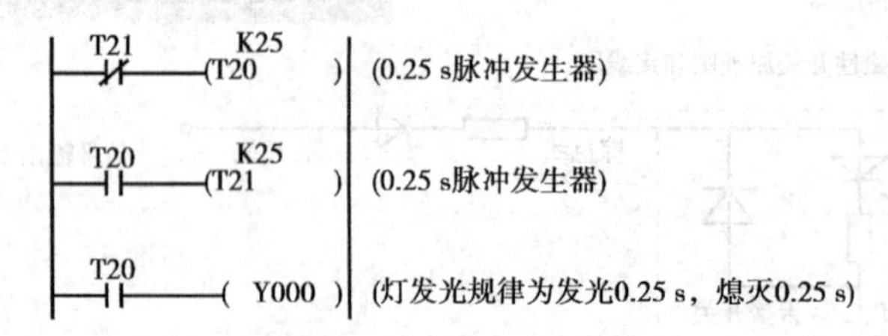

图 10.21 用基本逻辑指令实现的梯形图程序

(2) 两灯交替发光 0.5 s

两灯交替发光 0.5 s 时,每盏灯亮灭规律为亮 0.5 s、灭 0.5 s。其梯形图程序如图 10.23 所示。

① 一个指示灯0.5 s闪光一次

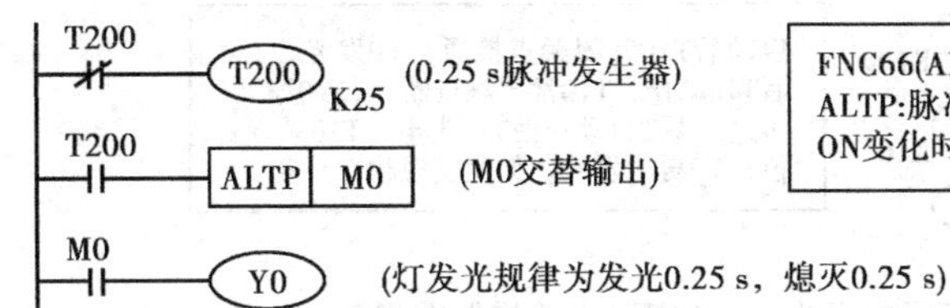

FNC66(ALT):交替输出
ALTP:脉冲执行型。指令只在T1从OFF→ON变化时执行一次，其他时间不执行

设指示灯发光条件为X0，则当X0闭合时，指示灯闪光

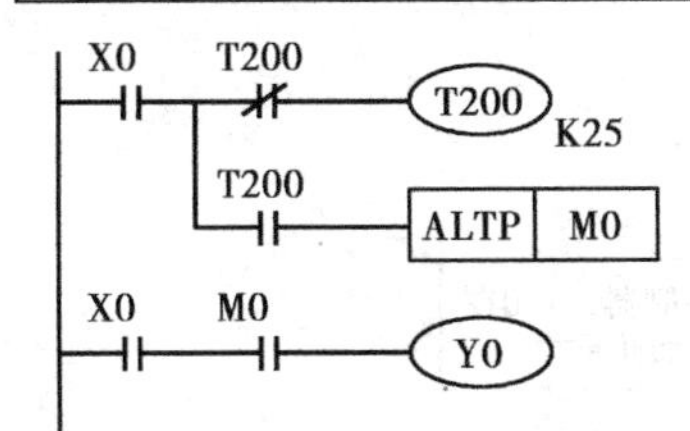

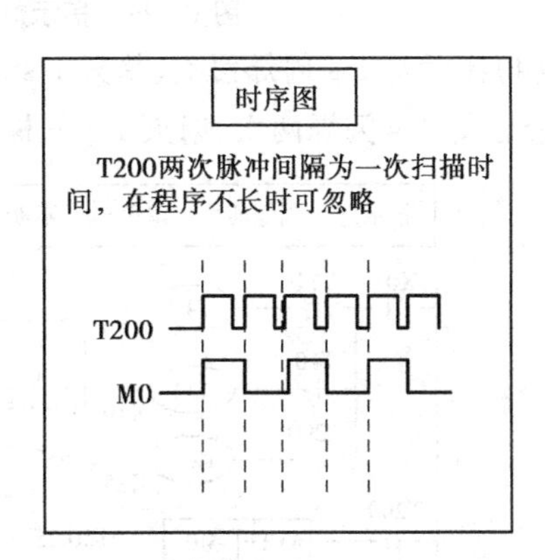

若要求1 s闪光3次、4次、5次……可照此方式编写(修改T200的设定时间)

图 10.22　用 ALT 指令实现的梯形图程序

② 两灯交替发光0.5 s

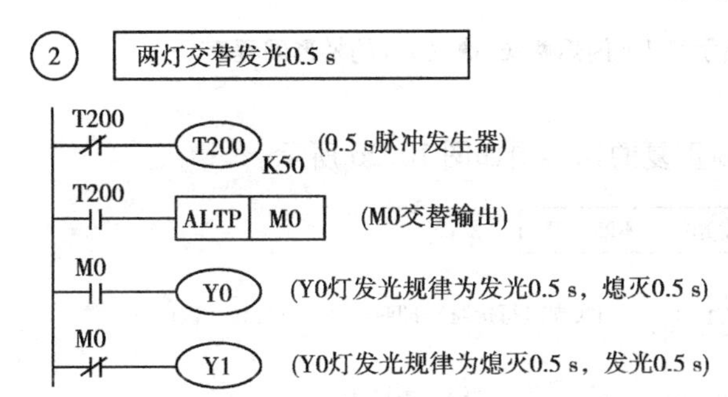

脉冲发生器的应用

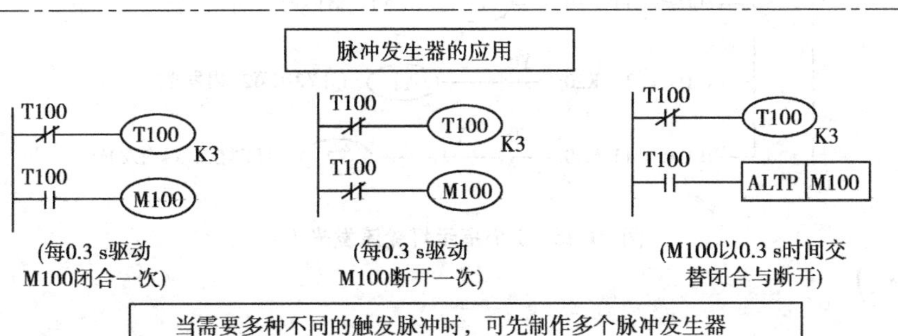

当需要多种不同的触发脉冲时，可先制作多个脉冲发生器

图 10.23　两灯交替发光 0.5 s 的梯形图程序

(3)指示灯发光1 s、熄灭1 s

指示灯发光1 s、熄灭1 s的梯形图程序如图10.24所示。

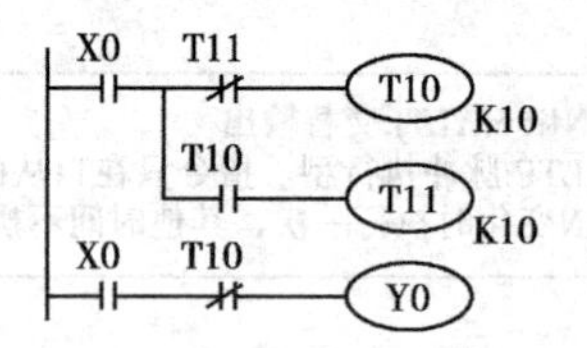

指示灯发光1 s，熄灭1 s，不断重复
X0
T11
T10
K10
T10
T11
K10
X0
T10
Y0
启动后T10常闭触点接通，Y0发光，1 s后T10动作，T10常闭触点断开，Y0熄灭；再过1 s后T11动作使T10失电，T10触点复位，Y0再次发光。如此实现状态重复

图 10.24　指示灯发光 1 s、熄灭 1 s 的梯形图程序

(4)指示灯 1 s 闪烁两次、熄灭 1 s

指示灯 1 s 闪烁两次、熄灭 1 s 的梯形图程序如图 10.25 所示。

指示灯1 s闪烁两次，熄灭1 s，不断重复
X0
T11
T10
K10
T10
T11
K10
(T10与T11组成时间循环控制器，T10在1 s时动作，2 s时断电复位，如此重重)
T200
T200
K25
(0.25 s脉冲发生器)
T200
ALTP
M0
(以0.25 s时间间隔交替输出)
X0
M0
T10
Y0
(T10控制Y0闪光1 s、熄灭1 s；M0控制Y0实现1 s闪光两次)

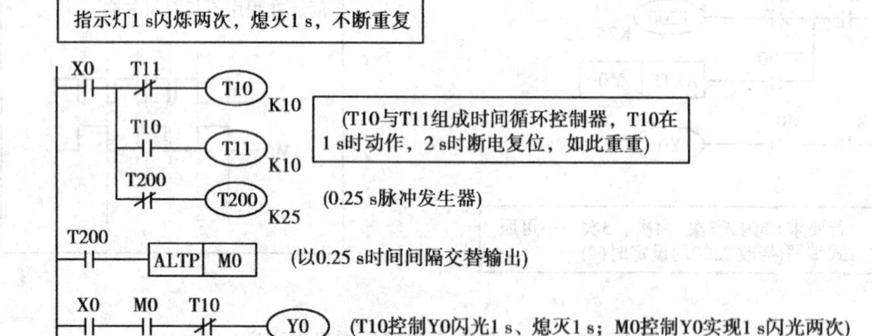

图 10.25　指示灯 1 s 闪烁两次、熄灭 1 s 的梯形图程序

(5)3 个指示灯轮流发光 1 s

3 个指示灯轮流发光 1 s,不断重复的梯形图如图 10.26 所示。

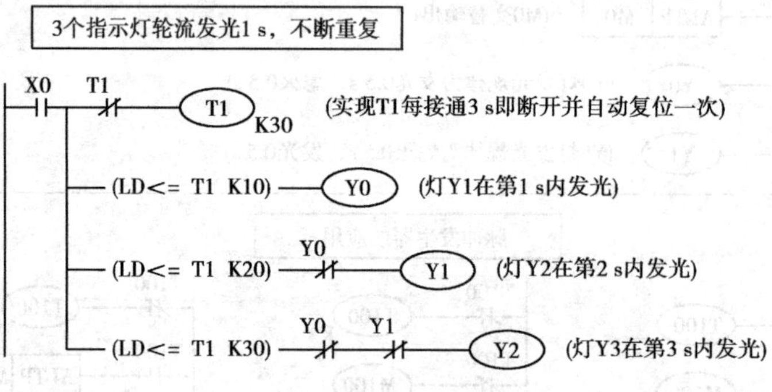

3个指示灯轮流发光1 s，不断重复
X0
T1
T1
K30
(实现T1每接通3 s即断开并自动复位一次)
(LD<= T1 K10)
Y0
(灯Y1在第1 s内发光)
Y0
(LD<= T1 K20)
Y1
(灯Y2在第2 s内发光)
Y0
Y1
(LD<= T1 K30)
Y2
(灯Y3在第3 s内发光)

图 10.26　3 个指示灯轮流发光 1 s

【做一做】

实训 10.2.1　带指示的工件识别装置的安装及调试

(1)实训目的

①会在 YL-235A 实训台上安装和调试带指示的工件识别装置。

②能编制 PLC 控制程序。

③能正确设置变频器的工作参数。

(2)实训器件

①个人计算机 PC。

②三菱 FX2N-48MR 可编程序控制器。

③亚龙 YL-235A 按钮及指示灯模块、电源模块。

④亚龙 YL-235A 警示灯组件。

⑤亚龙 YL-235A 机械组件及相关传感器。

⑥RS-232 数据通信线。

⑦连接线若干。

(3)实训方法及步骤

1)准备工具和器材

按安装及调试要求准备工具和器材。

2)列出 PLC 输入/输出地址分配表

根据工作任务 10.1 的分析,输入点数应为 6 个,输出由于多了两盏指示灯,因此输出点数为 5 个。由于变频器公共端和 DC24 V 直流电的"－"极不能共用,因此变频器的控制端和指示灯的信号不能再同一组输出。只要满足这一条件,输入/输出地址可以任意分配。参考的输入/输出地址分配表见表 10.8。

表 10.8　PLC 输入/输出地址分配表

序　号	输　入		输　出	
	地　址	说　明	地　址	说　明
1	X0	启动按钮 SB4	Y0	指示灯 HL1
2	X1	停止按钮 SB5	Y1	指示灯 HL2
3	X2	物料检测(光电)	Y10	变频器 STF
4	X3	电感传感器	Y11	变频器 RH
5	X4	光纤传感器	Y12	变频器 RM
6	X5	光纤传感器		

3)绘制电气控制原理图

本工作任务的控制要求只是多了指示灯指示功能,请同学们仿照工作任务 10.1 电气控制原理图的画法,自己画出电气控制原理图。

4)安装各机械部件

按图 10.19 所示的机械部件安装示意图安装各机械部件。

5)根据电气控制原理图安装电路。

按同学们自己绘制的电气控制原理图安装连接电路。

6)设置变频器参数

①列出要设置的变频器参数

虽然皮带输送机的速度要求不同,但也只有3种运行速度,请同学们按工作任务的要求设定变频器参数及相应的参数值列于表10.9中。

②设置变频器参数

按工作任务10.1所讲述的方法设置变频器参数。

表10.9 变频器参数表

序 号	参数代号	参数值	说 明
1	P4	40 Hz	高速
2	P5	20 Hz	中速
3	P6	10 Hz	低速
4	P79	2	电动机控制模式 (外部操作模式)

7)根据工作任务要求编写PLC自动控制程序

①分析工作过程要求

根据工作过程,主要有两部分要求:一是皮带输送机的运行要求,二是指示灯的指示要求。下面对这两部分要求分别进行分析。

A.皮带输送机的运行要求

根据工作任务描述,皮带输送机的工作流程与工作任务10.1完全一样。

B.指示灯的指示要求

HL1:启动后,若皮带输送机上有物料,指示灯常亮;若皮带输送机上无物料,指示灯以1 s的频率闪烁。

HL2:传感器检测到有物料时指示。若电感传感器检测到有物料(金属),则以2 s的周期闪烁;若第一个光纤传感器检测到有物料(白色塑料),则以0.5 s的周期闪烁;若第二个光纤传感器检测到有物料(黑色塑料),则以亮0.5 s、灭1 s的规律闪烁。

②编写PLC控制程序

根据工作过程分析,编写皮带输送机运行的控制梯形图程序,参考梯形图程序如图10.27所示,其中输出控制部分没有画出,请同学们自己完成。

根据指示灯的指示要求,要先编写指示灯各种闪烁规律的梯形图,可以参照指示灯的典型控制梯形图程序进行编写,然后再根据指示条件编写指示灯指示控制梯形图程序。设M200以2 s(即亮1 s、灭1 s)的周期闪烁,M201以0.5 s的周期闪烁,M202以亮0.5 s、灭1 s的规律闪烁,则指示灯控制的梯形图程序如图10.28所示。

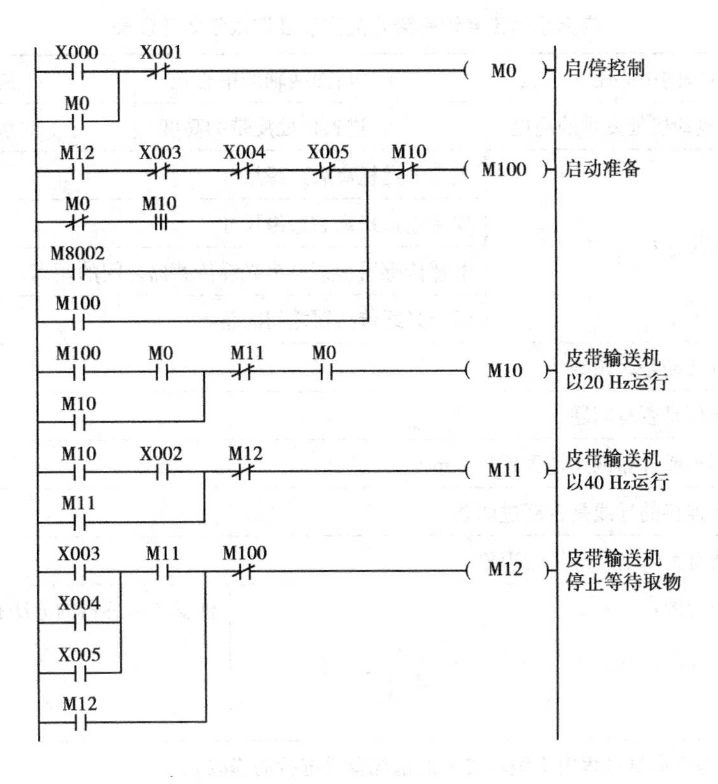

图10.27 皮带输送机控制的部分梯形图程序

8)调试检查设备

调试检查设备是否达到了规定的控制要求。

(4)实训注意事项

①严格遵守安全用电操作规程。

②保护好现场设备和仪表。

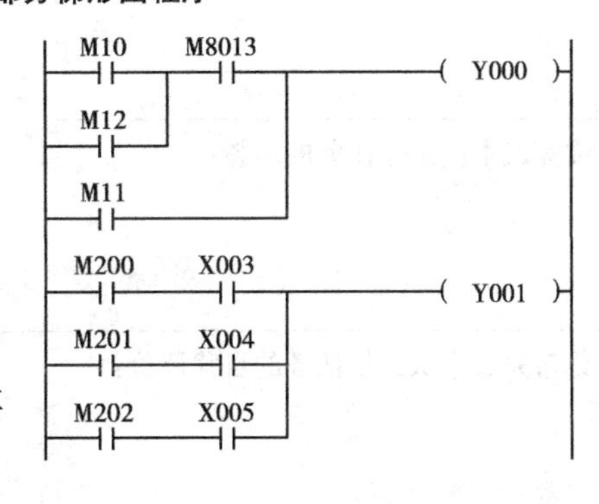

图10.28 指示灯控制的部分梯形图程序

【议一议】

①在完成工作任务的过程中,你的传感器需要进行灵敏度调节吗?

②如何调节光电传感器的灵敏度?改变光电传感器的灵敏度后,其检测结果有何变化?

③如何调节光纤传感器的灵敏度?改变光纤传感器的灵敏度后,其检测结果有何变化?

【评一评】

带指示的工件识别装置的安装及调试任务评价表

前面两轴的中心距		后面两轴的中心距		同轴度	
三相交流异步电动机处皮带的高度		进料口处皮带的高度		水平度	
平面尺寸检查	皮带输送机离后边缘尺寸				
	皮带输送机离右边缘尺寸				
	电感传感器和第一个光纤传感器之间的距离				
	两个光纤传感器之间的距离				
皮带输送机主轴转动是否顺畅					
电路连接所选元件是否有问题					
电路连接有无不牢或外露铜丝是否超过 2 mm					
同一接线端子上连接的导线是否超过两条					
接线排上的连接有无未套号码管的现象					
你设计的电路原理图：			你安装传感器的方法和步骤：		
调试结果记录(写出调试过程中不满足要求的情况及要进行的修改)：					
你完成本次工作任务的步骤：					
你对完成本次工作任务的自我评价：					
小组同学对你完成本次工作任务的评价(请你去找小组的同学)：					
老师对你完成本次工作任务的评价(请你去找老师)：					

任务 10.3　工件分拣与包装装置安装及调试

【任务教学环节】

教学步骤	时间安排	教学方式
阅读教材	课余	自学、查资料、组内相互讨论
知识讲解	4 课时	重点讲授变频器参数设置方法
实训操作	4 课时	1. 会用 PLC 和变频器来实现皮带输送机按不同的速度运行 2. 会调试皮带输送机的运行速度

【任务描述】

某生产线加工多种零件，在终端设置了对零件进行分拣与包装装置。该装置在接通电源，按下启动按钮 SB4 时，设备启动，开始工作分拣，皮带输送机以 12 Hz 的频率正转运行，指示灯 HL4 以 2 s 的频率闪烁，指示正在等待放入工件。当皮带输送机进料口检测到有工件时，指示灯 HL4 变为长亮，同时输送皮带变为以 30 Hz 的频率正转运行。如果放在输送皮带的是金属工件，则由气缸Ⅰ推入出料斜槽Ⅰ；如果物料是黑色塑料工件，则由气缸Ⅱ推入出料斜槽Ⅱ；如果物料是白色塑料工件，则由气缸Ⅲ推入出料斜槽Ⅲ。在推料结束时，皮带输送机以 12 Hz 的频率正转运行，同时指示灯 HL4 以 2 s 的频率闪烁，等待下一个工件到来。

任何一个出料斜槽内的工件数量达到 5 个时，应将工件取走进行包装（模拟），在这期间，传送和分拣过程暂停，用指示灯或蜂鸣器提示哪种工件需要包装。红色警示灯指示金属工件需要包装，绿色警示灯指示黑色塑料工件需要包装，蜂鸣器鸣叫表示白色塑料工件需要包装。包装完成后按下复位按钮，提示包装结束，同时继续工件的传送和分拣。

按下停止按钮 SB5，设备在分拣完皮带输送机上的工件后才停止工作。若未断电，再次启动时，工件接着前一次停止时的数量计数。

【任务分析】

根据组装工件分拣与包装装置的工作要求，本任务应完成以下工作：

①按如图 10.29 所示机械设备组装图在安装平台上安装工件分拣系统的机械部件。

②根据如图 10.30 所示的气动系统图连接气路。

③根据工件气动系统图和工件分拣与包装的工作要求，画出电气控制原理图。

④根据电气控制原理图连接好线路。

⑤根据工件分拣与包装的工作要求编写 PLC 程序，并设置变频器参数。

⑥调试设备的 PLC 程序以达到工件分拣与包装的工作要求。

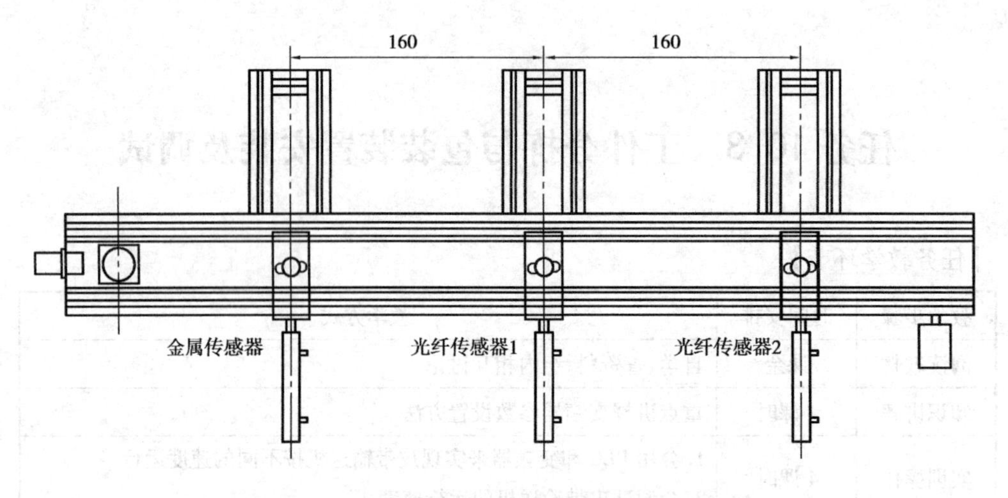

图10.29　3种工件分拣的机械部件安装示意图

注:皮带输送机的输送皮带上表面离安装平台台面的垂直高度为132 mm。

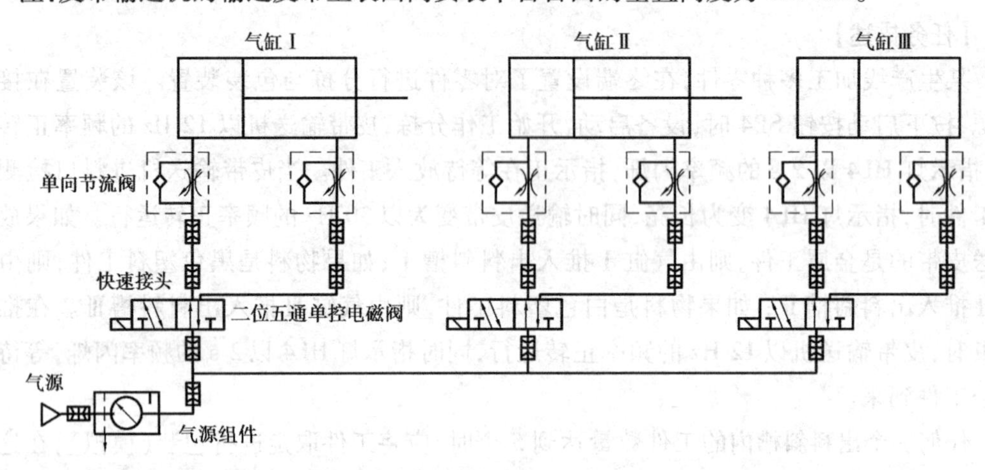

图10.30　气动系统图

【任务相关知识】

装置要完成工件的分拣与包装,并且要对进入出料斜槽的工件的数量进行统计,达到一定数量后要进行包装处理,这就需要对工件进行计数。另外,分拣的顺序和工作任务10.2不同,实现时就比较复杂一些。对于较复杂的控制,可以采用顺序控制编程法(简称顺序控制法)。下面来回顾计数器的用法和顺控编程法。

知识10.3.1　计数器(C)

①三菱FX2N型PLC提供的C0—C99为16位非断电保持型的加计数器;C100—C199为16位断电保持型加计数器;C200—C219为32位断电保持型加/减计数器;C220—C234为32位特殊用计数器。16位计数器计数范围为1～32 767;32位计数器计数范围为-2 147 483 647～+2 147 483 647。C0—C199的200个计数器的断电保持区和

非断电保持区可以通过参数设定进行调整。当切断 PLC 电源时,非断电保持型计数器计数值会被清除,而断电保持型计数器的计数值不会被清除,上电后计数器可以接着断电前的数值累计计数。

②在三菱 PLC 中,16 位加计数器的有效设定值 K 为 1 ~ 32 767(十进制常数)。如果将设定值设为 K1,则其作用与设为 K0 相同,即在第一次计数开始输出触点就动作。

③如图 10.31 所示为一个非断电保持型 16 位加计数器的应用示例。在这个例子中,计数输入 X011 每次出现 OFF 到 ON 的变化,计数器 C0 的当前值就加 1。第 10 次 X011 出现 OFF 到 ON 的变化时,计数器输出触点动作。以后即使 X011 再出现 OFF 到 ON 的变化,计数器的当前值还是 10 不变。如果任何时候复位输入 X011 为 ON,则执行 RST 指令,计数器的当前值清零,其输出触点复位。

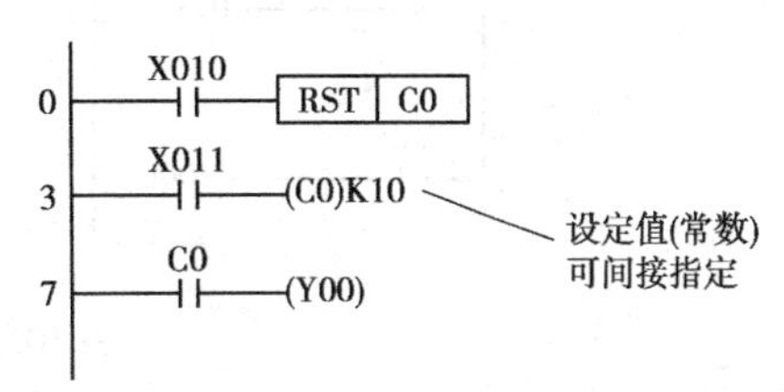

图 10.31　16 计数器应用示例

④如图 10.31 所示的示例中的计数器是直接用十进制常数 K10 指定。设定值还可以间接通过数据寄存器指定。例如,指定数据寄存器 D10 作为计数器,如果 D10 中的内容为 K123,那么也就相当于数据寄存器 D10 被指定为计数器,且计数的设定值为 123。

知识 10.3.2　PLC 的计数器 C 的功能、结构和计数过程

①功能:对内部元件 X,Y,M,S,T,C 的信号进行计数。

②结构:线圈、触点、设定值寄存器、当前值寄存器。

③地址编号:字母 C +(十进制)地址编号(C0—C255)。

④设定值: 等于计数脉冲的个数。用常数 K 设定。

⑤通用加计数器:C0—C99(100 点);设定值区间为 K1—K32767。

⑥停电保持加计数器:C100—C199(100 点);设定区间为 K1—K32767。特点:停电保持计数器在外界停电后能保持当前计数值不变,恢复来电时能累计计数。

知识 10.3.3　计数器应用梯形图举例说明

如图 10.32 所示,X3 使计数器 C0 复位,C0 对 X4 输入的脉冲计数,输入的脉冲数达到 6 个,计数器 C0 的常开触点闭合,Y0 得电动作。X3 动作时,C0 复位,Y0 失电。

知识 10.3.4　SFC 图与步进梯形图之间的关系

SFC 图与步进梯形图之间可以互相转换,如图 10.33 所示的 SFC 图对应的步进梯形图如图 10.34 所示。

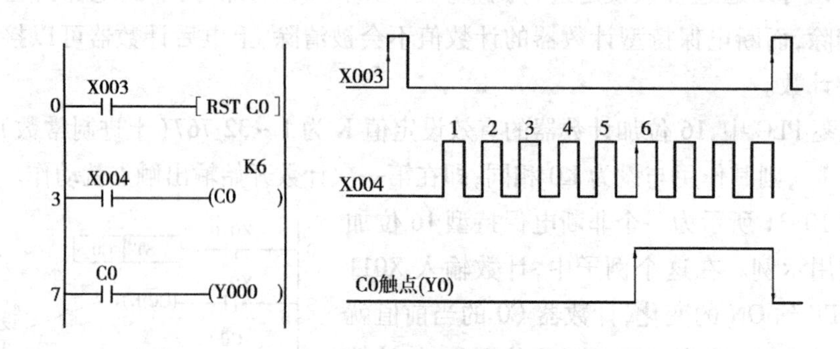

图 10.32　计数器应用梯形图

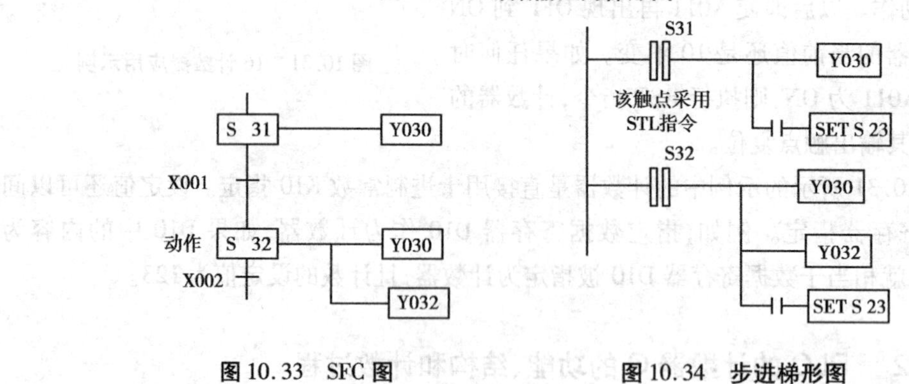

图 10.33　SFC 图　　　　图 10.34　步进梯形图

【做一做】

实训 10.3.1　工件分拣与包装装置安装及调试

(1)实训目的

①会在 YL-235A 实训台上安装工件分拣与包装装置。

②能编制 PLC 控制程序。

③能正确设置变频器的工作参数。

(2)实训器件

①个人计算机 PC。

②三菱 FX2N-48MR 可编程序控制器。

③亚龙 YL-235A 机械组件及相关传感器。

④亚龙 YL-235A 按钮及指示灯模块、电源模块。

⑤亚龙 YL-235A 警示灯组件。

⑥RS-232 数据通信线。

⑦连接线若干。

(3) 实训方法及步骤

调试工件分拣与包装装置的工作任务可以按照以下方法和步骤来完成:

1) 准备工具和器材

①清点工具、仪表

按工作任务准备工具和仪表,并检查各工具和仪表的好坏,再将全部的工具和仪表放置在辅助工作台方便操作的位置,工具分类摆开,排列有序。

②准备器材

准备和清点所需的器材并检查各器材是否完好,检查结束后,按安装的先后顺序将器材放置在辅助工作台上,一些小的器材(如螺栓、螺母等)应用盒子分类放好。

③清扫安装平台

安装前,应确认安装平台已放置平稳,安装平台的窄槽内没有遗留的 V 形螺母或其他配件,然后用软毛刷将安装平台清扫干净。

2) 绘制电气控制原理图

①确定 PLC 的输入/输出点数

A. 确定 PLC 的输入点数

根据工作过程,与任务 10.1 相比较,输入信号多了一个复位按钮,其他完成相同,因此需要 13 个 PLC 输入点。

B. 确定 PLC 的输出点数

根据工作过程,与任务 10.1 相比较,多了 3 个指示灯和一个蜂鸣器,其他完全相同,因此需要 10 个 PLC 输出点。

②列出 PLC 输入/输出地址分配表

根据输入/输出点数和输出量的工作电压及工作电流要求分配输入/输出地址。在 10 个输出中,有 3 个是作为变频器的控制信号,7 个是作为 3 个单向电磁阀或指示灯及蜂鸣器的控制信号(都用 DC24 V 电源),而变频器公共端和 DC24 V 直流电源的" - "极不能共用,但警示灯也有一个公共端,可以和变频器的公共端共用,因此变频器控制端和 3 个单向电磁阀及按钮模块上的指示灯的信号不用同一组输出。只要满足这一条件,输入/输出地址可以任意分配。参考的输入/输出地址分配表见表 10.10。

表 10.10 PLC 输入/输出地址分配表

序 号	输 入		输 出	
	地 址	说 明	地 址	说 明
1	X0	启动按钮 SB4	Y0	气缸 Ⅰ
2	X1	停止按钮 SB5	Y1	气缸 Ⅱ
3	X2	物料检测(光电)	Y2	气缸 Ⅲ
4	X3	金属检测(电感传感器)	Y3	指示灯 HL4

续表

序　号	输　入		输　出	
	地　址	说　明	地　址	说　明
5	X4	黑色检测(光纤传感器)	Y4	红色警示灯
6	X5	白色检测(光纤传感器)	Y5	绿色警示灯
7	X6	气缸Ⅰ前限位	Y6	蜂鸣器
8	X7	气缸Ⅰ后限位	Y10	变频器 STF
9	X10	气缸Ⅱ前限位	Y11	变频器 RH
10	X11	气缸Ⅱ后限位		变频器 RL
11	X12	气缸Ⅲ前限位		
12	X13	气缸Ⅲ后限位		
13	X14	复位按钮		

③绘制电气控制原理图

根据工作任务要求,参考的电气控制原理图如图10.35所示。

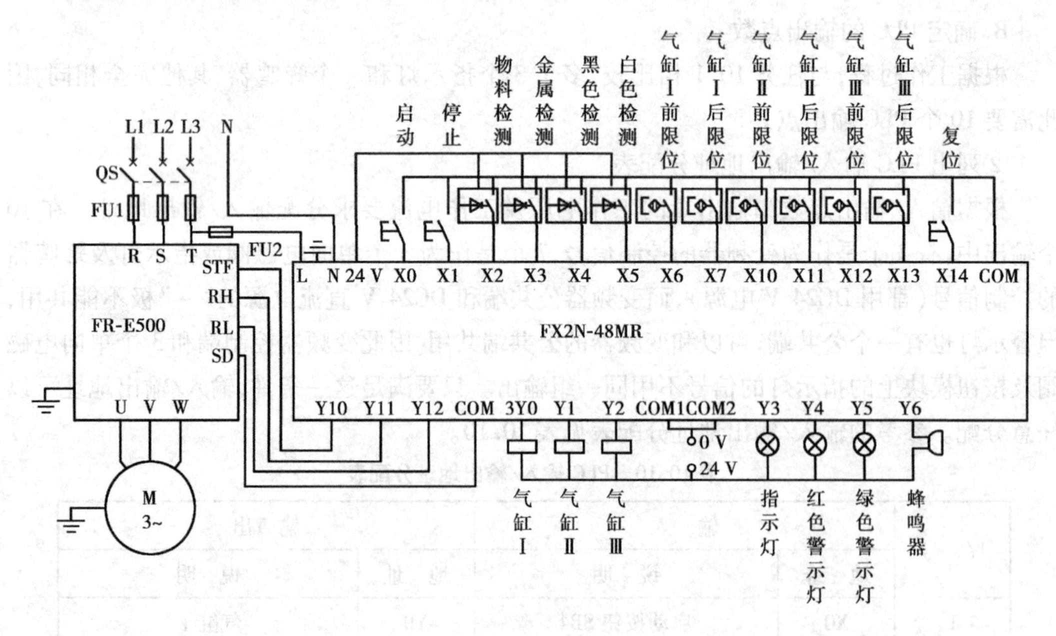

图10.35　电气控制原理图

3)安装各机械部件

按照如图10.29所示的机械部件安装示意图安装各机械部件。

4)安装电路

参照工作任务 10.1 安装电路的方法和步骤,根据如图 10.35 所示的电气原理图安装电路,然后再进行电路的检查。

5)安装气路

按照如图 10.30 所示的气动系统图安装气路。

6)设置变频器参数

参照工作任务 10.1 设置变频器参数。

7)根据工作过程要求编写 PLC 程序

①分析工作过程要求

A. 确定编程方法

本工作任务要求的工作过程看上去与工作任务 10.1 相似,但由于分拣工件的顺序变了,不能做到正好在分拣位就把工件材质识别出来,因此控制过程比工作任务 10.1 复杂。对于较复杂的控制过程,用前面的经验编程法就不太容易实现,因此选用顺序控制编程法。

B. 确定传感器位置

根据分拣要求,第一个位置的传感器是电感传感器,由于出料斜槽Ⅱ分拣黑色工件,若皮带输送机不反转,则出料斜槽Ⅱ处的传感器要能检测出黑色工件,出料斜槽Ⅲ处的传感器要能检测出白色工件。

C. 分支点的确定

不同的材质要进行不同的处理,因此区分材质的点就是分支点。由于黑色工件和白色工件只能依靠物料检测的漫反射传感器的检测时间差来区分,因此在皮带输送机运行一定时间,能够把黑色工件和其他两种材质区分开来的点确定为第一个分支点;第二个分支点是区分金属和白色塑料工件的点。

②根据上面的分析编写 PLC 控制程序

工件分拣的控制程序如图 10.36 所示。

8)调试检查设备

调试检查设备是否达到了规定的控制要求。

由于电路和变频器的参数在前面已经调试过,因此这里重点是 PLC 控制功能的调试。可以按工作过程操作相应的按钮,检查各项功能是否与工作任务描述相符。

如果每一步都满足要求,则说明程序完全符合工作过程要求。如果发现有不能按规定要求动作的情况,则应及时加以调整和修改。

(4)实训注意事项

①严格遵守安全用电操作规程。

②保护好现场设备和仪表。

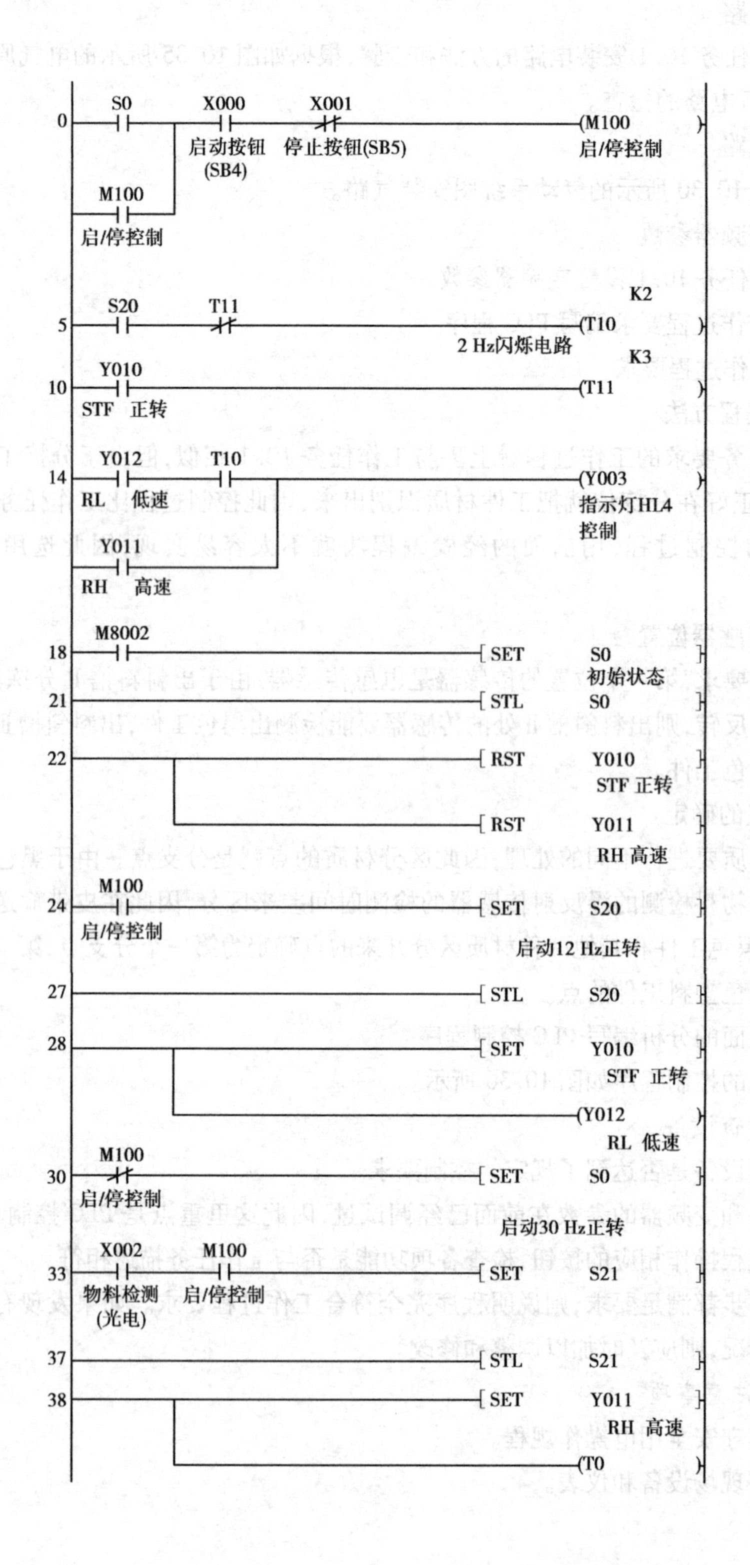

S0
X000
X001
M100
启动按钮
(SB4)
停止按钮(SB5)
启/停控制
M100
启/停控制
S20
T11
K2
T10
2 Hz闪烁电路
K3
Y010
T11
STF 正转
Y012
T10
Y003
RL 低速
指示灯HL4
控制
Y011
RH 高速
M8002
SET S0
初始状态
STL S0
RST Y010
STF 正转
RST Y011
RH 高速
M100
启/停控制
SET S20
启动12 Hz正转
STL S20
SET Y010
STF 正转
Y012
RL 低速
M100
启/停控制
SET S0
启动30 Hz正转
X002
M100
物料检测
(光电)
启/停控制
SET S21
STL S21
SET Y011
RH 高速
T0

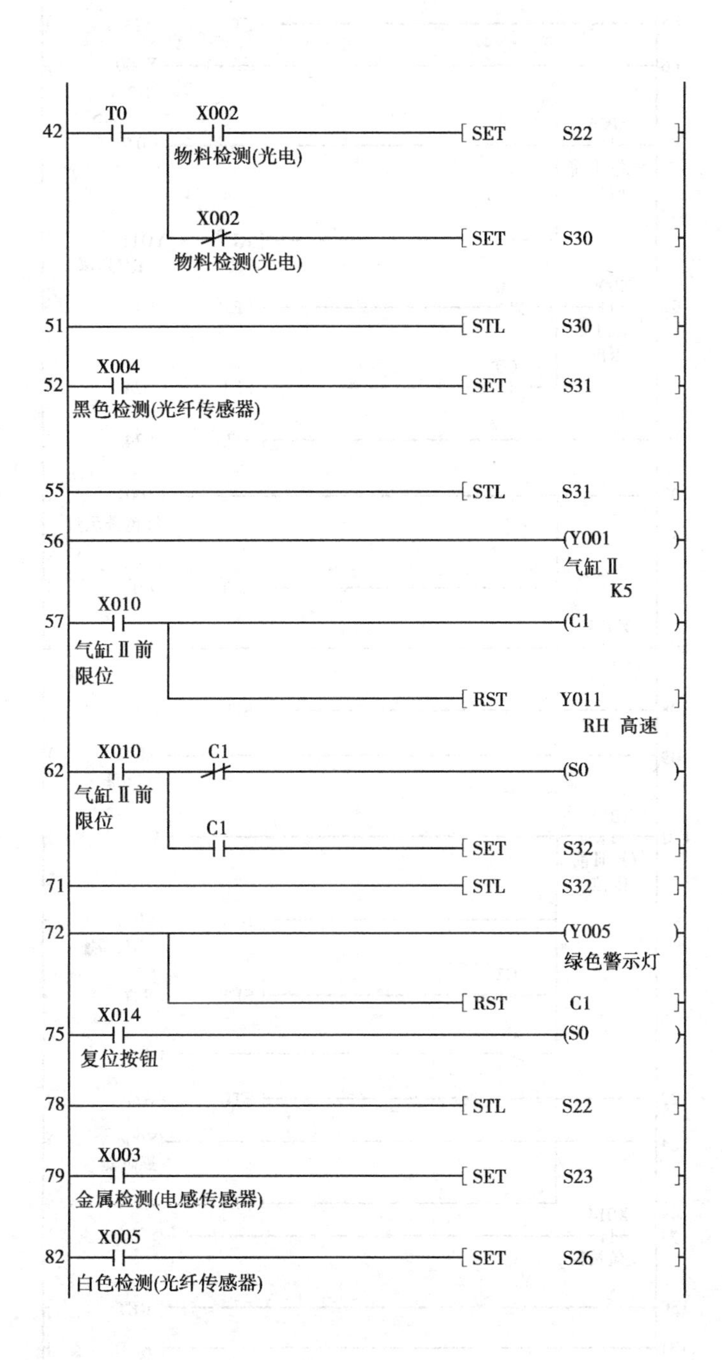
42
T0
X002
物料检测(光电)
SET S22
X002
物料检测(光电)
SET S30
51
STL S30
52
X004
黑色检测(光纤传感器)
SET S31
55
STL S31
56
Y001
气缸Ⅱ
K5
57
X010
气缸Ⅱ前
限位
C1
RST Y011
RH 高速
62
X010
C1
S0
气缸Ⅱ前
限位
C1
SET S32
71
STL S32
72
Y005
绿色警示灯
RST C1
X014
75
S0
复位按钮
78
STL S22
X003
79
SET S23
金属检测(电感传感器)
X005
82
SET S26
白色检测(光纤传感器)

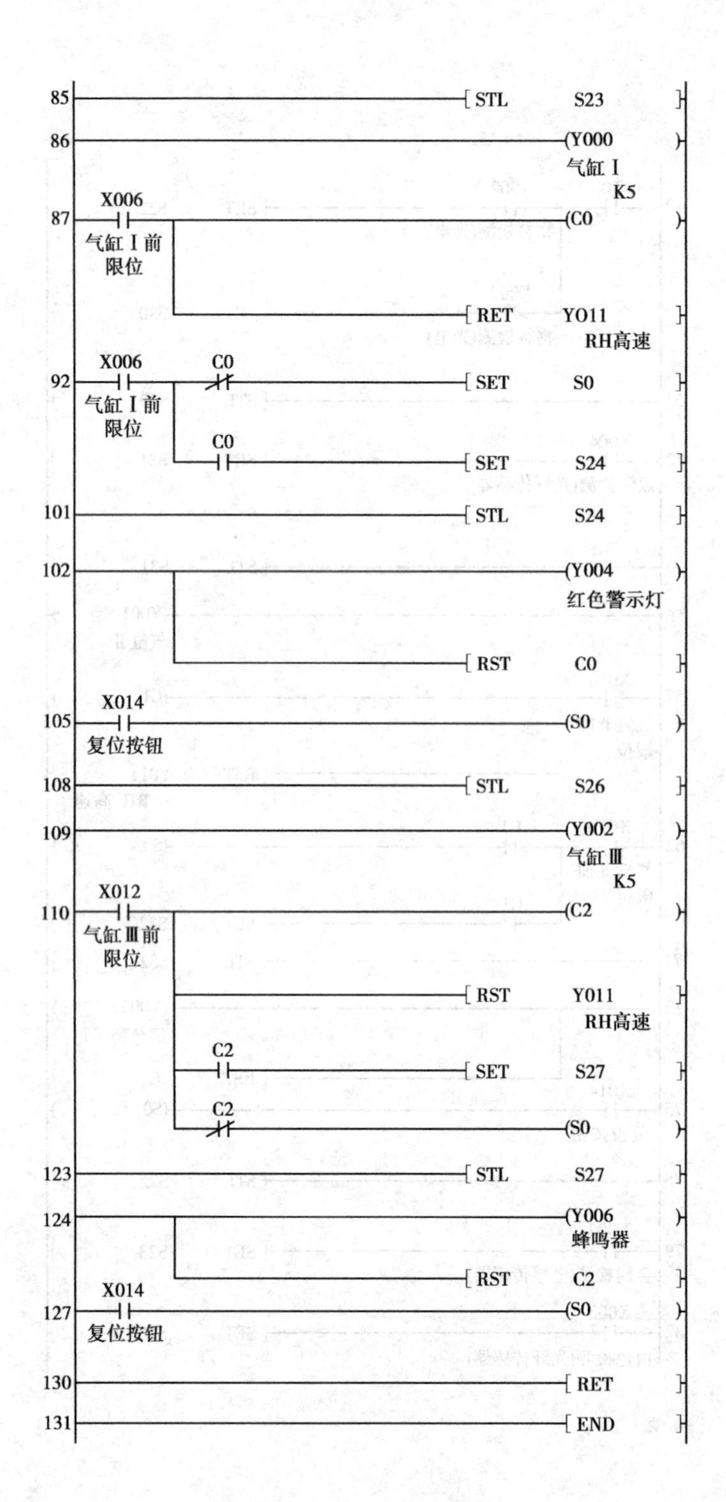

图10.36　工件分拣控制程序

【议一议】

①什么是顺序控制程序编写法？你认为这种编程方法有什么优点？

②在什么情况下需要用有分支结构的梯形图？

③在完成本工作任务过程中，你认为最难的是哪部分工作？

④请对照输入/输出地址分配表，分析提供的梯形图程序。

⑤请画出本工作任务要求的工作过程流程图。

⑥依照工作任务描述，改变皮带输送机的运行要求或分拣位置要求，自编 3 种工件分拣的工作任务，并完成工作任务。

【评一评】

工件分拣与包装装置安装及调试任务评价表

<table>
<tr><td>前面两轴的中心距</td><td></td><td>后面两轴的中心距</td><td></td><td>同轴度</td><td></td></tr>
<tr><td>三相交流异步电动机处皮带的高度</td><td></td><td>进料口处皮带的高度</td><td></td><td>水平度</td><td></td></tr>
<tr><td rowspan="4">平面尺寸检查</td><td colspan="4">皮带输送机离后边缘的尺寸</td><td></td></tr>
<tr><td colspan="4">皮带输送机离右边缘的尺寸</td><td></td></tr>
<tr><td colspan="4">出料斜槽 I 与出料斜槽 II 之间的距离</td><td></td></tr>
<tr><td colspan="4">出料斜槽 II 与出料斜槽 III 之间的距离</td><td></td></tr>
<tr><td colspan="3">皮带输送机主轴转动是否顺畅</td><td colspan="3"></td></tr>
<tr><td colspan="3">电路连接所选元件是否有问题</td><td colspan="3"></td></tr>
<tr><td colspan="3">电路连接有无不牢或外露铜丝是否超过 2 mm</td><td colspan="3"></td></tr>
<tr><td colspan="3">同一接线端子上连接的导线是否超过两条</td><td colspan="3"></td></tr>
<tr><td colspan="3">接线排上的连接有无未套号码管的现象</td><td colspan="3"></td></tr>
<tr><td colspan="3">电磁阀、气缸的选用是否与图纸相符</td><td colspan="3"></td></tr>
<tr><td colspan="3">气路是否有漏接、脱落、漏气、零乱、长度不合理等现象</td><td colspan="3"></td></tr>
<tr><td colspan="3">你设计的电路图：</td><td colspan="3">你安装气缸、出料斜槽的方法和步骤：</td></tr>
<tr><td colspan="6">你完成该工作任务的步骤：</td></tr>
<tr><td colspan="6">你对完成本次工作任务的自我评价：</td></tr>
<tr><td colspan="6">小组同学对你完成本次工作任务的评价（请你去找小组的同学）：</td></tr>
<tr><td colspan="6">老师对你完成本次工作任务的评价（请你去找老师）：</td></tr>
</table>

项目11

机械手控制模拟系统制作

●项目描述

机械手是机电一体化设备或自动化生产系统中常见的装置。它是一种能模拟人手臂的部分动作,按预定的程序、轨迹及其他要求,实现抓取、搬运工件,操纵工具或代替人工完成某些操作的自动化装置。随着现代科技的发展,在某些方面机械手已经逐渐取代了人类劳动,显著减轻工人的劳动强度,提高劳动生产率和自动化水平,它既可以用于实际生产,又可以用于教学实验和科学研究,因此,开发设计和研究机械手具有比较广泛的实际意义和应用前景。基于PLC控制机械手,综合了计算机和自动控制等先进技术,具有可靠性高、功能完善、组合灵活、编程简单及功耗低等优点。

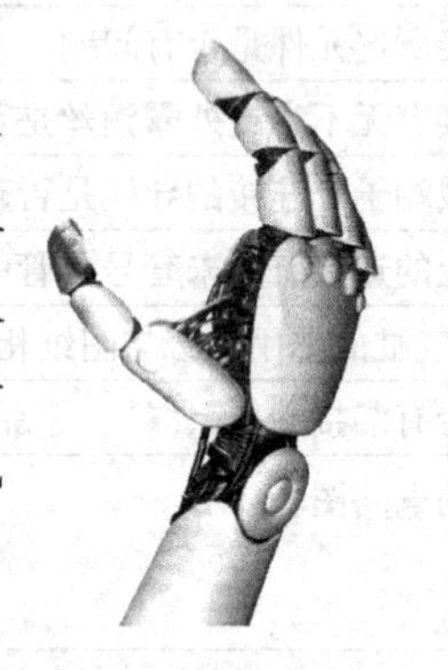

根据驱动机械手工作的动力的不同,可分为气动机械手、液压机械手和电动机械手;按照机械手的工作性质,可分为搬运机械手、焊接机械手和注塑机械手等。常见的机械手如图11.0(a)、图11.0(b)、图11.0(c)所示。

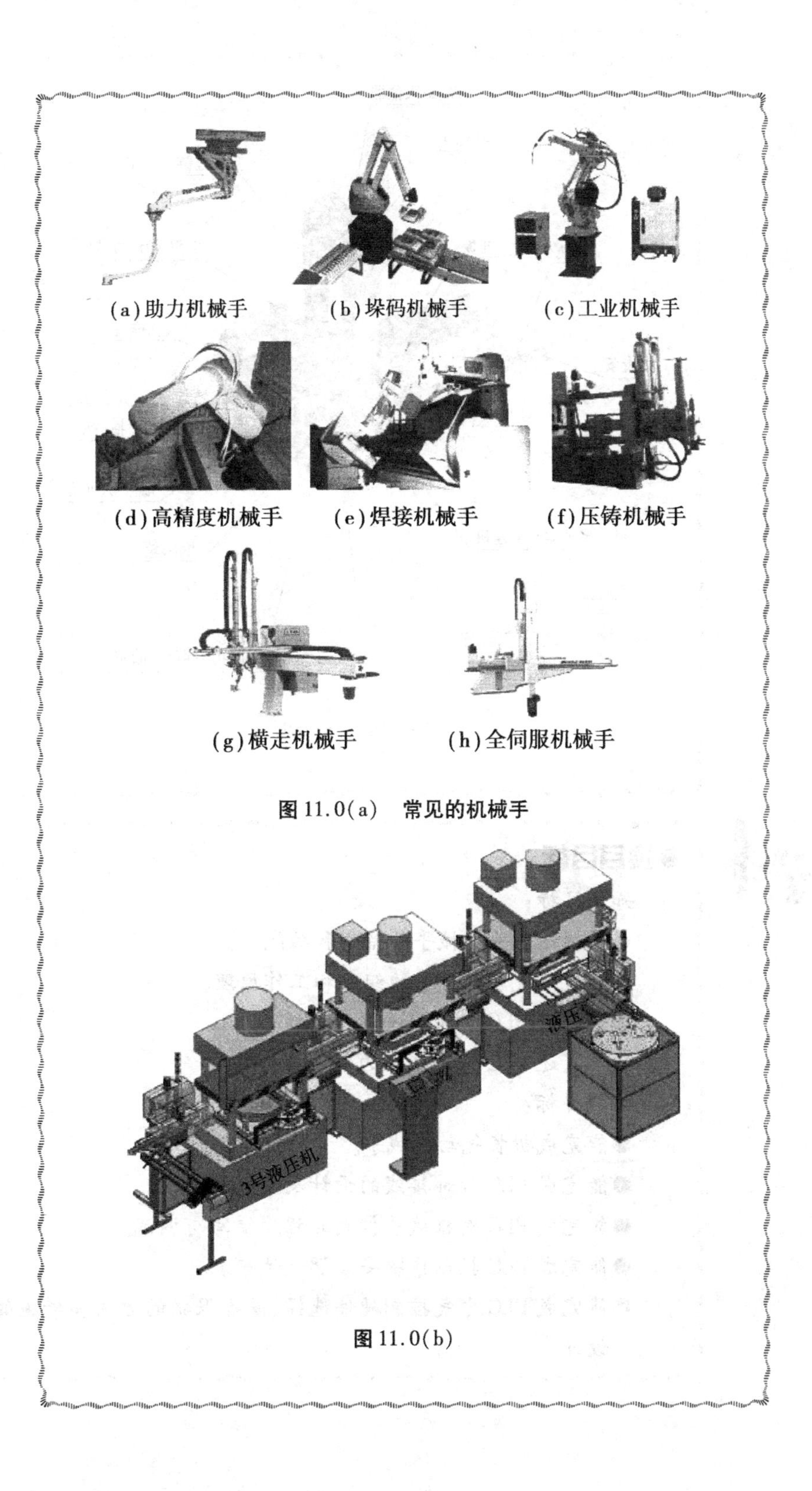

(a)助力机械手　(b)垛码机械手　(c)工业机械手

(d)高精度机械手　(e)焊接机械手　(f)压铸机械手

(g)横走机械手　(h)全伺服机械手

图11.0(a)　常见的机械手

图11.0(b)

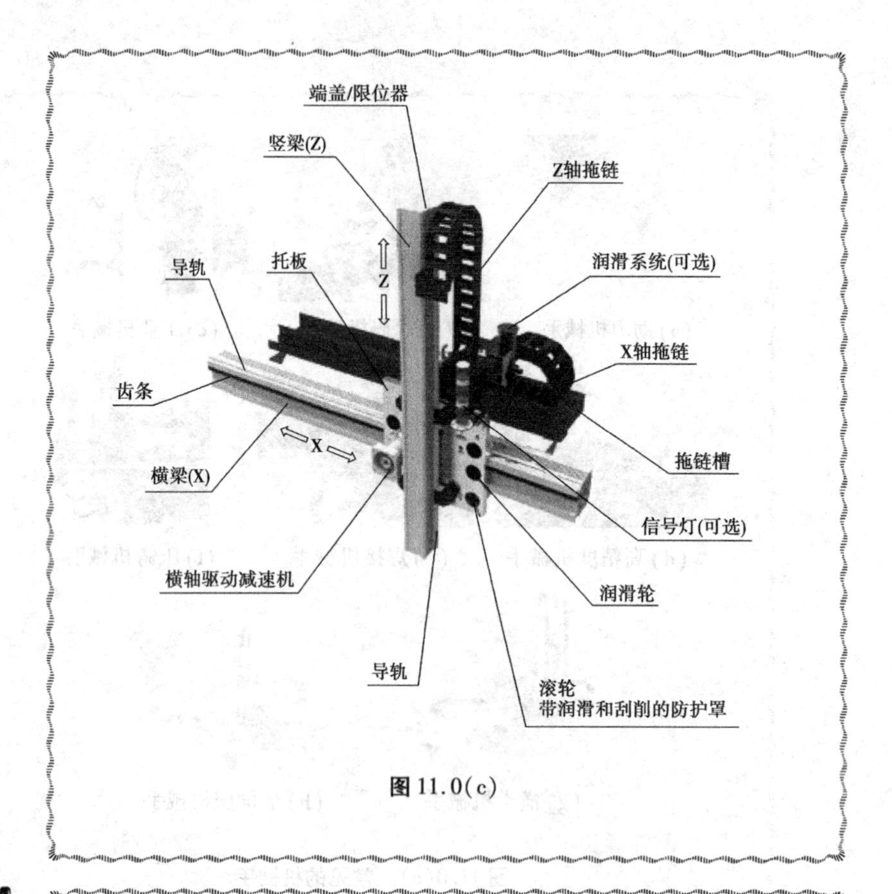

图11.0(c)

●项目目标

知识目标:

●能口述工业机械手的结构和功能。

●能复述气动机械手的组成和工作原理。

●能使用PLC对机械手进行控制。

●能复述PLC控制系统的安装工艺。

技能目标:

●能完成拆装气动机械手。

●能完成PLC外部接线的设计及安装。

●能完成PLC对机械手控制的程序编写与调试。

●能完成PLC控制系统安装调试试车。

●能完成PLC电气控制硬件选择、设备保护的方法和措施的设计。

任务 11.1　气动机械手的拆装

【任务教学环节】

教学步骤	时间安排	教学方式
阅读教材	课余	自学、查资料、组内相互讨论
知识讲解	4 课时	1. 机械手的组成 2. 机械手的工作原理 3. 气动元件知识
实训操作	4 课时	1. 会机械手的组装 2. 会连接气动控制系统 3. 会用 PLC 程序控制机械手

【任务描述】

用气动元件组成的机械手称为气动机械手。YL-235A 型光机电一体化实训装置中的气动机械手及各部分的名称如图 11.1 所示。在本任务中,通过完成机械手拆装的工作任务,了解气动机械手的组成和工作原理,学会气动机械手的组装。

【任务分析】

(1)按照要求拆卸 YL-235A 型光机电一体化实训装置中的气动机械手

①将左右限位挡块从支架上拆卸下来。

②将悬臂气缸从支架上拆卸下来。

③取出旋转气缸。

④将手臂气缸从悬臂上拆卸下来。

⑤将气爪气缸从手臂上拆卸下来。

(2)将拆卸后的 YL-235A 型光机电一体化实训装置中的气动机械手按要求组装

①组装的机械手应与原来相同。

②调节左右限位挡块上的螺栓,使机械手旋转的角度约为 56°。

(3)按如图 11.2 所示的安装图将机械手安装在安装平台上

①机械手的安装位置的尺寸与图纸要求不大于 1 mm。

②机械手悬臂安装的高度与图纸要求误差不大于 1 mm。

③机械手左右摆角与图纸要求相符。

④机械手支架固定后,在气缸动作过程中不会发生摇动现象。

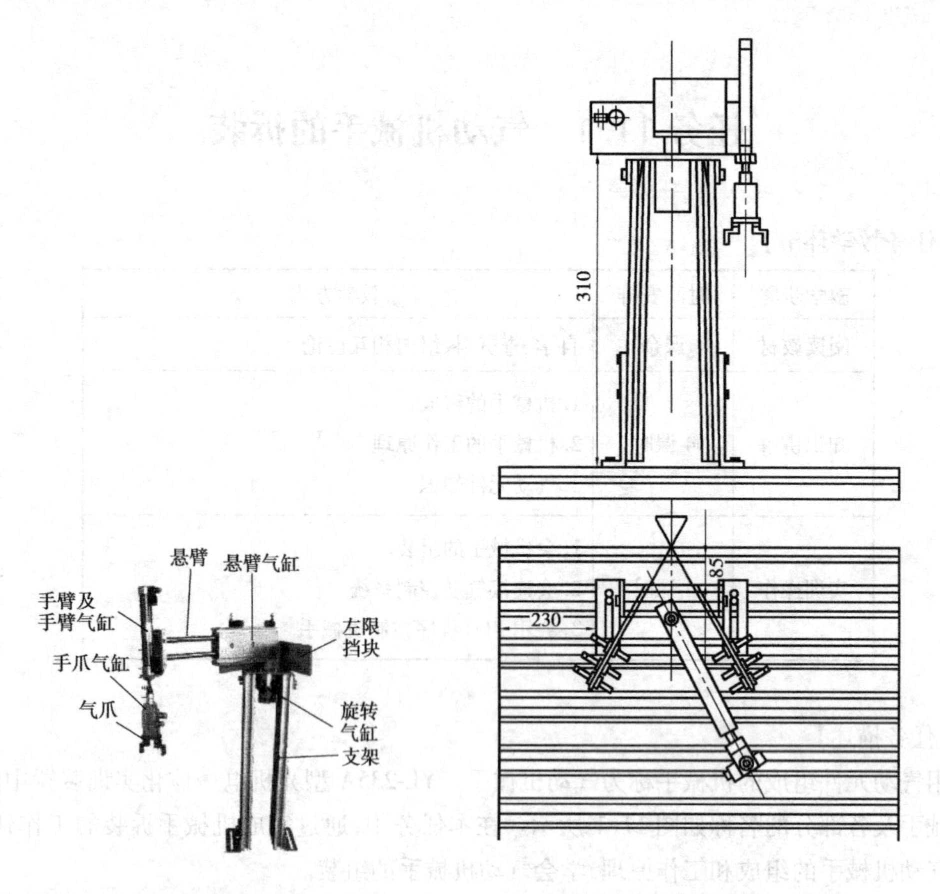

图 11.1　气动机械手和各部分名称　　　　图 11.2　机械手安装位置图

(4)按如图 11.3 所示的机械手气动系统图连接机械手的气路

①机械手气缸(含气爪)与电磁阀气路连接。

②气源与电磁阀气路连接。

③按工艺规范要求完成气路的走线与捆扎。

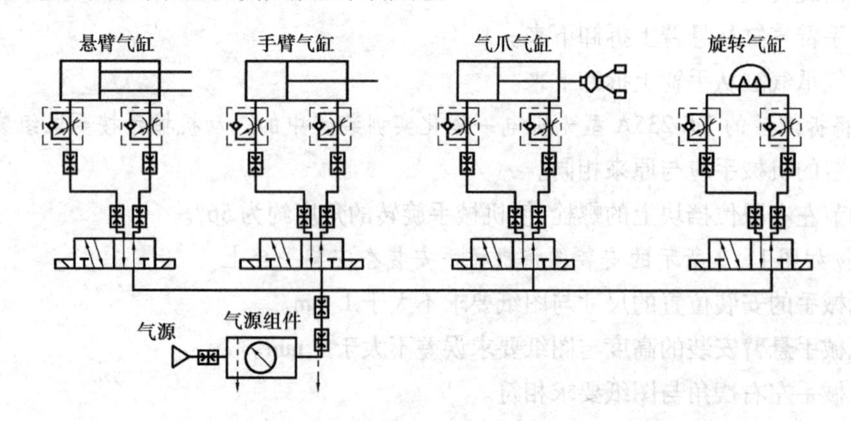

图 11.3　机械手气动系统图

【任务相关知识】

知识 11.1.1　气动元件认识

(1)认识气压源

气动发生器即气源元件,它是获得压缩空气的装置,其主体部分是空气压缩机,它将原动机供给的机械能转换成气体的压力能,如图 11.4 所示。

(a)空压机　　(b)气压源符号

图 11.4　气压源

(2)认识气动执行元件

气缸外形及符号如图 11.5—图 11.8 所示。

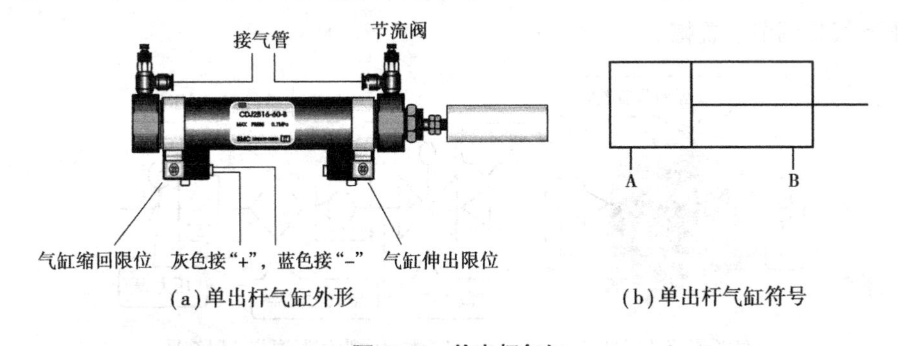

(a)单出杆气缸外形　　(b)单出杆气缸符号

图 11.5　单出杆气缸

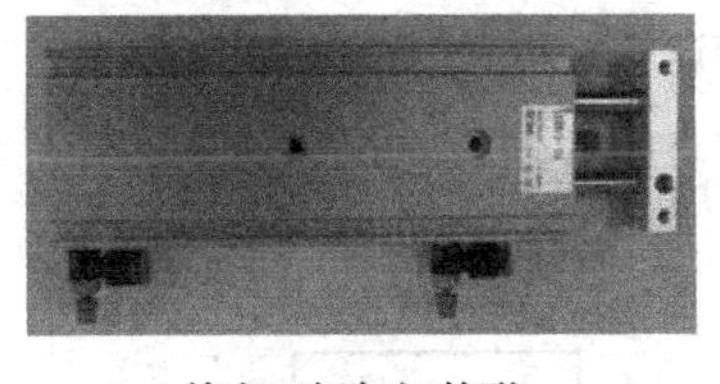

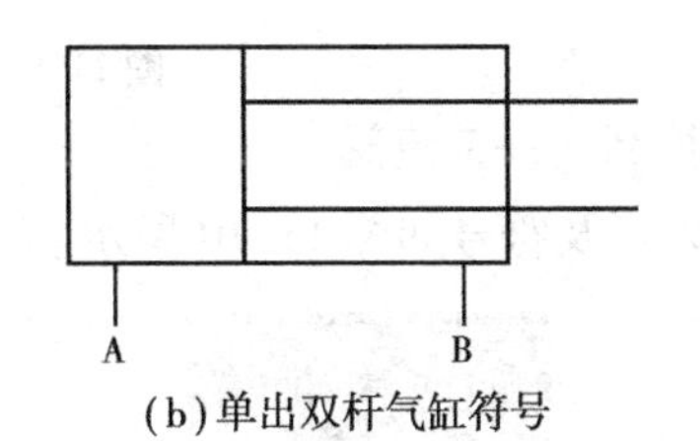

(a)单出双杆气缸外形　　(b)单出双杆气缸符号

图 11.6　单出双杆气缸

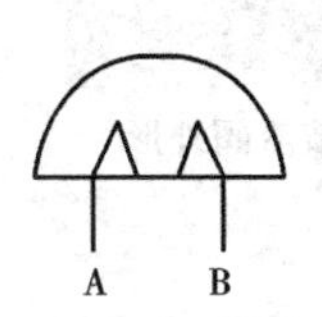

(a)摆动气缸外形　　(b)摆动气缸符号

图 11.7　摆动气缸

(a)气动爪手外形

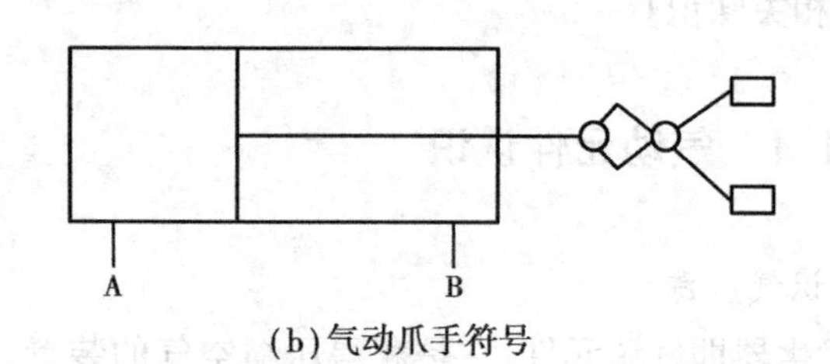

(b)气动爪手符号

图 11.8 气动爪手

(3)认识控制元件

控制元件用来调节和控制压缩空气的压力、流量和流动方向,以便让执行机构按要求的程序和性能工作。控制元件分为压力控制、流量控制和方向控制。

1)压力控制——气源调节装置(见图 11.9)

气源调节装置的操作步骤:

①堵住出气口,打开截止阀。

②提起气源调节装置帽并顺时针或逆时针旋转,将表压力调节为 0.3 ~0.4 MPa。

③压下气源调节装置帽。

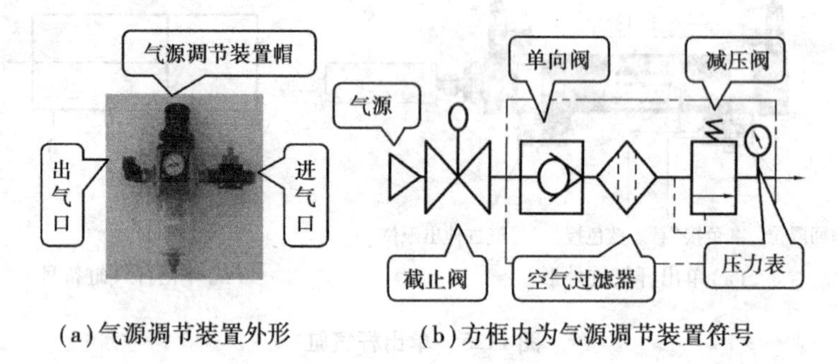

(a)气源调节装置外形　　(b)方框内为气源调节装置符号

图 11.9 气源调节装置

2)流量控制——节流阀

节流阀外形及符号如图 11.10 所示。

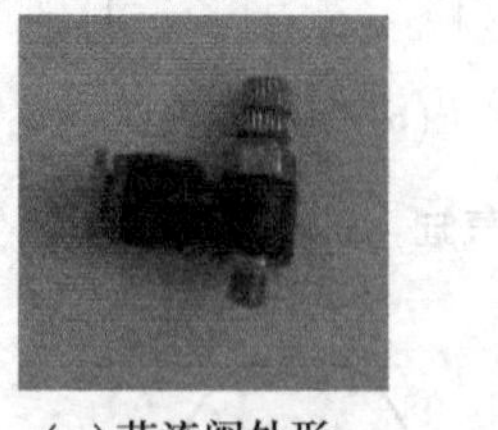

(a)节流阀外形

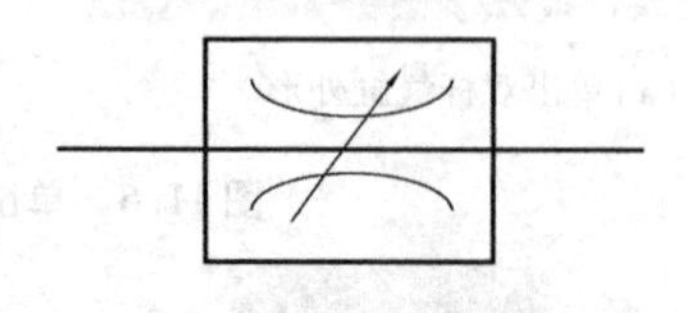

(b)节流阀符号

图 11.10 节流阀

3)方向控制——电磁阀(见图 11.11)

①单控电磁阀在线圈不通电时复位于右边位,线圈通电后工作于左边位,但断电后在弹簧作用下自动回到右边位。因此只有一个稳定工作位置。

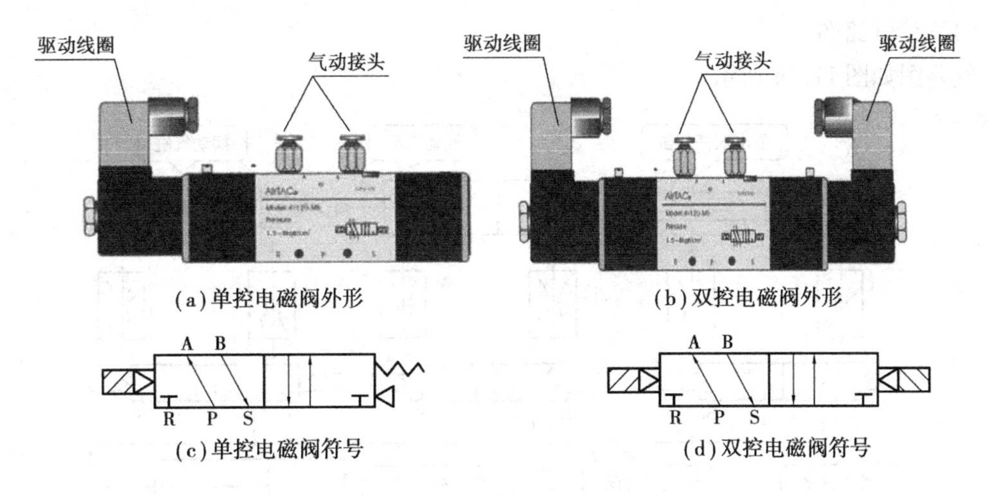

(a)单控电磁阀外形　(b)双控电磁阀外形

(c)单控电磁阀符号　(d)双控电磁阀符号

图 11.11　电磁换向阀

②双控电磁阀有两个稳定工作位置,由两个线圈实现转换,线圈断电后的位置保持为线圈最后通电时的位置。

③电磁阀内装的红色指示灯有正负极性,如果电源极性接反也能正常工作,但指示灯不会常亮。

④控制原理如图 11.12 所示。

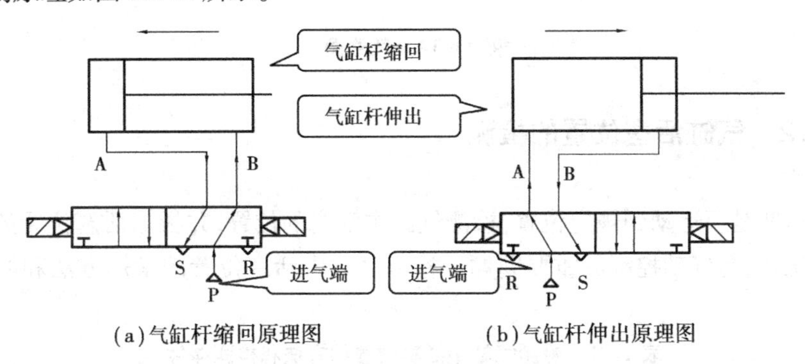

(a)气缸杆缩回原理图　(b)气缸杆伸出原理图

图 11.12　气缸杆工作原理

4)认识气路配件

常用气路配件有气管、气管接头、三通接头、弯头等,如图 11.13 所示。

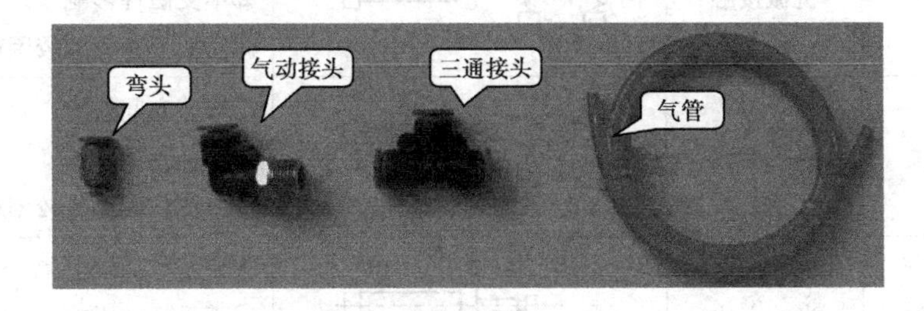

图 11.13　常用气路配件

注意:只有压下气管接头上蓝色帽才能取出气管。

5)识读气路图

气路图如图11.14所示。

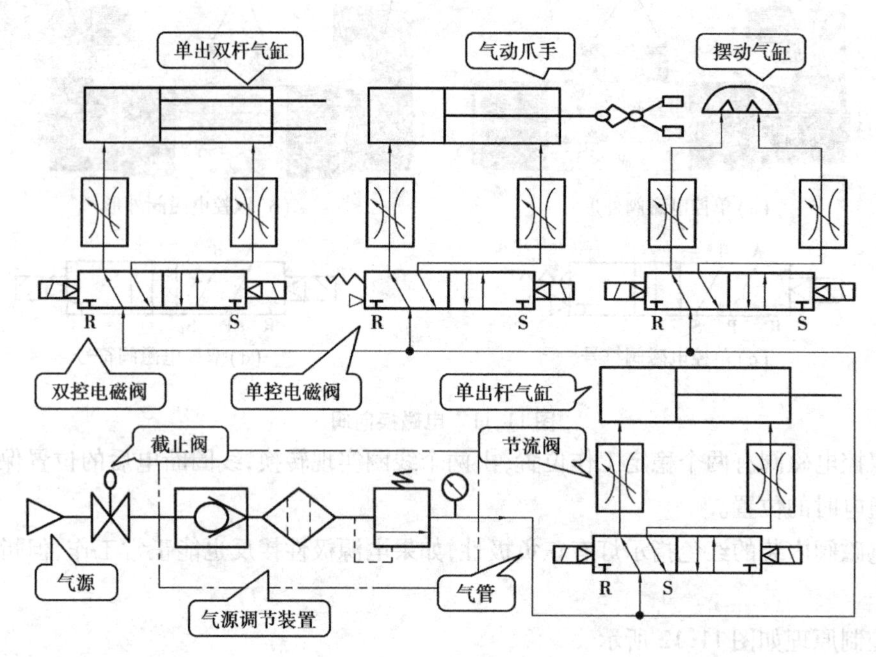

图11.14　气路图

知识11.1.2　气缸活塞位置的检测

气缸中活塞是否运动到规定位置,检测气缸中活塞的位置,并根据活塞位置的信号控制气动系统的工作,是气动控制的重要问题。检测气缸中活塞位置的常用方法和检测器件见表11.1。

表11.1　检测气缸中活塞位置的方法和检测器件

检测器件	检测方法	示意图	特　点
位置开关	机械接触		①安装空间较大 ②不受磁性影响 ③检测位置调整较困难
接近开关	阻抗变化		①安装空间较大 ②不受污蚀影响 ③检测位置调整较困难
光电开关	光的变化		①安装空间较大 ②不受磁性影响 ③检测位置调整较困难

续表

检测器件	检测方法	示意图	特　点
磁性开关	磁场变化		①安装空间较小 ②不受磁性影响 ③检测位置调整较容易

知识 11.1.3　气动元件的图形符号

气动系统要根据气动系统图进行安装，因此要熟悉气动系统中各种常用的气动元件图形符号。常用的气动元件图形符号见表 11.2。

表 11.2　常用的气动元件图形符号

类别		名　称	符　号
管路、管路连接口和接头		工作管路 电气线路 控制供给管路	
		控制管路 排气管路	
		连接管路	
		交叉管路	
		柔性管路	
	排气口	不带连接螺纹	
		带连接螺纹	
		封闭气口	
	放气装置	连续放气	
		间断放气	
		单向放气	
	快换接头	不带单向阀	

类别		名　称	符　号
管路连接口和接头	快换接头	带单向阀	
	旋转接头	单通路	
		三通路	
机械控制件		杆	
		轴（旋转运动）	
		定位装置	
		锁定装置（*为开锁的控制方法符号）	
		弹跳机构	
控制方法	人力控制	不指名控制方式	
		按钮式	
		拉钮式	
		按-拉式	
		手柄式	
		单向踏板式	
		双向踏板式	

续表

类别	名称			符号
控制方法	机械控制	顶杆式		
		可变行程控制式		
		弹簧控制式		
		滚轮式		
		单向滚轮式		
	电气控制	单作用电磁铁(电气引线可省略)		
		双作用电磁铁		
	气压控制	直接控制	加压或泄压控制	
			差动控制	2 1
			内部压力控制	
			外部压力控制	
		先导控制	加压控制	
			泄压控制	
	复合控制	顺序控制	电磁-内部电压先导控制	
			电磁-外部电压先导控制	
		选择控制		
泵	气泵			
	定量马达	单向		
		双向		

类别	名称				符号
泵	变量马达	单向			
		双向			
	摆动马达				
气缸	单作用气缸	不带弹簧			
		带弹簧	弹簧压出		
			弹簧压回		
		伸缩缸			
	双作用气缸	单活塞杆			
		双活塞杆			
		缓冲气缸	不可调	单向	
				双向	
			可调	单向	
				双向	
		伸缩缸			
		增压缸			
		气液增压缸			

续表

类别	名称			符号
压力控制阀	溢流阀	直动型	内部压力控制	
			外部压力控制	
		先导型		
	减压阀	直动型	不带溢流	
			带溢流	
		先导型		
	顺序阀	直动型	内部压力控制	
			外部压力控制	
	单向顺序阀			
流量控制阀	截止阀			
	节流阀	不可调		
		可调		
	减速阀			
	可调单向节流阀			
	带消声器的节流阀			
方向控制阀	单向阀			
	气控单向阀			
	梭阀	或门型		
		与门型		

类别	名称		符号
方向控制阀	快速排气阀		
	二位二通	常通	
		常断	
	二位三通	常通	
		常断	
	二位四通		
	三位四通	中间封闭式	
		中间加压式	
		中间泄压式	
	二位五通		
	三位五通	中间封闭式	
		中间加压式	
		中间泄压式	
	电气伺服阀		
气动辅助元件及其他	气压源		
	气罐		
	蓄能器		
	冷却器		

续表

类别	名称		符号	类别	名称		符号
气动辅助元件及其他	过滤器			气动辅助元件及其他	消声器		
	空气过滤器	人工排出			报警器		
		自动排出			压力指示器		
	除油器	人工排出			压力计		
		自动排出			压差计		
	空气干燥器				脉冲计数器	输出电信号	
	油雾器				脉冲计数器	输出气信号	
	气动三联件(简化符号)				温度计		
	气液转换器	单程作用			流量计		
		连续作用			累计流量计		
	压力继电器				电动机		
	行程开关						
	模拟传感器						

【做一做】

实训 11.1.1　气动机械手的拆装

(1)实训目的

①能复述气动机械手结构及使用方法。

②会独立拆装气动机械手组件。

(2)实训器件

①亚龙 YL-235A 机械组件。

②三菱 FX2N-48MR 可编程序控制器。

③亚龙 YL-235A 按钮模块、电源模块。

④亚龙 YL-235A 警示灯组件。

⑤RS-232 数据通信线。

⑥个人计算机 PC。

⑦连接线若干。

(3)实训方法及步骤

1)机械手的拆卸

YL-235A 型光机电一体化实训装置上机械手的拆卸方法和步骤如图 11.15 所示。

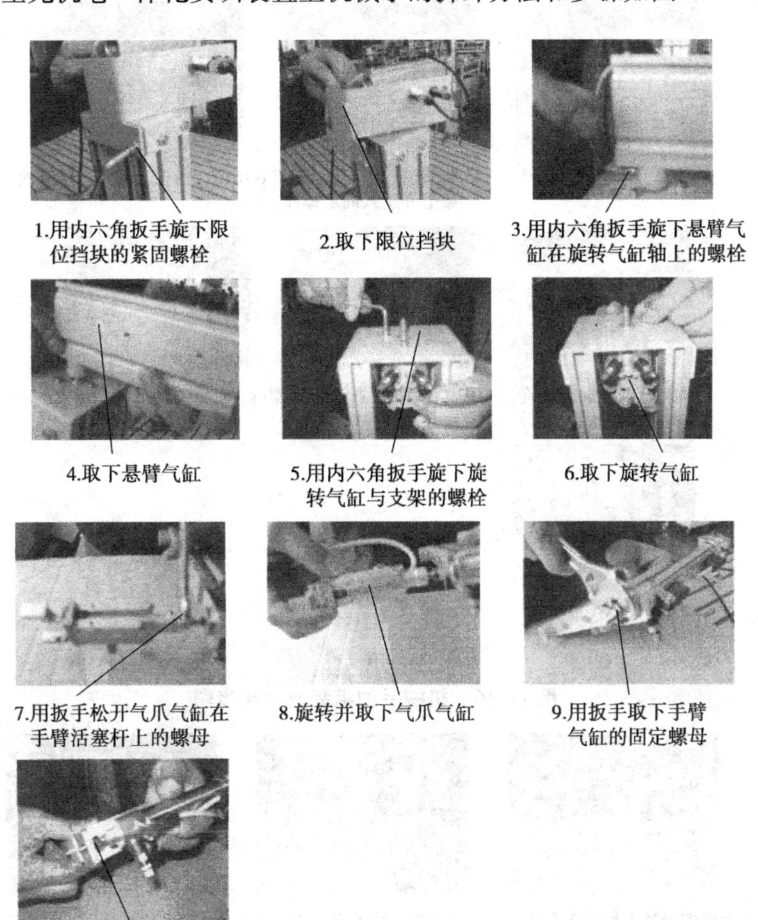

图 11.15　机械手的拆卸方法和步骤

2)机械手的组装

将 YL-235A 型光机电一体化实训装置气动机械手的零件进行拆卸后,再组装起来的步骤与拆卸的顺序正好相反,如图 11.16 所示。

3)将机械手安装在安装平台上

根据如图 11.2 所示的机械手安装位置图,将机械手安装在安装平台上的方法和步骤如图 11.17 所示。

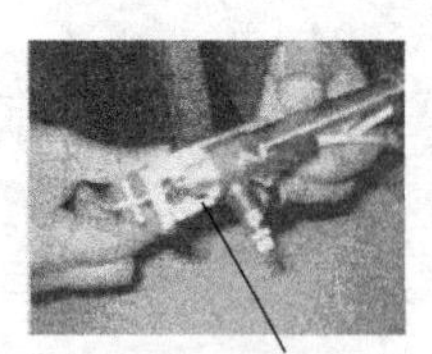
1.将手臂气缸插入悬臂上的支架孔

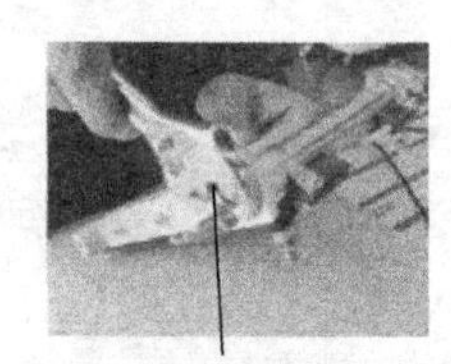
2.旋入螺母并用扳手拧紧

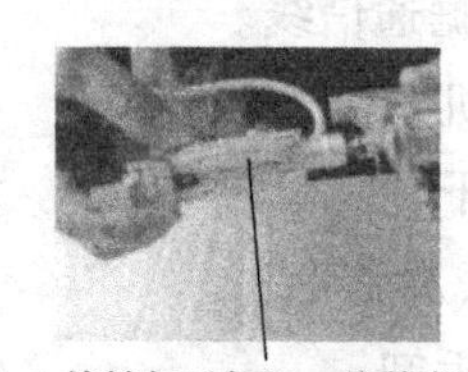
3.旋转气爪气缸，将其套在手臂气缸的活塞杆上

4.用扳手拧紧紧固螺母

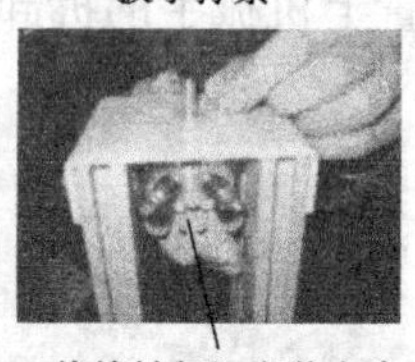
5.将旋转气缸安装在支架上并旋入固定螺栓

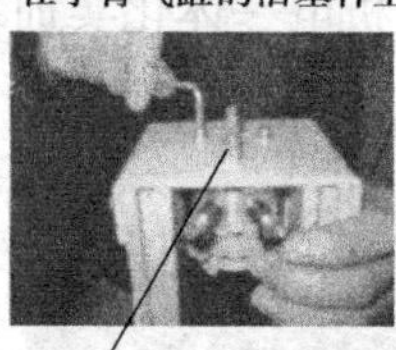
6.用内六角扳手拧紧固定螺栓

7.将悬臂气缸套在旋转气缸的转轴上

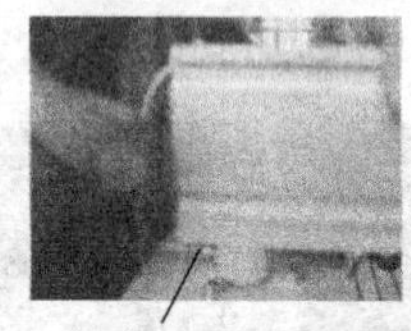
8.用内六角扳手拧紧固定螺栓

9.将限位挡块安装在支架上

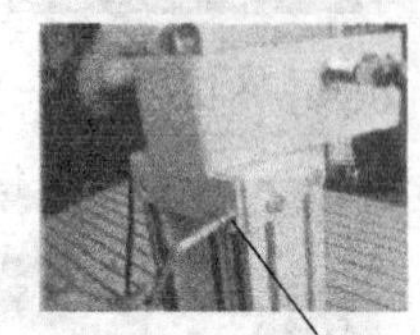
10.用内六角扳手拧紧固定螺栓

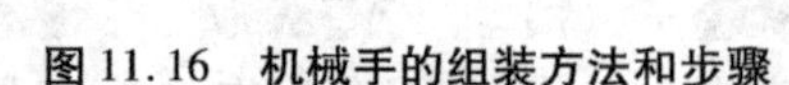
图 11.16　机械手的组装方法和步骤

1.固定螺栓挂在机械手安装支架后，推入平台上的安装槽

2.调整机械手到安装平台上边的距离为85 mm

3.调整机械手到安装平台左边的距离为230 mm

4.拧紧固定螺栓，将机械手安装在安装平台上

5.先松开螺栓，调整安装高度为310 mm后，拧紧固定螺栓

6.机械手安装完毕

图 11.17　在安装平台上安装机械手的方法与步骤

4)连接机械手的气路

机械手的气路连接需要完成气源组件的安装、电磁阀的安装和气管 3 项工作。

①气源组件的安装

为了提高系统压缩空气的质量,以保证气动系统正常工作和气动元件的工作寿命,需要对气源输入的空气进行过滤清洁、干燥和压力调节处理。气源组件组合的元件有空气过滤器、减压阀、油雾分离器和压力表等,常称气动三联件。气动三联件各元件如下:

A. 空气过滤器

用于清除压缩空气中的油污、水和粉尘等,以提高下游干燥器的工作效率。

B. 油雾分离器

用于分离空气中空气过滤器难以分离掉的 0.3 ~ 0.5 μm 的气状溶胶油粒子及大于 0.3 μm的锈末与炭粒。

C. 空气干燥器

用于进一步清除水蒸气(不能除油)等。

D. 调压阀

调压阀也称减压阀。它能通过手动调节,将输出压力调整为比输入压力低的工作压力,从而满足气动执行元件工作压力的要求。它能使调整后的工作压力保持稳定,不受气压流量变化与气源压力波动的影响。

通常通气后,首先要检查气源压力是否达到工作要求,由压力表的读数来确认。压力表刻度盘上的有蓝色和红色两种标示,蓝色(外刻度)标示的刻度以 Pa(帕)为单位,红色(内刻度)标示的刻度以 MPa(兆帕)为单位。

在这里所讲的压力是大家习惯上的说法,实际是指压强。它的国际单位是 Pa(帕),若面积为 1 m^2 的表面受到气体 1 N(牛)的作用力,则它的压强大小就为 1 Pa。压强单位之间的换算关系是 1 N/m^2 = 1 Pa。

大气压是人们常用的一种压强单位,在国际单位中,常用 MPa(兆帕)作为大气压的单位。1 MPa = 10^6 Pa。因此,一个标准大气压 = 10^5 Pa = 0.1 MPa。

YL-235A 型光机电一体化实训装置中的气源组件如图 11.18 所示。

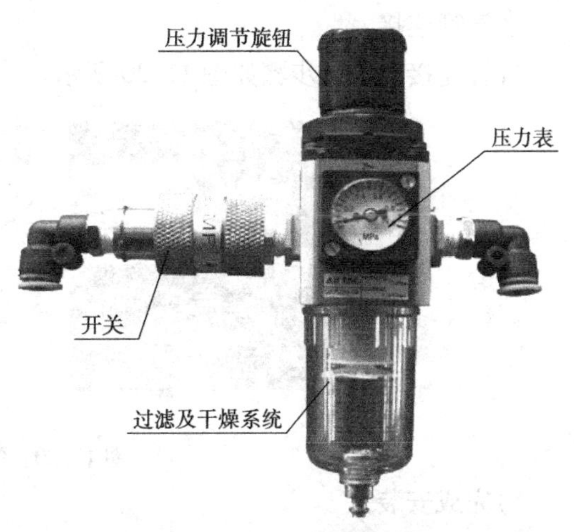

图 11.18　气源组件外形

②电磁换向阀的安装

电磁换向阀除个体安装外,还可以集中安装在汇流底座上。YL-235A 型光机电一体化实训装置上的汇流底座可安装 5 个电磁换向阀,底座上有 3 排通道,中间连通一排为进气通道,与侧边进气孔 P 连通,其余两排是排气通道,与侧边排气孔 R1,R2 连通。电磁换向阀在汇流底座上的安装方法与步骤如图 11.19 所示。

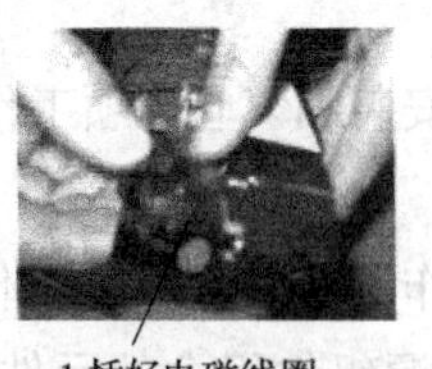
1.插好电磁线圈连接插头

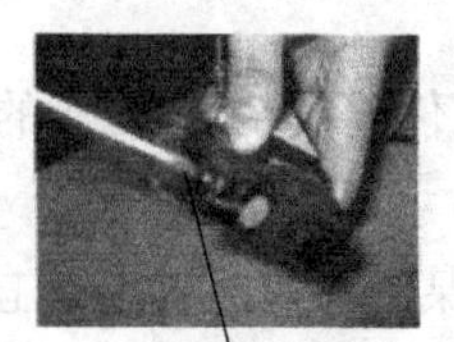
2.固定电磁线圈连接插头

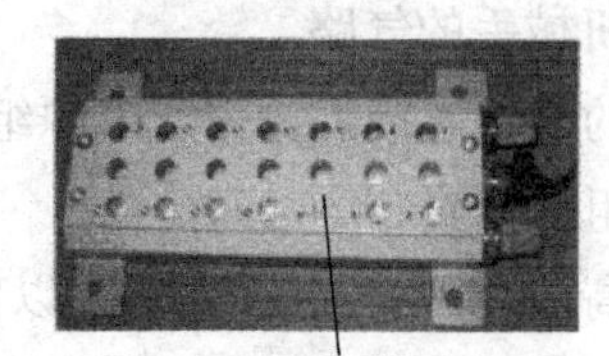
3.取出电磁换向安装底座

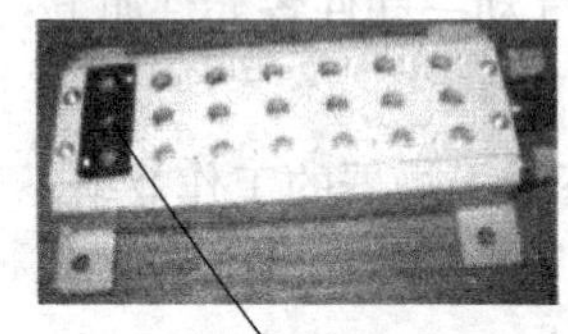
4.垫好橡胶密封垫

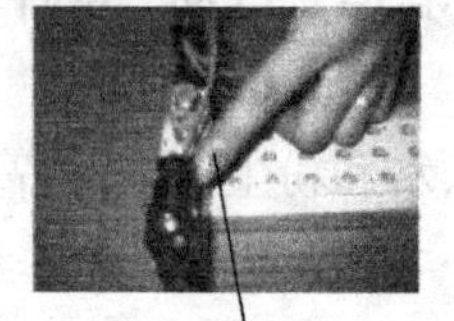
5.将电磁换向阀放在安装位置上

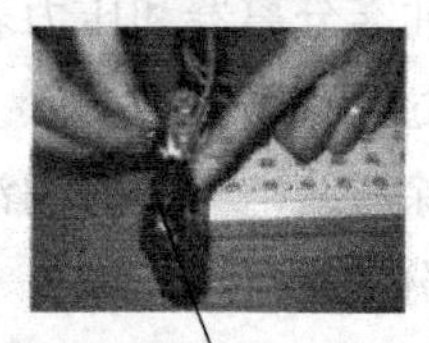
6.旋进电磁换向阀固定螺栓

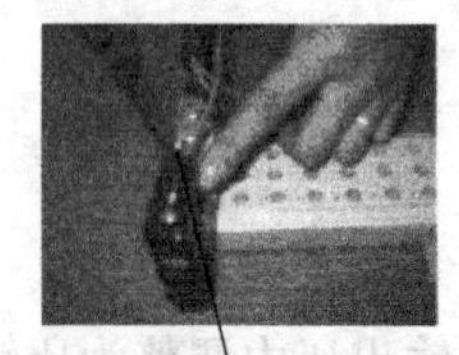
7.拧紧电磁换向阀固定螺栓

8.装好所有电磁换向阀

图 11.19　电磁换方向阀的安装方法与步骤

安装电磁换向阀应注意:为了安装方便,进、排气孔在底座两侧都有,安装时可将不需要接气管的一端孔封闭。电磁换向阀必须安装在密封胶垫上。安装时,电磁换向阀与底座的进、排气孔一定要对准,并用螺栓压紧,不能有漏气现象。

③气管连接

气管连接方法与步骤如图 11.20 所示。

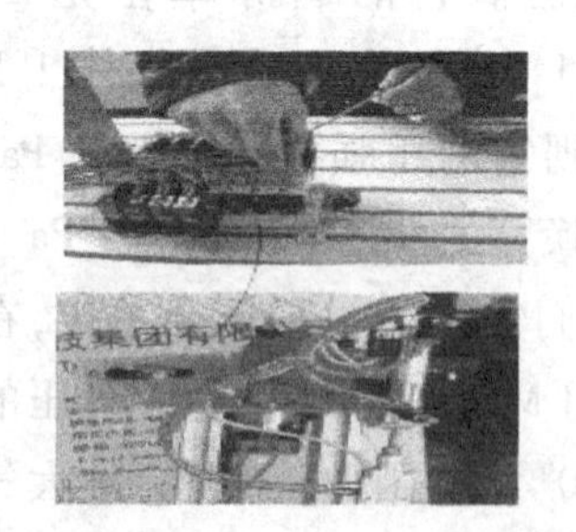

图 11.20　气管连接图

5)完成安装

完成机械手组装后,将其安装在安装平台上,再完成电磁阀安装、气源组件安装以及气管连接,工作任务就完成了。完成全部安装的情形如图 11.21 所示。

(4)实训注意事项

①严格遵守安全用电操作规程。

②保护好现场设备和仪表。

【议一议】

图 11.21　将机械手、电磁阀和气源组件安装在平台上的情形

①在 YL-235A 型光机电一体化实训装置上，使用了哪些气动元件？你知道这些气动元件在气动系统图中的作用吗？你能画出这些气动元件的图形符号吗？

②拆下气源→拆下手臂气缸→拆下气爪气缸→拆下旋转气缸→拆下悬臂气缸→拆下限位挡板的步骤，拆卸机械手行不行？会遇到什么问题？

③通过拆装 YL-235A 型光机电一体化实训装置上的气动机械手，你知道制作一个机械手需要哪些部件吗？要机械手能像人一样搬运东西，机械手应做哪些动作？

④请你总结拆卸和组装气动机械手的经验。

⑤组装机械手时，你使用什么工具测量悬臂气缸与手臂气缸之间的夹角？要使悬臂气缸与手臂气缸之间的夹角为 90°，你采用了什么方法？

【评一评】

气动机械手的拆装任务评价表

<table>
<tr><td>机械手地脚到安装台左端的距离</td><td></td><td>机械手地脚上端到安装平台上端的距离</td><td></td><td></td><td></td></tr>
<tr><td>机械手(气爪下端部)的安装高度</td><td></td><td>机械手左右摆角的角度</td><td></td><td></td><td></td></tr>
<tr><td colspan="2">机械手气爪磁性开关所接的端子号</td><td colspan="4"></td></tr>
<tr><td colspan="2">机械手手臂磁性开关所接的端子号</td><td colspan="4"></td></tr>
<tr><td colspan="2">机械手手臂气缸的磁性开关所接的端子号</td><td colspan="4"></td></tr>
<tr><td colspan="2">机械手左限位置的电容式接近开关所接的端子号</td><td colspan="4"></td></tr>
<tr><td colspan="2">机械手右限位置的电容式接近开关所接的端子号</td><td colspan="4"></td></tr>
<tr><td colspan="2">控制机械手手臂气缸的电磁阀所接的端子号</td><td colspan="4"></td></tr>
<tr><td colspan="6">你在安装平台上安装机械手的步骤：</td></tr>
<tr><td colspan="6">你对机械手调试的项目与方法：</td></tr>
<tr><td colspan="6">你对气路工艺的评价：</td></tr>
</table>

续表

你对电路工艺的评价：
你对完成本次工作任务的总评价：
小组同学对你完成本次工作任务的总评价(请你去找小组的同学)：
老师对你完成本次工作任务的评价(请你去找老师)：

任务11.2　气动机械手控制系统的安装及调试

【任务教学环节】

教学步骤	时间安排	教学方式
阅读教材	课余	自学、查资料、组内相互讨论
知识讲解	4课时	1. 重点讲授机械手搬运过程各部件的动作 2. PLC控制程序编写方法
实训操作	4课时	学会机械手搬运工件动作程序的编写与调试

【任务描述】

某生产线上的搬运机械手,要将在位置A处的工件搬运到位置B进行下一工序的加工。在启动前或正常停止后机械手必须停留在原位,也就是初始位置。机械手的初始位置是机械手的悬臂气缸停留在左限位,悬臂气缸和手臂气缸的活塞杆均为缩回,气爪处于松开状态。

当接通机械手的工作电源,按下启动按钮SB5,机械手将按以下动作顺序搬运工件:悬臂气缸活塞伸出→伸出到前限位→传感器接到信号后手臂气缸活塞杆伸出→伸出到下限位后延时0.5 s气爪夹紧→再延时0.5 s→手臂气缸的活塞杆缩回→缩回到上限位传感器接收到信号后悬臂气缸活塞杆缩回→缩回到后限位传感器接到信号后旋转气缸驱动机械手右

转→右转到右限位传感器接收到信号后悬臂气缸活塞杆伸出→伸出到前限位传感器接收到信号后手臂气缸活塞杆伸出→伸出到下限位后延时 0.5 s 气爪松开→机械手臂的活塞杆缩回→缩回到上限位传感器接收到信号后悬臂气缸活塞杆缩回→缩回到后限位传感器接收到信号后旋转气缸驱动机械手左转→返回到初始位置，机械手完成搬运工作的一个循环。

不按下停止按钮 SB6，机械手将按上述动作流程连续自动搬运工件；如果按下停止按钮 SB6，机械手在完成当前工作后，回到初始位置停止。

【任务分析】

根据机械手搬运工件的动作要求，本任务应完成以下工作：

①按如图 11.22 所示的机械手安装图，将机械手安装在安装平台上。

②根据如图 11.23 所示的机械手气动系统图连接气路。

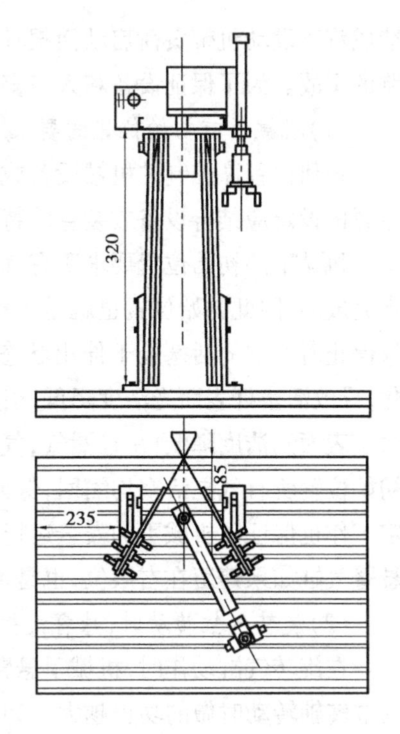

图 11.22　机械手安装图

③根据机械手气动系统图和搬运工件动作要求，画出电气控制原理图。

④根据机械手搬运工件的动作要求，编写并调试 PLC 的控制程序。

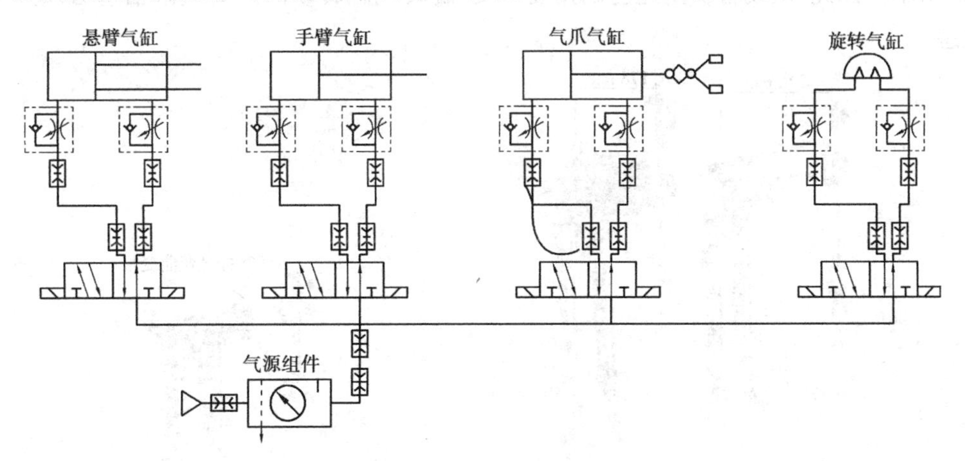

图 11.23　机械手气动系统图

【任务相关知识】

知识 11.2.1　机电设备的初始位置

很多机电设备都需要设置初始位置，当设备中的相关部件不在初始位置时，设备就不能启动运行。如汽车发动时，离合器必须在“离”的位置或挡位必须在“空挡”的位置，否则会造成汽车发动机带负荷启动而损坏零件;也可能会因为方向盘没有调整好方向造成汽车乱跑的事故。为了保证设备和人身安全,机电设备必须设置初始位置。

(1)机械手有初始位置的要求

任何由程序控制的机械设备或装置都有初始位置,它是设备或装置运行的起点。初始位置的设定应结合设备或装置的特点和实际运行状况进行,不能随意设置。

机械手的初始位置要求所有气缸活塞杆均缩回。由于机械手的所有动作都是通过气缸来完成的,因此初始位置也就是机械手正常停止的位置。因为停止的时间有可能比较长,如果停止时气缸的活塞处于伸出状态,活塞杆表面长时间暴露在空气中,容易受到腐蚀和氧化,导致活塞杆表面光洁度降低,引起气缸的气密性变差。当气缸动作使活塞杆缩进、伸出,由于表面光洁度降低,一旦漏气,气缸就不能稳定地工作,严重时还会造成气缸损坏。因此初始位置所有气缸活塞均缩回,保证了气缸的正常使用寿命。从安全的角度出发,气缸的稳定工作也保证了机械手的安全运行,由于机械手的旋转气缸没有活塞杆,初始位置机械手的悬臂气缸如果停留在右限位,也是可以的。

(2)旋转气缸转动时,悬臂气缸活塞杆处于缩回状态

在旋转气缸动作时,机械手悬臂伸出越长,悬臂气缸活塞杆受到的作用力就越大,旋转气缸转轴转动时做的功也越大。如图 11.24 所示,图中机械手悬臂气缸活塞伸出时,旋转气缸轴心到手臂气缸活塞的垂直距离为 278 mm;缩回时的垂直距离为 178 mm。如果机械手悬臂伸出较长,旋转时会增加启动负荷,停止时会增加活塞扭曲变形造成设备的损坏,如图 11.25 所示。因此,从设备安全运行的角度出发,旋转气缸转动时悬臂气缸活塞必须处于缩回状态。

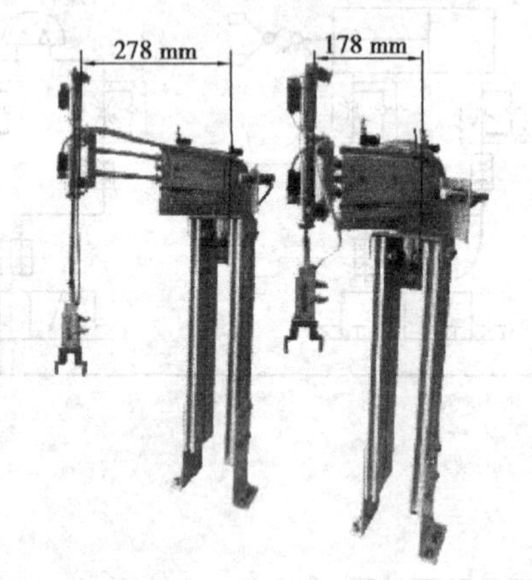

图 11.24　悬臂伸出与不伸出的力矩不同

图 11.25　伸出太长活塞杆变形

知识 11.2.2　气爪在抓取工件和放置工件前有延时

这种设计思路唯一的目的是让气爪能稳定可靠地抓取和放置工件。因为气爪较小,当手臂气缸活塞杆下降到下限位传感器接到信号时,直接驱动气爪夹紧,一方面显得很仓促,另一

方面要夹准工件,对设备的调试精度要求很高;首先要将气爪的中心与工件停留位置的中心对准,然后又要确保每次送过来的工件停留位置一致。另外,手臂气缸下限位传感器安装的位置要合适,偏高会造成手臂气缸活塞的行程没到底就驱动气爪夹紧,工件会被气爪撞击。若在气爪夹紧工件、手臂气缸活塞杆提升的环节里加入延时,就能可靠地将工件提升搬运。在机械手放置工件前加延时,一方面是为了让手臂气缸活塞杆下降到最低处,另一方面在降到最低处后有个停顿,能消除工件下降过程中的惯性作用,使工件以最小的冲击力平稳地放到位置上。这些细节上的要求在调试 YL-235A 型光机电一体化设备时,更突出了它的重要性。具体内容将在后面的项目中详细介绍。

知识 11.2.3　机械手每个动作之间的转换都通过传感器的位置信号控制

通过传感器来检测机械手的每个动作执行情况以及是否到位,能确保机械手完整地执行每个搬运环节,可靠地完成整个工作过程。这种控制方法属于状态控制,是目前机械设备操控设计普遍采用的控制方法。它能使机械手准确无误地完成工作任务,一旦出现故障,设备维修人员能快速准确地判断故障出现的位置,及时修复。

知识 11.2.4　停止信号处理

在机械手运行过程中,按下停止按钮 SB6,要求机械手完成当前工件的搬运后,回到原位停止。也就是当停止信号出现时不能立即停止,必须让机械手完成一个工作循环后才能停止。那么首先要分清楚机械手一个工作循环的起点和终点,工作任务中讲的初始位置就是机械手一个工作循环的起点和终点。编写程序时可利用一个辅助继电器 M,通过停止信号使辅助继电器 M 吸合并自锁,利用启动信号切断回路使 M 复位,然后在最后一步完成时,将辅助继电器 M 的常开触点串进输出停止步进的回路,将辅助继电器 M 的常闭触点串进输出启动步进的回路,就可以符合工作任务的要求。

如果机械手在搬运过程中遇到突然断电等突发情况,要保证机械手所有气缸的气路状态断电瞬间不改变、夹持的工作不掉下,电磁阀的配置就需要选择。要做到上述功能,机械手的悬臂气缸、手臂气缸、旋转气缸必须用二位五通双控电磁阀驱动。气爪气缸一般情况下选用二位五通单控电磁阀。现在来分析一下气爪的工作过程:机械手手臂降到 A 处气爪夹紧工件,运到 B 处放下,那么只要使气爪夹工件前松开一次、夹紧后搬运到 B 处放料时再松开一次,其余时间段全部夹紧。让二位五通单控电磁阀线圈通电时气爪松开,断电时气爪夹紧,那么无论在哪个环节,即使遇到突然断电等突发情况,夹持的工件也不会掉下。这样的配置,电磁阀线圈通电时间很短,既节约用电,也延长了电磁阀的使用寿命,更保证了机械手搬运工件过程中的安全运行。由此可见,要使设备安全运行需要多方面考虑。

【做一做】

实训11.2.1 气动机械手控制系统的安装及调试

(1)实训目的

①认识FX2N-48MR可编程序控制器。

②会组建实训台工作警示灯系统。

(2)实训器件

①亚龙YL-235A机械组件。

②三菱FX2N-48MR可编程序控制器。

③亚龙YL-235A按钮模块、电源模块。

④亚龙YL-235A警示灯组件。

⑤亚龙YL-235A气动机械手配套传感器若干。

⑥RS-232数据通信线。

⑦个人计算机PC。

⑧连接线若干。

(3)实训方法及步骤

①根据工作任务描述，使用4个二位五通双控电磁阀分别驱动机械手的4个气缸，确定机械手PLC输入/输出元件地址分配表见表11.3。

表11.3 机械手PLC输入/输出元件地址分配表

输入		输出	
启动按钮SB5	X0	驱动悬臂伸出	Y0
停止按钮SB6	X1	驱动悬臂缩回	Y1
悬臂气缸前限位传感器	X2	驱动手臂下降	Y2
悬臂气缸后限位传感器	X3	驱动手臂上升	Y3
手臂气缸下限位传感器	X4	驱动机械手向右转	Y4
手臂气缸上限位传感器	X5	驱动机械手向左转	Y5
旋转气缸左限位传感器	X6	驱动气爪夹紧	Y6
旋转气缸右限位传感器	X7	驱动气爪松开	Y7
气爪气缸夹紧限位传感器	X10		

②写出机械手动作流程程序梯形图，如图11.26所示。机械手动作流程：初始位置→启动→悬臂伸出→手臂下降→延时0.5 s→气爪夹紧→延时0.5 s→手臂上升→悬臂缩回→机械手向右转→悬臂伸出→手臂下降→延时0.5 s→气爪放松→手臂上升→悬臂缩回→机械手向左转→初始位置。

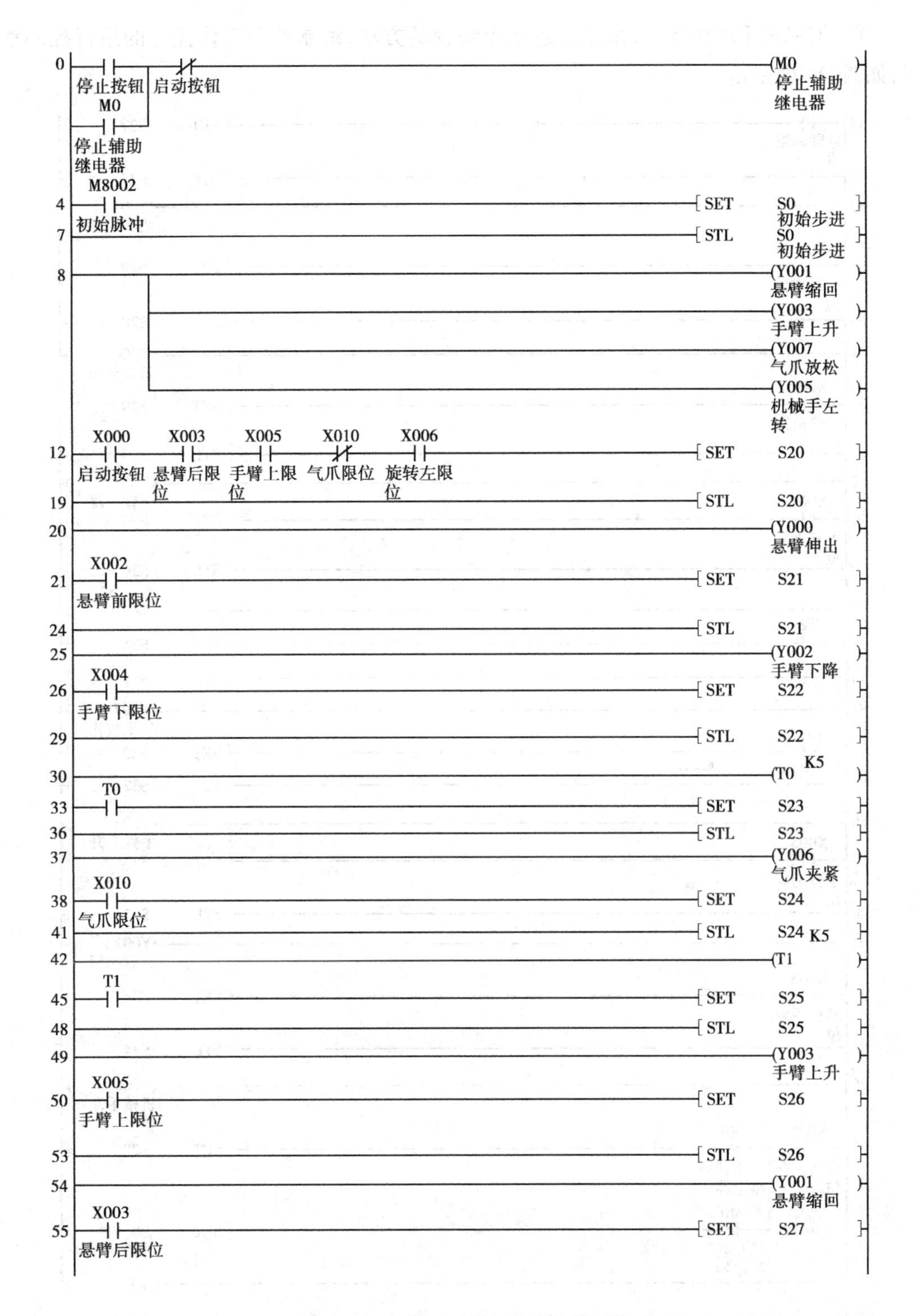

图 11.26　机械手动作流程程序梯形图

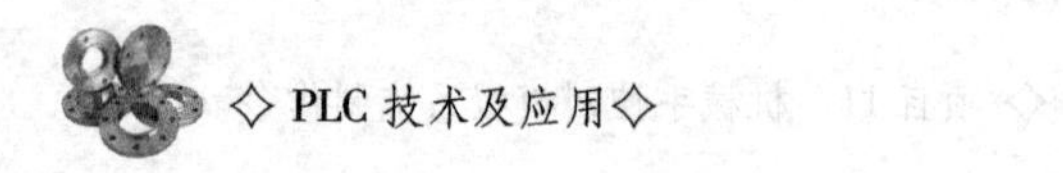

③根据机械手动作特点,采用步进指令编程的方法,编制整个工作任务的运行控制程序,如图 11.27 所示。

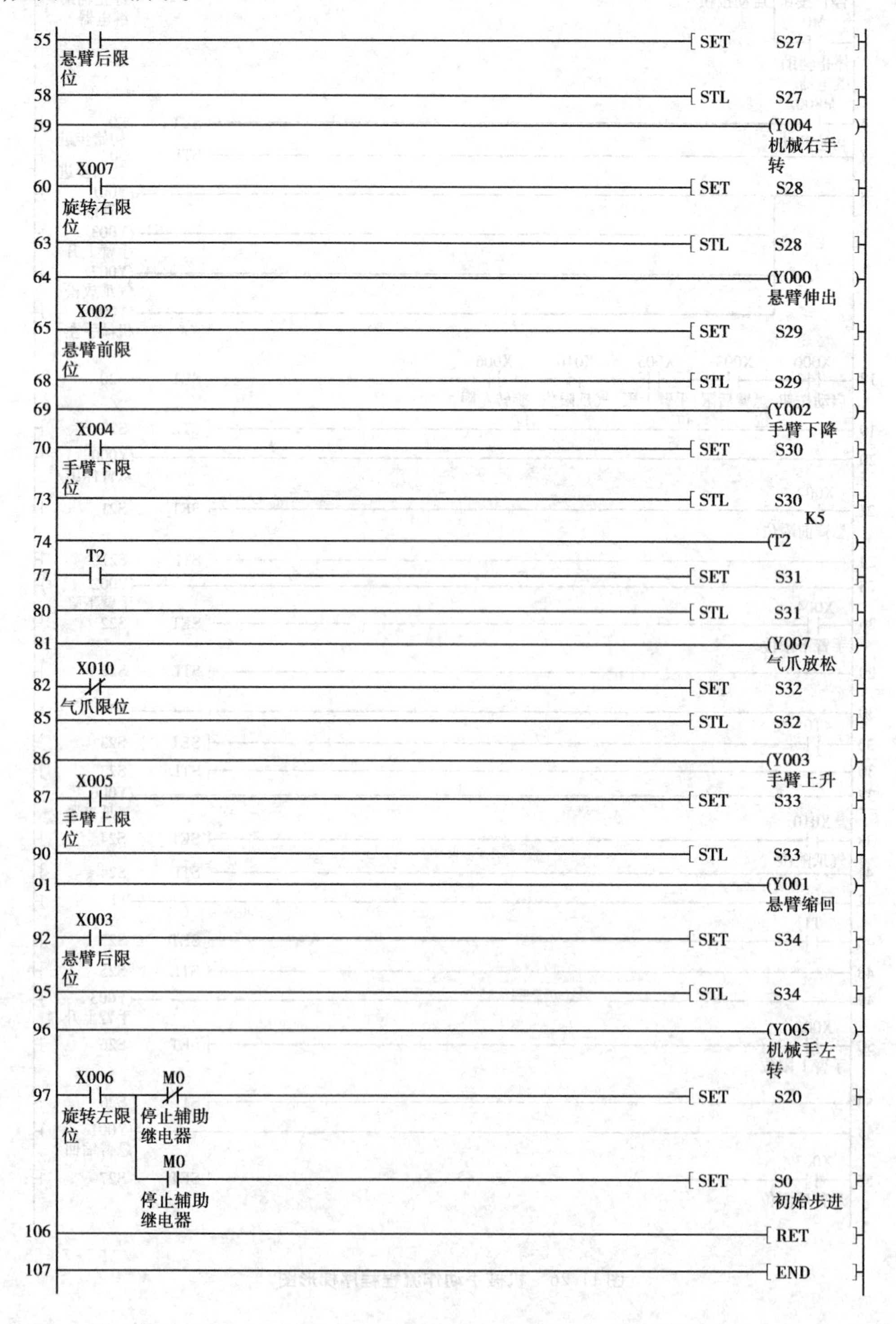

图 11.27　机械手运行控制程序

④将编写好的程序输入 PLC。

⑤根据 PLC 输入/输出元件地址分配表,画出的参考电气控制原理图,如图 11.28 所示。

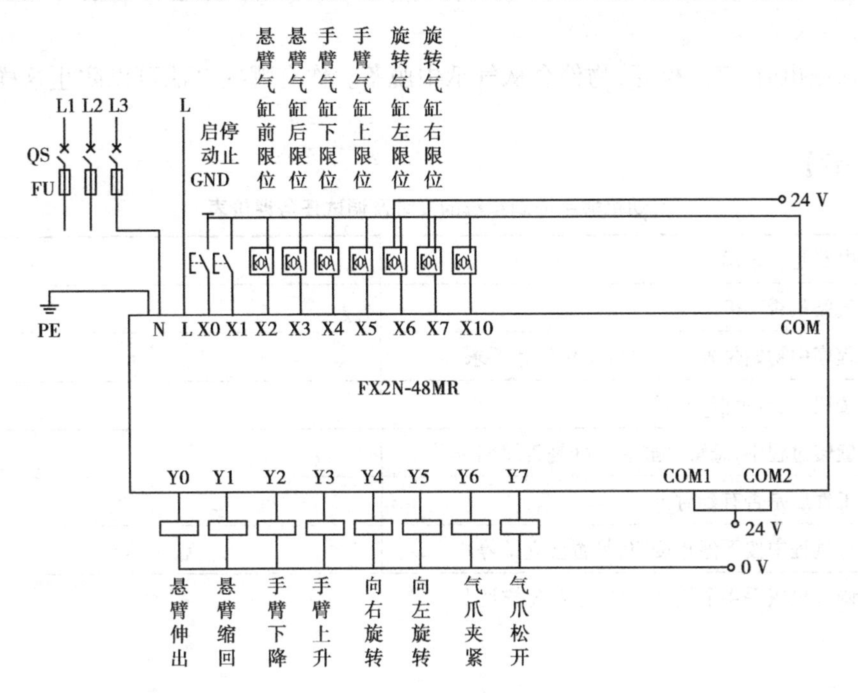

图 11.28　机械手电气控制原理图

⑥根据电气控制原理图连接电路。

⑦根据机械手 4 个气缸的气路控制要求画出气路控制图。

⑧根据气路控制图连接气路。

⑨检查接线正确无误后方可通电调试。

PLC 运行后,初始脉冲 M8002 置位初始步进 S0,集中输出 Y001,Y003,Y005,Y007(程序步 8—11),目的是使所有气缸满足初始位置要求。此时要检查每个气缸是否符合初始位置要求,不符合要求的须调换该气缸与电磁阀连接的气路,然后可在监控状态下调试程序。

(4)实训注意事项

①严格遵守安全用电操作规程。

②保护好现场设备和仪表。

【议一议】

①一些机电设备为什么要规定初始位置？你能说出一些规定初始位置的机电设备的名称吗？规定初始位置的原因是什么？

②为什么气缸不工作时,活塞杆应处于缩回状态？根据你的看法,说说机械手转动时,悬臂气缸的活塞杆必须缩回的理由。

③机械手搬运物件时,会有不同的动作顺序。例如,悬臂伸出→手臂下降→抓取物件→手臂上升→悬臂缩回→机械手转动→悬臂伸出→放下物件。你还能说出其他搬运物件的动

作顺序吗？你为什么要采取用这样的动作顺序来搬运物件？

④机械手在搬运物件过程中，物件有可能从气爪中脱落。应怎样防止物件从气爪中脱落？

⑤突然断电时，气爪松开，物件会从气爪中脱落。你有哪些办法可以防止这样的事情发生？

【评一评】

气动机械手控制系统的安装及调试任务评价表

你连接的电路是否正确	
你连接的气路是否正确	
你编写的程序中初始位置是否符合工作任务要求	
按下启动按钮，机械手能否运行	
在机械手旋转过程中，悬臂气缸活塞杆是否缩回	
气爪抓取工件后是否有延时	
机械手运行过程中按下停止按钮，是否会立即停止	
你是否会调节机械手 4 个气缸动作速度，怎样调节	
你完成本次工作任务最大的困难在：	
你对完成本次工作任务的自我评价：	
小组同学对你完成本次工作任务的评价(请你去找小组的同学)：	
老师对你完成本次工作任务的评价(请你去找老师)：	

任务 11.3　高效气动机械手控制系统的安装及调试

【任务教学环节】

教学步骤	时间安排	教学方式
阅读教材	课余	自学、查资料、组内相互讨论
知识讲解	4 课时	1. 重点讲授机械手高效搬运过程各部件的动作 2. PLC 控制程序编写方法
实训操作	4 课时	学会机械手高效搬运工件动作程序的编写与调试

【任务描述】

在某生产线上，工件需要由位置 A 搬运到位置 B，这一任务由气动机械手完成。在接通工作电源后，机械手必须停留在初始位置后才能启动。初始位置要求与任务 11.2 相同，气动机械手如图 11.29 所示。

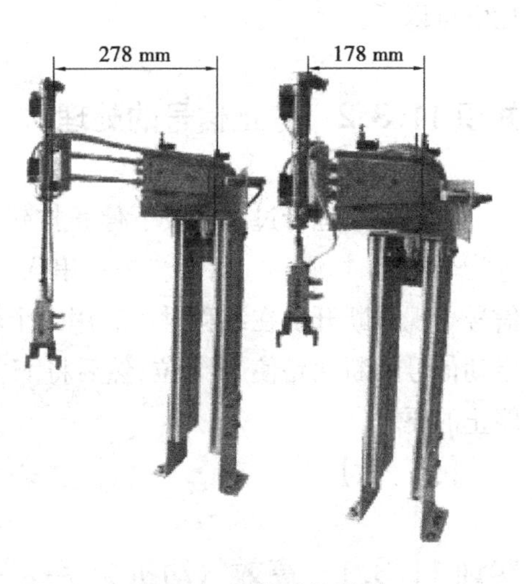

图 11.29　气动机械手

当接通设备工作电源，按下启动按钮 SB5，机械手将按以下动作顺序执行工件搬运工作：悬臂气缸活塞杆伸出的同时手臂气缸活塞杆下降，到悬臂气缸前限位传感器和手臂气缸下限位传感器接到信号后，延时 0.5 s，气爪夹紧，然后再延时 0.5 s，手臂气缸和悬臂气缸杆同时缩回，到手臂气缸上限位传感器和悬臂气缸后限位传感器接到信号后，旋转气缸驱动机械手右转，到右限位，传感器接到信号后，悬臂气缸杆伸出的同时手臂活塞杆下降，到悬臂气缸前限位传感器和手臂气缸下限位传感器接到信号后，延时 0.5 s，气爪放松，然后机械手按原位返回到初始位置，机械手完成一个循环的搬运工作。如果没有出现停止信号，机械手将按上述动作连续运行。

在机械手搬运过程中按下按钮 SB6，机械手立即停止当前的搬运工作，再按下 SB5，机械手接着停止时所处位置继续运行。

【任务分析】

通过上述分析，本任务要求如下：

①按任务 11.1 相关要求，将机械手安装在安装平台上。

②根据如图 11.3 所示的机械手气动系统图连接气路。

③根据机械手气动系统图和搬运工件动作要求,画出电气控制原理图。

④根据机械手高效搬运工件的动作要求,编写并调试 PLC 的控制程序。

【任务相关知识】

知识 11.3.1　有两个气缸同时工作

机械手搬运工件过程中,手臂气缸和悬臂气缸的活塞杆同时伸出和回缩。这样的设计与任务 11.2 相比较,减少了机械手搬运工件的搬运距离,缩短了搬运工件的时间,提高了机械手的工作效率。在编写程序时,只要将两个输出继电器 Y 并联输出就可以了,但如果作为定型生产设备的程序设计就不妥当。因为两个输出继电器 Y 并联输出,还要连接相应的电气控制线路,必然要增加设备的制造成本,同时增加的电气控制线路和电磁阀又给设备的正常运行增加了发生故障的可能性。像这种情况在编程的时候只要输出一个 Y,控制相应的电磁阀,用一个电磁阀驱动两个气缸同时动作,电磁阀只要能保证两个气缸同时动作时的气量就可以了。

知识 11.3.2　停止信号的处理

在机械手运行过程中按下停止按钮 SB6,要求立即停止当前的搬运工作。因此使用步进指令编程时,必须在每个步进中串入一个运行的条件,就是当启动信号出现时接通、停止信号出现时断开。在编程时可利用一个辅助继电器 M,通过停止信号使 M 吸合并自锁,利用启动信号切断回路使 M 复位,然后将 M 的常闭触点串入每个步进,就可满足任务中启动和停止的要求。

【做一做】

实训 11.3.1　高效气动机械手控制系统的安装及调试

(1)实训目的

①认识 FX2N-48MR 可编程序控制器。

②会组建实训台工作警示灯系统。

(2)实训器件

①亚龙 YL-235A 机械组件。

②三菱 FX2N-48MR 可编程序控制器。

③亚龙 YL-235A 按钮模块、电源模块。

④亚龙 YL-235A 警示灯组件。

⑤亚龙 YL-235A 气动机械手配套传感器若干。

⑥RS-232 数据通信线。

⑦个人计算机 PC。

⑧连接线若干。

(3)实训方法及步骤

①根据工作任务,使用一个二位五通双控制电磁阀驱动手臂气缸和悬臂气缸,两个二位五通双控电磁阀驱动旋转和气爪气缸,确定机械手 PLC 输入/输出元件地址分配表,见表 11.4。

表 11.4　机械手 PLC 输入/输出元件地址分配表

输　入		输　出	
启动按钮 SB5	X0	驱动悬臂伸出　手臂下降	Y0
停止按钮 SB6	X1	驱动悬臂缩回　手臂上升	Y1
悬臂气缸前限位传感器	X2	驱动机械手向右旋转	Y2
悬臂气缸后限位传感器	X3	驱动机械手向左旋转	Y3
手臂气缸下限位传感器	X4	驱动气爪夹紧	Y4
手臂气缸上限位传感器	X5	驱动气爪放松	Y5
旋转气缸左限位传感器	X6		
旋转气缸右限位传感器	X7		
气爪气缸夹紧限位传感器	X10		

②写出机械手动作流程如下:初始位置→启动→悬臂伸出、手臂下降→延时 0.5 s→气爪夹紧→延时 0.5 s 悬臂缩回、手臂上升→机械手向右旋转→悬臂伸出、手臂下降→延时 0.5 s→气爪放松→悬臂缩回、手臂上升→机械手向左旋转→初始位置。

③根据机械手动作特点,采用步进指令编程的方法,编制整个工作任务的运行控制程序,如图 11.30 所示。

④将编好的程序输入 PLC

⑤检查接线正确无误后方可通电调试。

由于手臂气缸和悬臂气缸用一个电磁阀驱动,通常调试时可能出现两个气缸动作有先后,可以调节两个气缸上的 4 个单向节流阀,通过调节两个活塞杆动作速度,使气爪的运行轨迹在两点间直线运行,也可以调节为三点或者四点间的直线运行。具体方案根据实际需要决定。

(4)实训注意事项

①严格遵守安全用电操作规程。

②保护好现场设备和仪表。

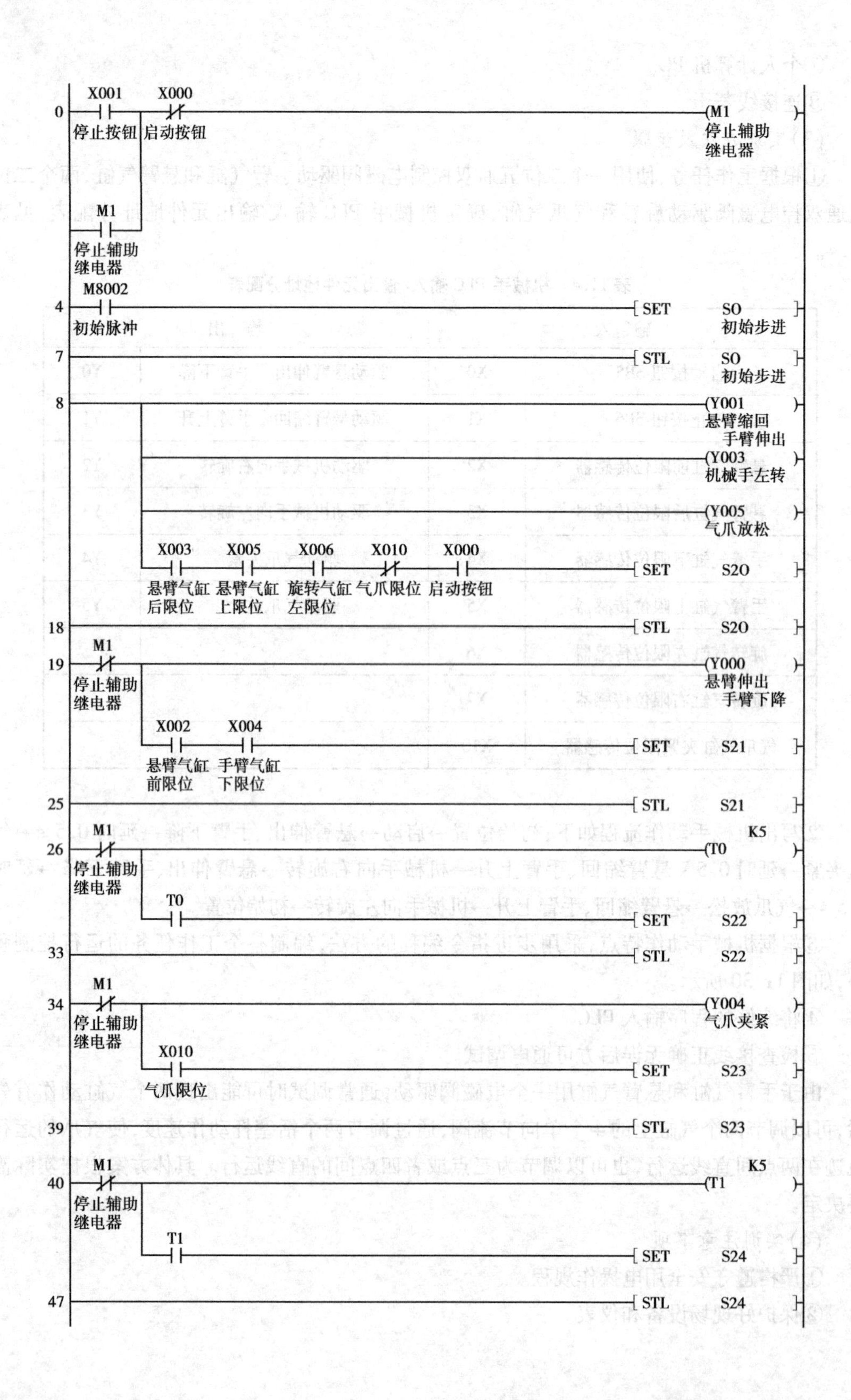

0
X001
停止按钮
X000
启动按钮
M1
停止辅助继电器
M1
停止辅助继电器
4
M8002
初始脉冲
SET
SO
初始步进
7
STL
SO
初始步进
8
Y001
悬臂缩回
手臂伸出
Y003
机械手左转
Y005
气爪放松
X003
悬臂气缸后限位
X005
悬臂气缸上限位
X006
旋转气缸左限位
X010
气爪限位
X000
启动按钮
SET
S20
18
STL
S20
19
M1
停止辅助继电器
Y000
悬臂伸出
手臂下降
X002
悬臂气缸前限位
X004
手臂气缸下限位
SET
S21
25
STL
S21
26
M1
停止辅助继电器
K5
T0
T0
SET
S22
33
STL
S22
34
M1
停止辅助继电器
Y004
气爪夹紧
X010
气爪限位
SET
S23
39
STL
S23
40
M1
停止辅助继电器
K5
T1
T1
SET
S24
47
STL
S24

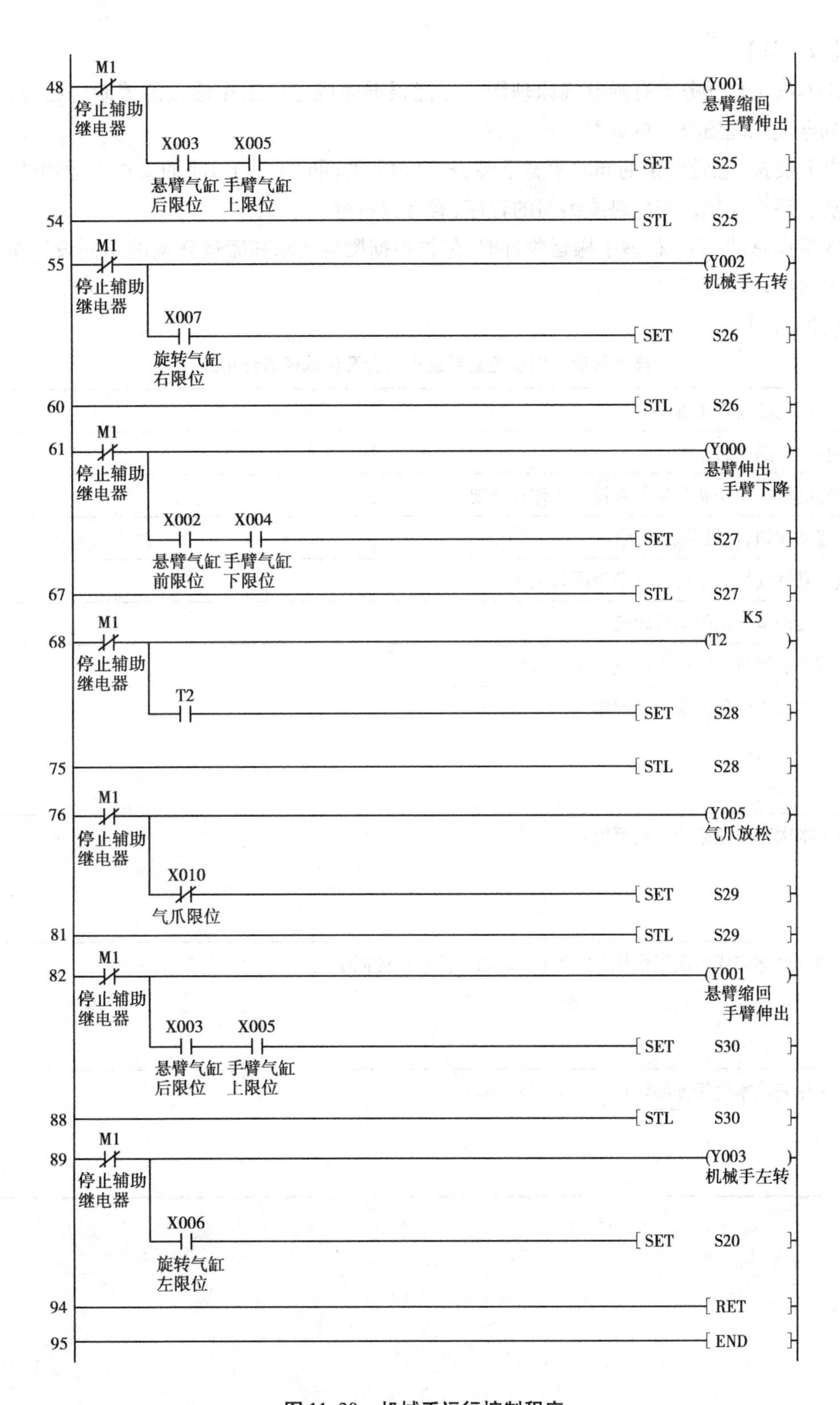

图11.30　机械手运行控制程序

【议一议】

①本次工作任务没有画电气原理图。你能根据完成这次工作任务的控制电路,画出机械手的电气原理图吗?试试看。

②若要按“悬臂伸出的同时手臂下降,悬臂缩回的同时手臂上升”的要求搬运物件,有哪些做法?请你尝试改变电路或编写的程序,看看行不行。

③请你总结一下,机械手搬运物件时,怎样根据搬运要求和搬运环境的不同设计搬运的动作要求和动作顺序。

【评一评】

高效气动机械手控制系统的安装及调试任务评价表

你连接的电路是否正确	
你连接的气路是否正确	
你编写的程序中初始位置是否符合工作任务要求	
按下启动按钮,机械手能否运行	
机械手悬臂气缸和手臂气缸是否同时工作	
你是否会调节气爪的运行轨迹	
在机械手运行过程中按下停止按钮,是否立即停止	
你完成本次工作任务最大的困难:	
你完成本次工作任务的自我评价:	
小组同学对你完成本次工作任务的评价(请你去找小组的同学):	
老师对你完成本次任务的评价(请你去找老师):	

项目 12

花式喷泉模拟控制系统的制作

●项目描述

在游人和居民经常光顾的场所，如公园、广场、旅游景点及一些知名建筑前，经常会修建一些喷泉供人们观赏。这些喷泉按一定的规律改变喷水样式，如果再与五颜六色的灯光相配合，在和谐优雅的音乐中，更使人心旷神怡，流连忘返。若能将 PLC 的功能指令运用于控制喷泉喷水方式，将会使喷泉轻松实现各种各样的效果，带给人们一丝丝快乐的享受。

●项目目标

知识目标：

●能认识功能指令的作用、格式和使用方法。

●能列举比较指令与传送指令的工作原理和使用方法。

技能目标：

●能正确运用功能指令编制相关程序。

●能够完成四路花式喷泉 PLC 控制系统的安装和调试。

●能够完成八路花式喷泉 PLC 控制系统的安装和调试。

任务12.1　四路花式喷泉系统的安装

【任务教学环节】

教学步骤	时间安排	教学方式
阅读教材	课余	自学、查资料、组内相互讨论
知识讲解	2课时	重点讲授功能指令的作用、格式和使用方法
实训操作	4课时	1. 会使用PLC功能指令来编写系统控制程序 2. 会安装和调试四路花式喷泉模拟控制系统

【任务描述】

喷泉象征力量、智慧、富有动感和生气，是一种流动的建筑和艺术。它能给人们带来清新的生活环境，因此也赢得了人们广泛喜爱。

现制作一个简单的花式喷水系统，其工作喷水装置示意图如图12.1所示。整个系统有四路喷头，每路喷头可以通过改变时序或者改变控制开关，达到各种纷繁复杂、五彩缤纷的水流喷射效果。

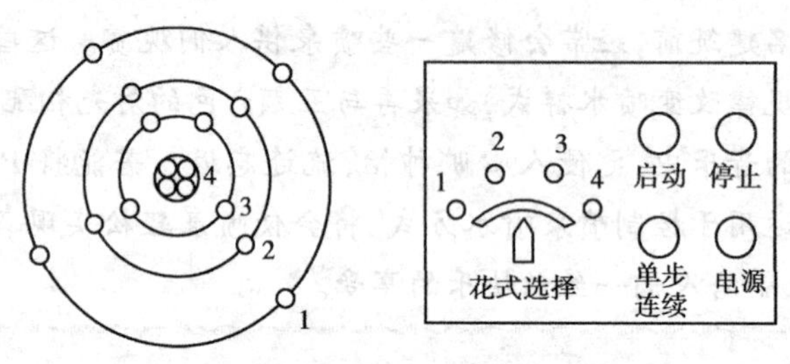

图12.1　花式喷水装置及控制开关示意图

在图12.1左边，4为中间喷水管，3为内环状喷水管，2为一次外环形状喷水管，1为外环形状喷水管。

【任务分析】

①控制器电源开关接通后，按下启动按钮，喷水装置即开始工作。按下停止按钮，则停止喷水。工作方式由选择开关和单步/连续开关决定。

②“单步/连续”开关在单步位置时，喷水装置只运行一次循环；在连续位置时，喷水装置运行一直继续下去。

③方式选择开关用来选择喷水装置的喷水花样，1～4号喷水管的工作方式选择如下：

a. 选择开关在位置“1”时。按下“启动”按钮后，4号喷水；延时2 s后，3号喷水；延时2 s后，2号接着喷水；再延时2 s，1号喷水。这样，一起喷水15 s后停下。若在连续状态时，将继续循环下去。

b. 选择开关在位置“2”时。按下“启动”按钮后,1 号喷水;延时 2 s 后,2 号喷水;延时 2 s 后,3 号接着喷水;再延时 2 s,4 号喷水。这样,一起喷水 30 s 后停下。若在连续状态时,将继续循环下去。

c. 选择开关在位置“3”时。按下“启动”按钮后,1,3 号同时喷水;延时 3s 后,2,4 号喷水,1,3 号接着喷水;交替运行 5 次后,1 ~4 号全喷水,30 s 后停止。若在连续状态时,将继续循环下去。

d. 选择开关在位置“4”时。按下“启动”按钮后,喷水装置 1 ~4 号水管的工作顺序为:1→2→3→4 按顺序延时 2 s 喷水,然后一起喷水 30 s,1,2,3,4 号分别延时 2 s 停水;再延时 1 s,由 4→3→2→1 反向顺序按 2 s 顺序喷水,一起喷水 30 s 后停止。若在连续状态时,将继续循环下去。

④不论在什么工作方式下,按下“停止”按钮,喷水装置将停止运行。

【任务相关知识】

早期的 PLC 大多用于开关量控制,基本指令和步进指令已经能满足控制要求。为适应控制系统的其他控制要求(如模拟量控制等),从 20 世纪 80 年代开始,PLC 生产厂家就在小型 PLC 上增设了大量的功能指令(也称应用指令),功能指令的出现大大拓宽了 PLC 的应用范围,也给用户编制程序带来了极大方便。

知识 12.1.1　功能指令的表示与执行形式

(1)功能指令的表示格式

功能指令表示格式与基本指令不同。功能指令用编号 FNC00—FNC294 表示,并给出对应的助记符(大多用英文名称或缩写表示)。例如,FNC45 的助记符是 MEAN(平均),若使用简易编程器时键入 FNC45,若采用智能编程器或在计算机上编程时也可键入助记符 MEAN。有的功能指令没有操作数,而大多数功能指令有 1 ~4 个操作数。如图 12.2 所示为一个计算平均值指令,它有 3 个操作数,[S]表示源操作数,[D]表示目标操作数,如果使用变址功能,则可表示为[S.]和[D.]。当源或目标不止一个时,用[S1.],[S2.],[D1.],[D2.]表示。用 n 和 m 表示其他操作数,它们常用来表示常数 K 和 H,或作为源和目标操作数的补充说明,当这样的操作数多时可用 n1,n2 和 m1,m2 等来表示。

X0	(FNC45) MEAN	[S.] D0	[D.] D4Z0	n K3

步	指令	操作数
0	LD	X0
1	FNC	45
3		D0
5		D4Z0
7		K3

图 12.2　功能指令表示格式图

图 12.2 中源操作数为 D0,D1,D2,目标操作数为 D4Z0(Z0 为变址寄存器),K3 表示有 3 个数。当 X0 接通时,执行的操作为

$$[(D0)+(D1)+(D2)]\div 3\rightarrow(D4Z0)$$

功能指令的指令段通常占一个程序步,16 位操作数占两步,32 位操作数占 4 步。

(2)功能指令的执行方式

功能指令有连续执行和脉冲执行两种类型。如图 12.3 所示,指令助记符 MOV 后面有“P”表示脉冲执行,即该指令仅在 X1 接通(由 OFF 到 ON)时执行(将 D10 中的数据送到 D12 中)一次;如果没有“P”则表示连续执行,即该指令在 X1 接通(ON)的每一个扫描周期都要被执行。

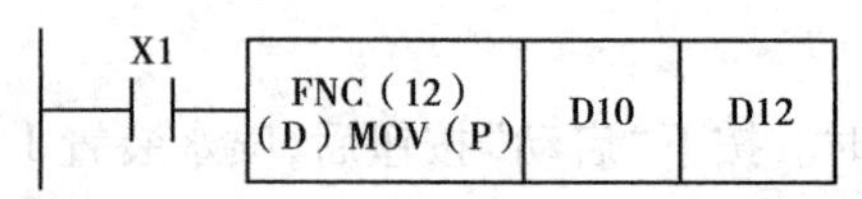

图 12.3 功能指令的执行方式与数据长度的表示图

(3)功能指令的数据长度

功能指令可处理 16 位数据或 32 位数据。处理 32 位数据的指令是在助记符前加“D”标志,无此标志即为处理 16 位数据的指令。注意 32 位计数器(C200—C255)的一个软元件为 32 位,不可作为处理 16 位数据指令的操作数使用。如图 12.3 所示,若 MOV 指令前面带“D”,则当 X1 接通时,执行 D11D10→D13D12(32 位)。在使用 32 位数据时建议使用首编号为偶数的操作数,这样不容易出错。

(4)数值处理

像 X,Y,M,S 等只处理 ON/OFF 信息的软元件称为位元件;而像 T,C,D 等处理数值的软元件则称为字元件,一个字元件由 16 位二进制数组成。

位元件可以通过组合使用,4 个位元件为一个单元,通用表示方法是由 Kn 加起始的软元件号组成,n 为单元数。例如,K2 M0 表示 M0—M7 组成两个位元件组(K2 表示两个单元),它是一个 8 位数据,M0 为最低位。如果将 16 位数据传送到不足 16 位的位元件组合(n 小于 4)时,只传送低位数据,多出的高位数据不传送,32 位数据传送也一样。在作 16 位数操作时,参与操作的位元件不足 16 位时,高位的不足部分均作 0 处理,这意味着只能处理正数(符号位为 0),在作 32 位数处理时也一样。被组合的元件首位元件可以任意选择,但为避免混乱,建议采用编号以 0 结尾的元件,如 S10,X0,X20 等。

知识 12.1.2 数据传送指令 MOV,MOVP

(1)传送指令 MOV (D)MOV(P)

指令的编号为 FNC12,该指令的功能是将源数据传送到指定的目标。如图 12.4 所示,当 X0 为 ON 时,则将[S.]中的数据 K100 传送到目标操作元件[D.]即 D10 中。在指令执行时,常数 K100 会自动转换成二进制数。当 X0 为 OFF 时,则指令不执行,数据保持不变。

X0 MOV [S.] K100 [D.] D10

图 12.4 传送指令的使用图

使用 MOV 指令时应注意以下两点:

①源操作数可取所有数据类型,目标操作数可以是 KnY,KnM,KnS,T,C,D,V,Z。

②16 位运算时占 5 个程序步,32 位运算时则占 9 个程序步。

(2)块传送指令BMOV BMOV(P)

指令的编号为FNC15,是将源操作数指定元件开始的n个数据组成数据块传送到指定的目标。如图12.5所示,传送顺序既可从高元件号开始,也可从低元件号开始,传送顺序自动决定。若用到需要指定位数的位元件,则源操作数和目标操作数的指定位数应相同。

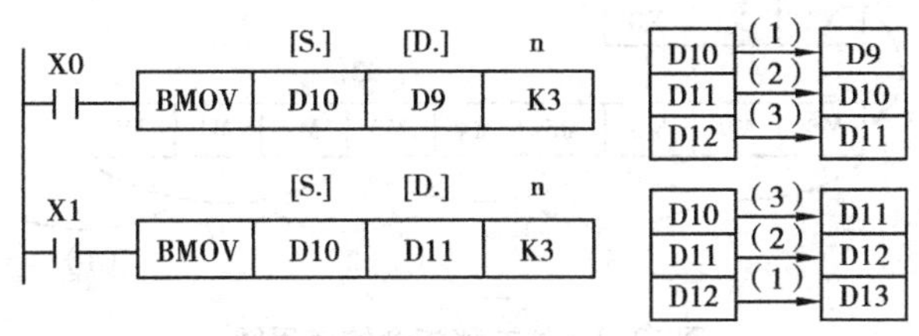

图12.5 块传送指令的使用图

使用块传送指令时应注意以下3点:

①源操作数可取KnX,KnY,KnM,KnS,T,C,D和文件寄存器,目标操作数可取KnT,KnM,KnS,T,C和D。

②只有16位操作,占7个程序步。

③如果元件号超出允许范围,数据则仅传送到允许范围的元件。

知识12.1.3 移位指令ROR,ROL,SFTR,SFTL

(1)循环移位指令

右、左循环移位指令(D)ROR(P)和(D)ROL(P)编号分别为FNC30和FNC31。执行这两条指令时,各位数据向右(或向左)循环移动n位,最后一次移出来的那一位同时存入进位标志M8022中,如图12.6所示。

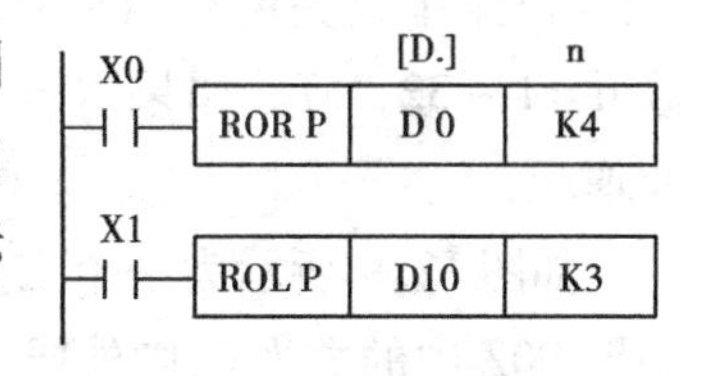

图12.6 右、左循环移位指令的使用图

(2)带进位的循环移位指令

带进位的循环右、左移位指令(D)ROR(P)和(D)ROL(P)编号分别为FNC32和FNC33。执行这两条指令时,各位数据连同进位(M8022)向右(或向左)循环移动n位,如图12.7所示。

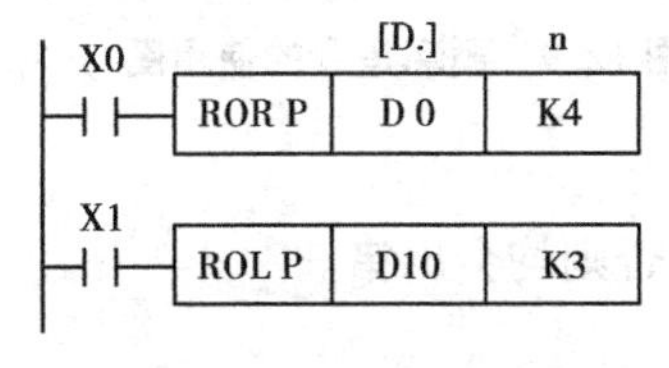

图12.7 带进位右、左循环移位指令的使用图

使用ROR/ROL/RCR/RCL指令时应该注意以下3点:

①目标操作数可取KnY,KnM,KnS,T,C,D,V和Z,目标元件中指定位元件的组合只有在K4(16位)和K8(32位指令)时有效。

②16位指令占5个程序步,32位指令占9个程序步。

③用连续指令执行时,循环移位操作每个周期执行一次。

(3)位右移和位左移指令

位右、左移指令SFTR(P)和SFTL(P)的编号分别为FNC34和FNC35。它们使位元件中的状态成组地向右(或向左)移动。n1 指定位元件的长度,n2 指定移位位数,n1 和 n2 的关系及范围因机型不同而有差异,一般为 n2≤n1≤1024。位右移指令使用如图 12.8 所示。

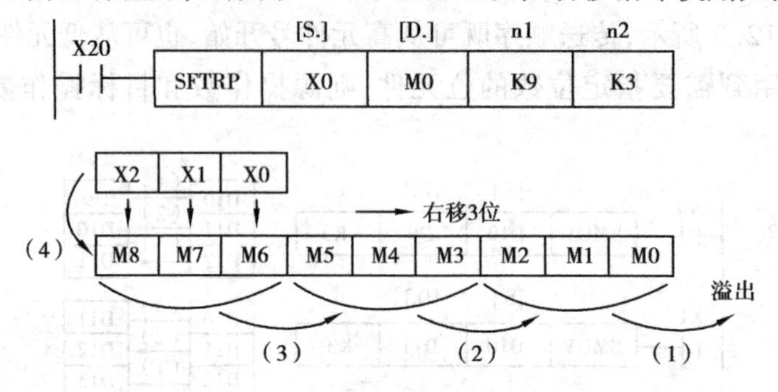

图 12.8　位右移指令的使用图

使用位右移和位左移指令时应注意以下两点:

①源操作数可取 X,Y,M,S;目标操作数可取 Y,M,S。

②只有 16 位操作,占 9 个程序步。

知识 12.1.4　循环指令 FOR,NEXT

循环指令共有两条:循环区起点指令 FOR,编号为 FNC08,占 3 个程序步;循环结束指令 NEXT,编号为 FNC09,占用一个程序步,无操作数。

在程序运行时,位于 FOR—NEXT 间的程序反复执行 n 次(由操作数决定)后再继续执行后续程序。循环的次数 n = 1 ~ 32 767。如果 N = −32 767 ~ 0,则当作 n = 1 处理。

如图 12.9 所示为一个二重嵌套循环,外层执行 5 次。如果 D0Z 中的数为 6,则外层 A 每执行一次则内层 B 将执行 6 次。

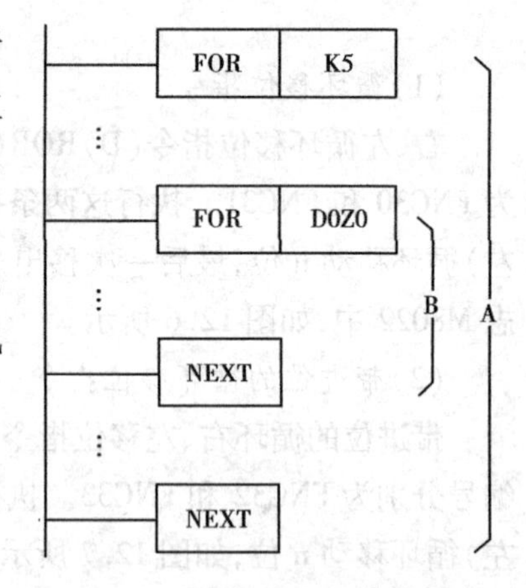

图 12.9　循环指令的使用图

使用循环指令时应注意以下 4 点:

①FOR 和 NEXT 必须成对使用。

②FX2N 系列 PLC 可循环嵌套 5 层。

③在循环中可利用 CJ 指令在循环没结束时跳出循环体。

④FOR 应放在 NEXT 之前,NEXT 应在 FEND 和 END 之前,否则均会出错。

【做一做】

实训12.1.1　四路花式喷泉系统模拟系统的安装调试

(1)实训目的

①能认识PLC功能指令的作用、格式和使用方法。

②会在YL-235A实训台上安装花式喷泉系统模拟系统。

(2)实训器件

①个人计算机PC。

②三菱FX2N-48MR可编程序控制器。

③亚龙YL-235A按钮及指示灯模块、电源模块。

④亚龙YL-235A警示灯组件。

⑤RS-232数据通信线。

⑥连接线若干。

(3)实训方法及步骤

①熟悉工作任务及I/O口地址分配,I/O口地址分配表见表12.1。

表12.1　I/O口地址分配表

PLC控制器I/O分配表					
输　入			输　出		
X000	SB1	启动按钮	Y000	绿灯	喷泉正常工作指示灯
X001	SB2	停止按钮	Y001	HL1	指示灯1
X002	QS0	单步/连续选择开关	Y002	HL2	指示灯2
X003	QS1	花样1选择开关	Y003	HL3	指示灯3
X004	QS2	花样2选择开关	Y004	HL4	指示灯4
X005	QS3	花样3选择开关			
X006	QS4	花样4选择开关			

其注明如下:

X002:ON时选择连续,OFF时选择单步。

T0—T7:普通定时器。

M1,M2:主控辅助继电器。

M100:开关辅助继电器。

M101,M102:脉冲辅助继电器。

②绘制出控制系统硬件接线图,按图12.10所示完成系统硬件接线。

③编写控制系统程序并传送到PLC。

编写控制系统程序方法及步骤如下:

A.系统启、停控制程序(见图12.11)

X000 闭合时,喷水装置即开始工作。X001 闭合则停止喷水。

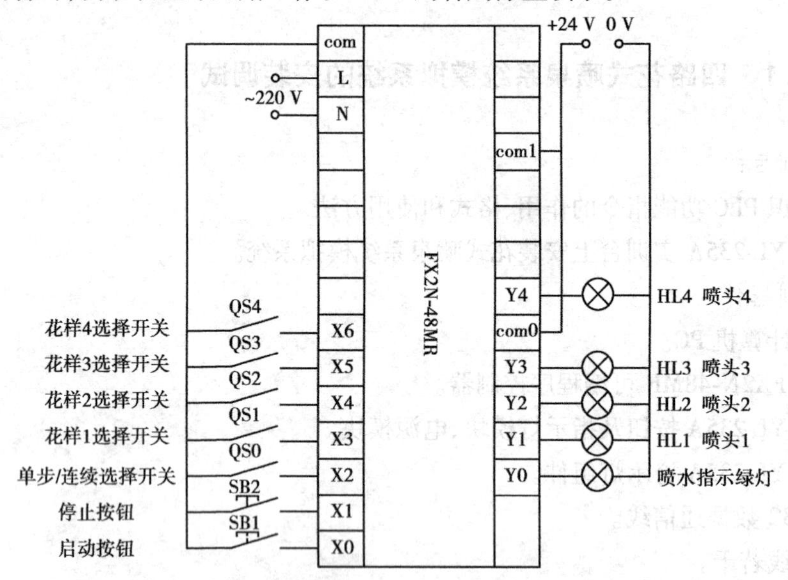

图 12.10 PLC 控制接线图

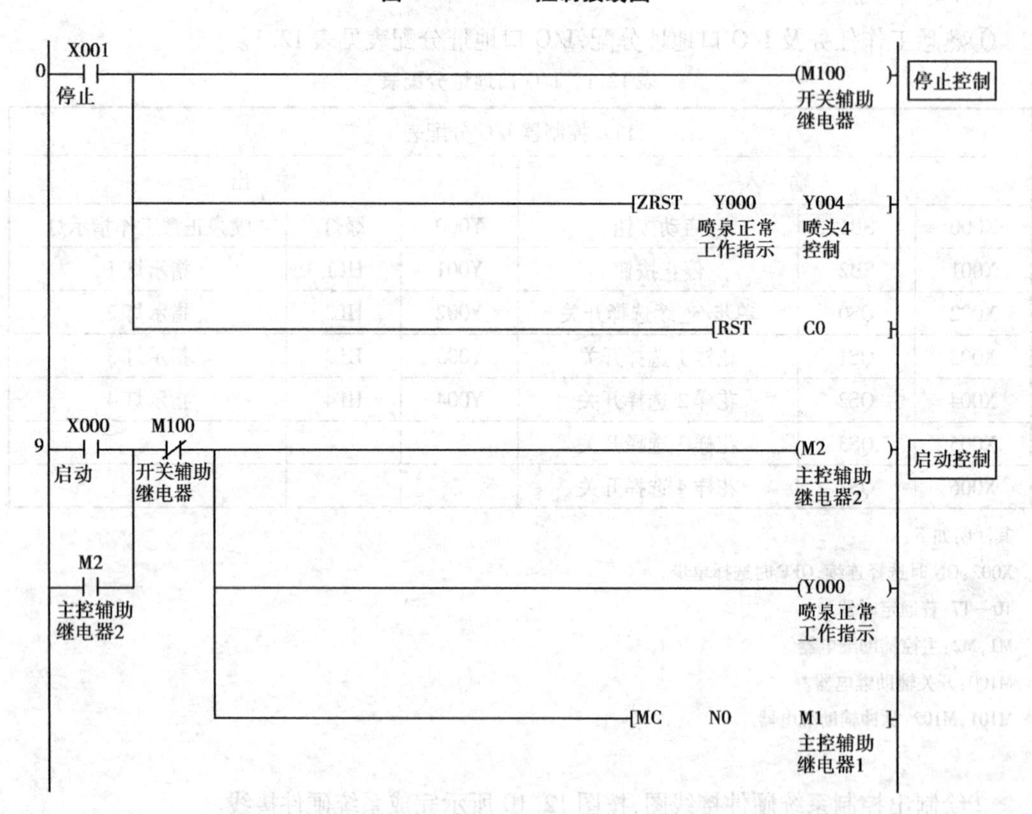

图 12.11 启停控制程序图

B. 单步、连续工作选择程序(见图 12.12)

单步控制时喷水装置只运行一次循环,连续控制时,喷水装置运行一直继续下去。

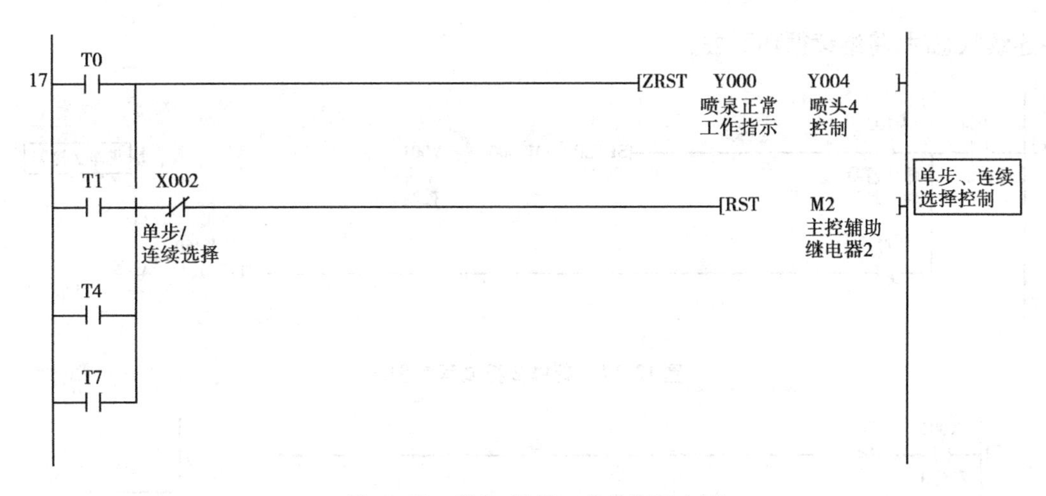

图 12.12　单步、连续工作选择程序图

C. 喷水装置的4种喷水花样控制程序

a. 花样1控制程序如图12.13所示。先接通X003,然后接通X000后,4号喷水;延时2 s后,3号喷水;延时2 s后,2号接着喷水;再延时2 s,1号喷水。这样,一起喷水15 s后停下。若在连续状态时,将继续循环下去。

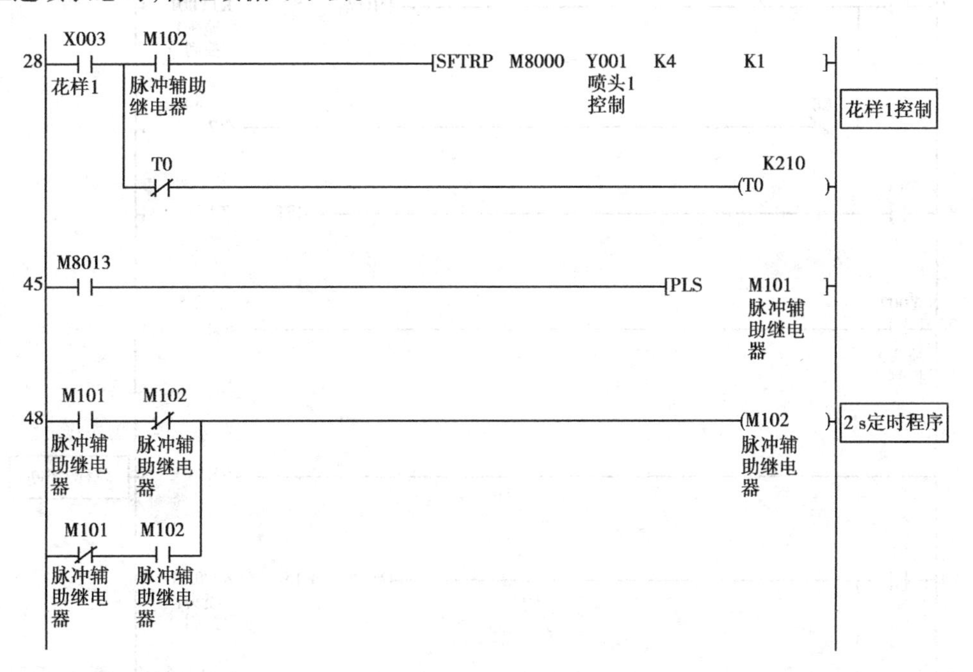

图 12.13　花样1控制程序图

b. 花样2控制程序如图12.14所示。先接通X004,然后接通X000后,1号喷水;延时2 s后,2号喷水;延时2 s后,3号接着喷水;再延时2 s,4号喷水,这样,一起喷水30 s后停下。若在连续状态时,将继续循环下去。

c. 花样3控制程序如图12.15所示。先接通X005,然后接通X000后,1,3号同时喷水,延时3 s后,2,4号喷水,1,3号接着喷水;交替运行5次后,1 ~4号全喷水,30 s后停止。若

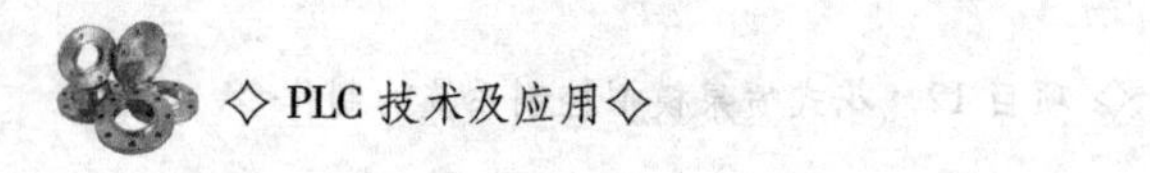

在连续状态时,将继续循环下去。

```
54  X004      M102
  ──┤ ├──┬──┤ ├────────────[SFTLP  M8000  Y001   K4   K1 ]   花样 2 控制
    花样2 │  脉冲辅助                      喷头1
          │  继电器                        控制
          │   T1                                     K360
          └──┤/├──────────────────────────────(T1        )
```

图 12.14　花样 2 控制程序图

```
71   X005   T4
  ──┤ ├───┤/├─────────────────────────────(M3        )
    花样3
                                                          5次循环控制
74
  ─────────────────────────────────[FOR    K5        ]

77   M3
  ──┤ ├──┬─────────────────────[MOV   K5    K1Y001   ]
         │                                   喷头1
         │                                   控制
         │   C0                                 K30
         └──┤/├──────────────────────────(T2        )

87   T3
  ──┤ ├────────────────────────────[RST    T2        ]

90   Y002                                        K5
  ──┤ ├──────────────────────────────────(C0        )
    喷头2
    控制

94
  ─────────────────────────────────────(NEXT      )   花样3控制

95   C0
  ──┤ ├──┬─────────────────────[MOV   K15   K1Y001   ]
         │                                   喷头1
         │                                   控制
         │                                      K300
         └───────────────────────────────(T4        )

104  T4
  ──┤ ├────────────────────────────[RST    C0        ]
```

图 12.15　花样 3 控制程序图

d. 花样 4 控制程序如图 12.16 所示。先接通 X006，然后接通 X000 后，喷水装置 1 ~ 4 号水管的工作顺序为：1→2→3→4 按顺序延时 2 s 喷水，然后一起喷水 30 s，1，2，3 和 4 号分别延时 2 s 停水；再延时 1 s，由 4→3→2→1 反向顺序按 2 s 顺序喷水，一起喷水 30 s 后停止。若在连续状态时，将继续循环下去。

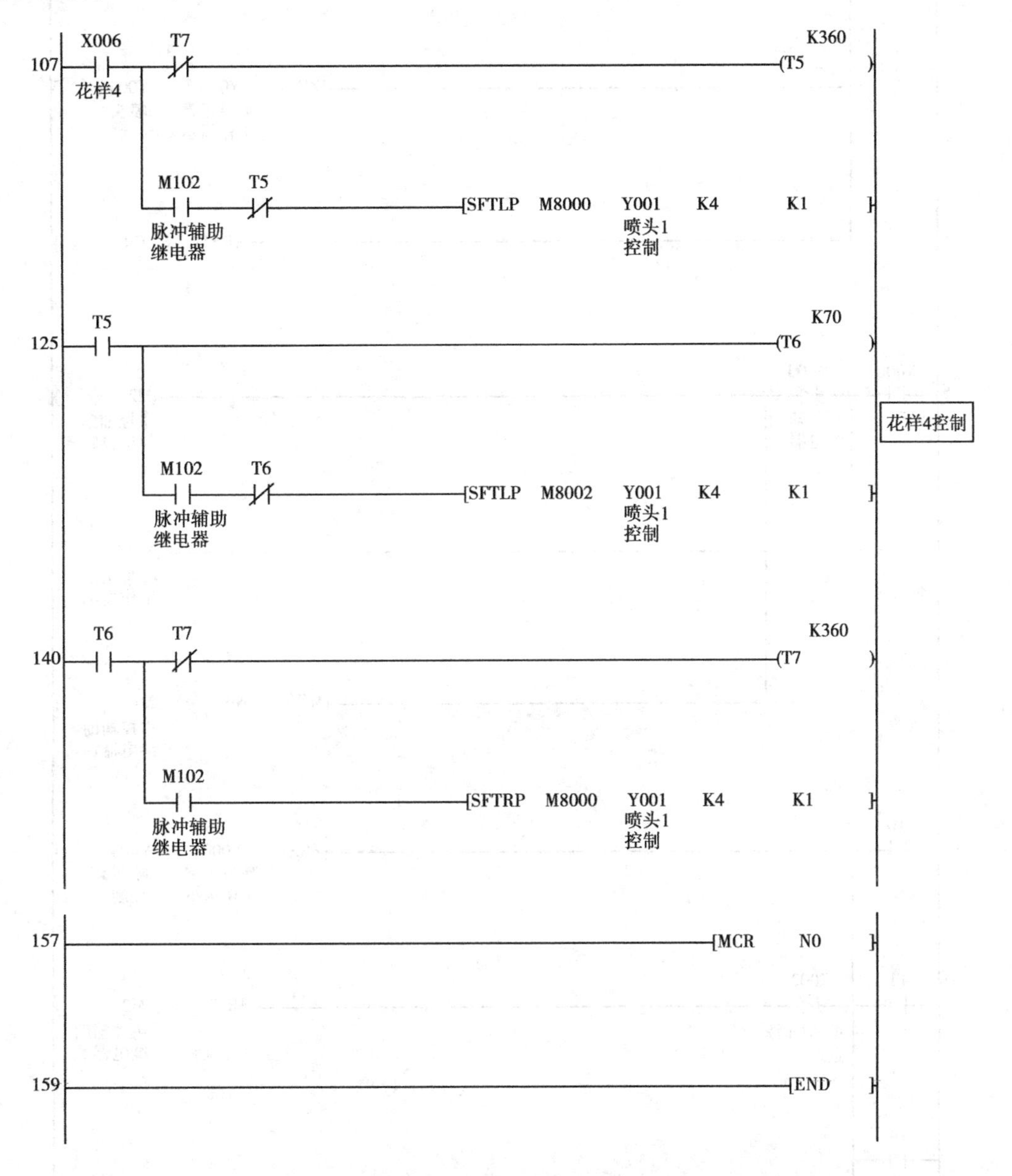

图 12.16　花样 4 控制程序图

D. 在各种工作方式下的停止运行。

不论在什么工作方式下，只要 X001 闭合，喷水装置将停止运行。系统完整控制程序如图 12.17 所示。

④自检。

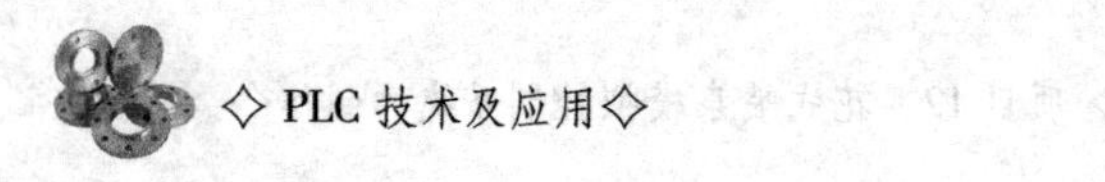

⑤检查无误后通电调试。

```
0   X001 停止 ─────────────────────────── (M100 开关辅助继电器)
         ├──────────────────── [ZRST Y000 喷泉正常工作指示  Y004 喷头4控制]
         └──────────────────── [RST C0]

9   X000 启动 ─┬─ M100(常闭) 开关辅助继电器 ─┬── (M2 主控辅助继电器2)
    M2 主控辅助继电器2 ─┘                    ├── (Y000 喷泉正常工作指示)
                                             └── [MC N0 M1 主控辅助继电器1]

17  T0 ─┬──────────────────── [ZRST Y000 喷泉正常工作指示  Y004 喷头4控制]
    T1 ─┤
    T4 ─┤
    T7 ─┘
        └─ X002(常闭) 单步/连续选择 ── [RST M2 主控辅助继电器2]
```

28
X003
花样1
M102
脉冲辅助继电器
[SFTRP M8000 Y001 K4 K1]
喷头1控制
T0
K210
(T0)
45
M8013
[PLS M101]
脉冲辅助继电器
48
M101
脉冲辅助继电器
M102
脉冲辅助继电器
(M102)
脉冲辅助继电器
M101
脉冲辅助继电器
M102
脉冲辅助继电器
54
X004
花样2
M102
脉冲辅助继电器
[SFTLP M8000 Y001 K4 K1]
喷头1控制
T1
K360
(T1)

```
71  X005 花样3 -| |- T4 -|/|- ---------------------- (M3)
74  ------------------------------------------------ [FOR K5]
77  M3 -| |-+------------------------- [MOV K5 K1Y001 喷头1控制]
            |  C0 -|/|- ----------------------------- (T2 K30)
87  T3 -| |- ------------------------------------- [RST T2]
90  Y002 喷头2控制 -| |- ----------------------------- (C0 K5)
94  ------------------------------------------------ [NEXT]
95  C0 -| |-+------------------------- [MOV K15 K1Y001 喷头1控制]
            |-------------------------------------- (T4 K300)
104 T4 -| |- ------------------------------------- [RST C0]
```

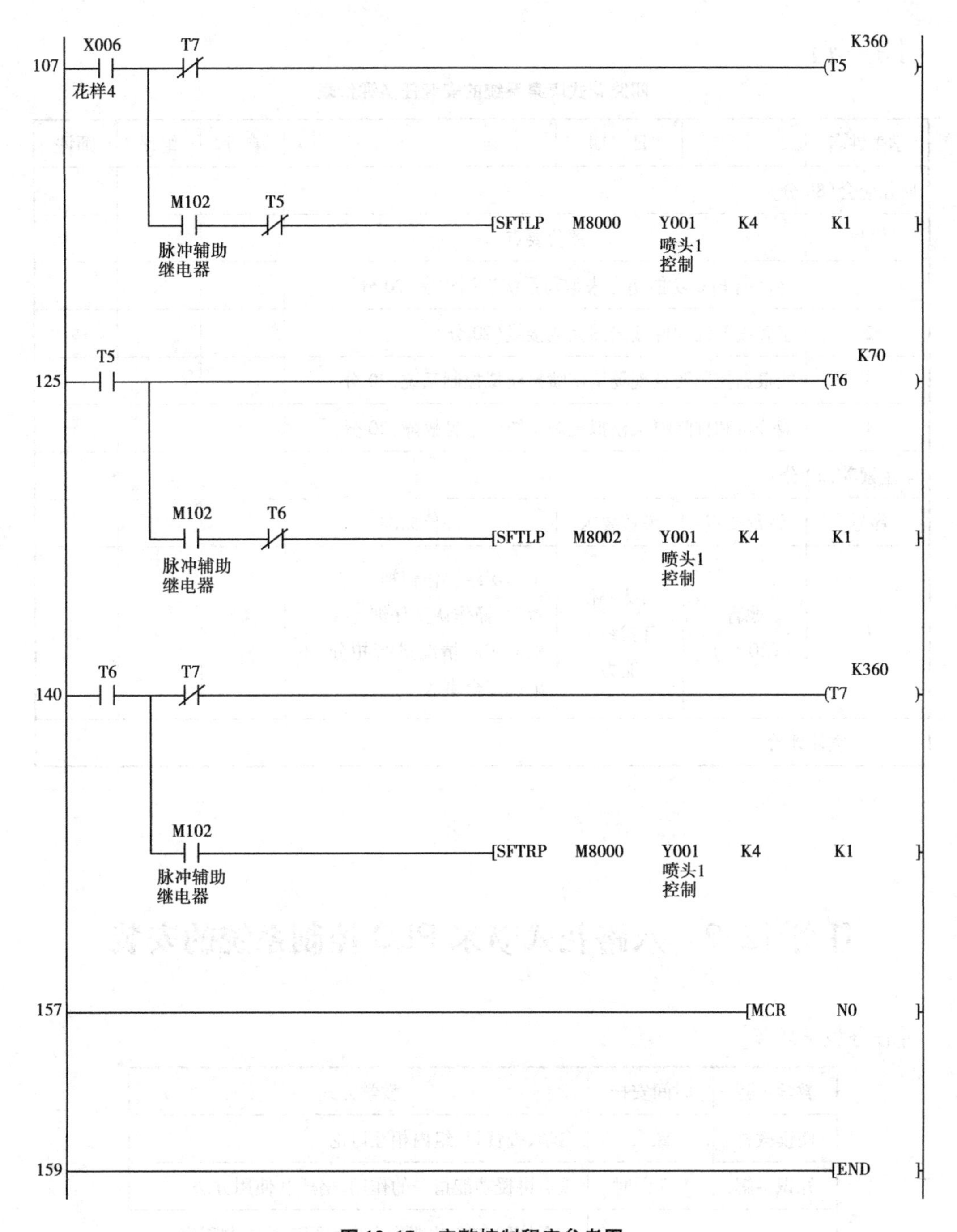

图 12.17　完整控制程序参考图

(4)实训注意事项

①严格遵守安全用电操作规程。

②保护好现场设备和仪表。

【议一议】

你能用基本指令编写出四路花式喷泉系统的控制程序吗?

【评一评】

四路花式喷泉系统的安装任务评价表

学生姓名		日　期		自评	组评	师评
应知应会(80分)						
序号	评价要点					
1	会使用PLC功能指令来编写系统控制程序(20分)					
2	正确按系统硬件接线图完成接线(20分)					
3	能根据控制要点现场调试喷泉模拟控制系统(20分)					
4	能分析和排除喷泉模拟控制系统的常见故障(20分)					
学生素养(20分)						
序号	评价要点	考核要求	评价标准			
1	德育 (20分)	团队协作 自我约束 能力	小组团结协作精神 考勤,操作认真仔细 根据实际情况进行扣分,不出现安全事故			
整体评价						

任务12.2　八路花式喷泉PLC控制系统的安装

【任务教学环节】

教学步骤	时间安排	教学方式
阅读教材	课余	自学、查资料、组内相互讨论
知识讲解	1.5课时	重点讲授功能指令的作用、格式和使用方法
实训操作	4.5课时	1.会使用PLC功能指令来编写系统控制程序 2.会安装和调试八路花式喷泉模拟控制系统

【任务描述】

喷泉象征力量、智慧、富有动感和生气,是一种流动的建筑和艺术。它能给人们带来清新的生活环境,因此也赢得了人们广泛喜爱。前面介绍了四路花式喷泉,但随着人民生活水

平的不断提高,旧城改造和新城建设日新月异,对喷泉的控制要求也渐趋复杂。因此,学习复杂多变的喷泉系统的安装与调试也就成了一种必然。现以八路花式喷泉系统的制作为例,应掌握此类型PLC控制系统的安装和调试知识。

【任务分析】

要组建的八路花式喷泉PLC控制系统的具体工作要求如下:

通电后,按下启动按钮,喷泉系统进入待机状态。按下停止按钮,系统停止工作。

花样1:选择开关X0接通,花式喷泉按喷头依顺序逐个从左到右单个点喷工作。

花样2:选择开关X1接通,花式喷泉按喷头顺序逐个从左到右逐个递增连喷工作。

花样3:选择开关X2接通,花式喷泉按喷头顺序偶数逐个从左到右点喷工作。

花样4:选择开关X3接通,花式喷泉按喷头顺序单数逐个从左到右点喷工作。

花样5:选择开关X4接通,花式喷泉喷头按全喷全停方式工作。

【任务相关知识】

要想方便、快捷地实现上述控制功能,可采用功能指令来编制相关程序。

知识12.2.1　子程序调用与子程序返回指令

子程序调用指令CALL的编号为FNC01,操作数为P0—P127,此指令占用3个程序步。子程序返回指令SRET的编号为FNC02,无操作数,占用一个程序步。

如图12.18所示,如果X0接通,则转到标号P10处去执行子程序。当执行SRET指令时,返回到CALL指令的下一步执行。

使用子程序调用与返回指令时应注意以下两点:

①转移标号不能重复,也不可与跳转指令的标号重复。

②子程序可以嵌套调用,最多可5级嵌套。

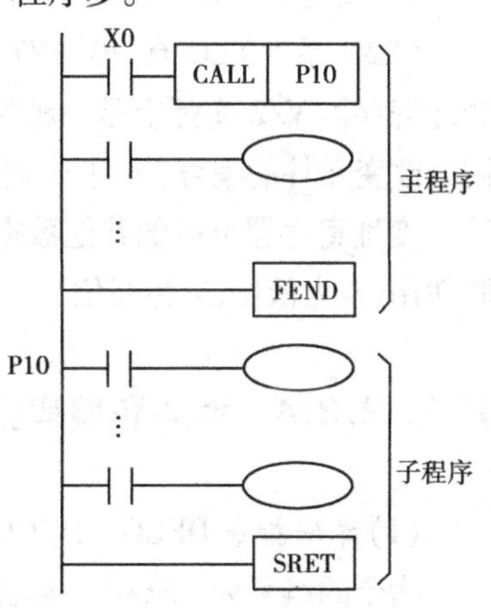

图12.18　子程序调用与返回指令的使用

知识12.2.2　主程序结束指令FEND

主程序结束指令FEND的编号为FNC06,无操作数,占用一个程序步。FEND表示主程序结束,当执行到FEND时,PLC进行输入/输出处理,监视定时器刷新,完成后返回起始步。

使用FEND指令时应注意以下两点:

①子程序和中断服务程序应放在FEND之后。

②子程序和中断服务程序必须写在FEND和END之间,否则出错。

知识 12.2.3 数据寄存器(D)

PLC 在进行输入输出处理、模拟量控制、位置控制时,需要许多数据寄存器存储数据和参数。数据寄存器为 16 位,最高位为符号位。可用两个数据寄存器来存储 32 位数据,最高位仍为符号位。数据寄存器有以下几种类型:

(1)通用数据寄存器(D0—D199)

通用数据寄存器共 200 点。当 M8033 为 ON 时,D0—D199 有断电保护功能;当 M8033 为 OFF 时则它们无断电保护,这种情况 PLC 由 RUN→STOP 或停电时,数据全部清零。

(2)断电保持数据寄存器(D200—D7999)

断电保持数据寄存器共 7800 点,其中,D200—D511(共 12 点)有断电保持功能,可以利用外部设备的参数设定改变通用数据寄存器与有断电保持功能数据寄存器的分配;D490—D509 供通信用;D512—D7999 的断电保持功能不能用软件改变,但可用指令清除它们的内容。根据参数设定可以将 D1000 以上作为文件寄存器。

(3)特殊数据寄存器(D8000—D8255)

特殊数据寄存器共 256 点。特殊数据寄存器的作用是用来监控 PLC 的运行状态,如扫描时间、电池电压等。未加定义的特殊数据寄存器,用户不能使用。具体可参见用户手册。

(4)变址寄存器(V/Z)

FX2N 系列 PLC 有 V0—V7 和 Z0—Z7 共 16 个变址寄存器,它们都是 16 位的寄存器。变址寄存器 V/Z 实际上是一种特殊用途的数据寄存器,其作用相当于微机中的变址寄存器,用于改变元件的编号(变址),例如,V0 = 5,则执行 D20V0 时,被执行的编号为 D25(D20 + 5)。变址寄存器可以像其他数据寄存器一样进行读写,需要进行 32 位操作时,可将 V,Z 串联使用(Z 为低位,V 为高位)。

知识 12.2.4 译码和编码指令

(1)译码指令 DECO　DECO(P)

指令的编号为 FNC41。如图 12.19 所示,n = 3 则表示[S.]源操作数为 3 位,即为 X0,X1,X2。其状态为二进制数,当值为 011 时相当于十进制 3,则由目标操作数 M7—M0 组成的 8 位二进制数的第三位 M3 被置 1,其余各位为 0。如果为 000 则 M0 被置 1。用译码指令可通过[D.]中的数值来控制元件的 ON/OFF。

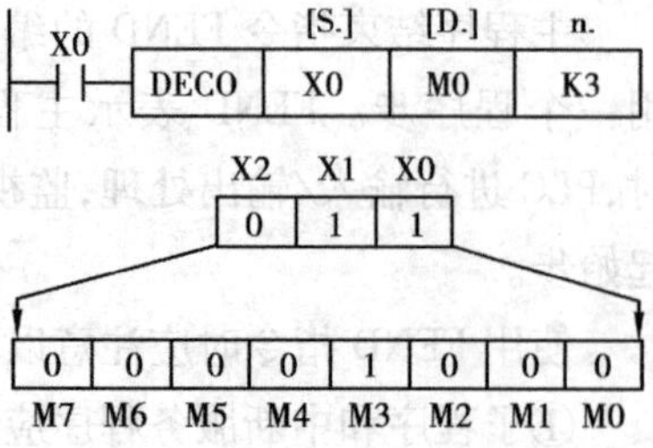

图 12.19　译码指令的使用

使用译码指令时应注意以下两点:

①位源操作数可取 X,T,M 和 S,位目标操作数可取 Y,M 和 S,字源操作数可取 K,H,T,C,D,V 和 Z,字目标操作数可取 T,C 和 D。

②若[D.]指定的目标元件是字元件 T,C,D,则 n≤4;若是位元件 Y,M,S,则 n=1～8。译码指令为 16 位指令,占 7 个程序步。

(2)编码指令 ENCO　ENCO(P)

指令的编号为 FNC42。如图 12.20 所示,当 X1 有效时执行编码指令,将[S.]中最高位的 1(M3)所在位数(4)放入目标元件 D10 中,即把 011 放入 D10 的低 3 位。

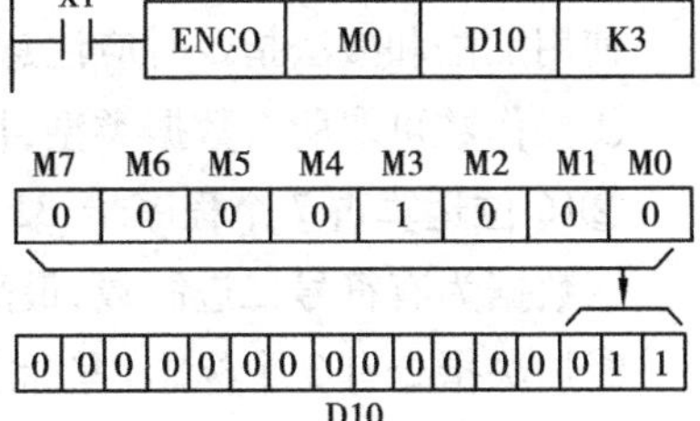

图 12.20　编码指令的使用

使用编码指令时应注意以下 3 点:

①源操作数是字元件时,可以是 T,C,D,V 和 Z;源操作数是位元件时,可以是 X,Y,M 和 S。目标元件可取 T,C,D,V 和 Z。编码指令为 16 位指令,占 7 个程序步。

②操作数为字元件时应使用 n≤4,为位元件时则 n=1～8,n=0 时不作处理。

③若指定源操作数中有多个 1,则只有最高位的 1 有效。

知识 12.2.5　加 1 和减 1 指令

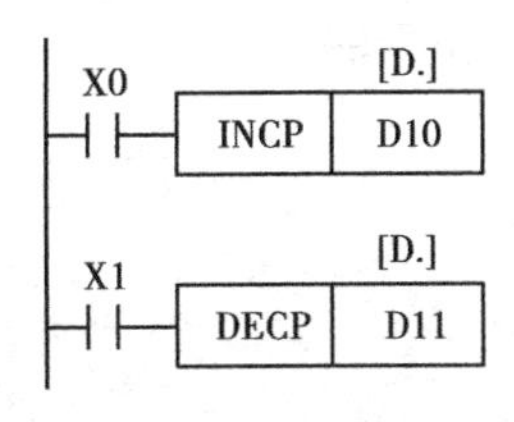

图 12.21　加 1 和减 1 指令的使用

加 1 指令(D) INC (P)的编号为 FNC24;减 1 指令 (D) DEC (P)的编号为 FNC25。INC 和 DEC 指令分别是当条件满足则将指定元件的内容加 1 或减 1。如图 12.21 所示,当 X0 为 ON 时,(D10)+1→(D10);当 X1 为 ON 时,(D11)+1→(D11)。若指令是连续指令,则每个扫描周期均做一次加 1 或减 1 运算。

使用加 1 和减 1 指令时应注意以下 4 点:

①指令的操作数可为 KnY,KnM,KnS,T,C,D,V,Z。

②当进行 16 位操作时为 3 个程序步,32 位操作时为 5 个程序步。

③在 INC 运算时,如数据为 16 位,则由 +32767 再加 1 变为 -32768,但标志不置位;同样,32 位运算由 +2147483647 再加 1 就变为 -2147483648 时,标志也不置位。

④在 DEC 运算时,16 位运算 -32768 减 1 变为 +32767,且标志不置位;32 位运算由 -2147483648 减 1 变为 =2147483647,标志也不置位。

知识 12.2.6　算术运算指令 ADD,SUB,MUL,DIV

(1)加法指令 ADD　(D)ADD(P)

指令的编号为 FNC20。它是将指定的源元件中的二进制数相加结果送到指定的目标元件中去。如图 12.22 所示,当 X0 为 ON 时,执行(D10)+(D12)→(D14)。

(2)减法指令 SUB　(D)SUB(P)

指令的编号为 FNC21。它是将[S1.]指定元件中的内容以二进制形式减去[S2.]指定元件的内容,其结果存入由[D.]指定的元件中。如图 12.23 所示,当 X0 为 ON 时,执行(D10) - (D12)→(D14)。

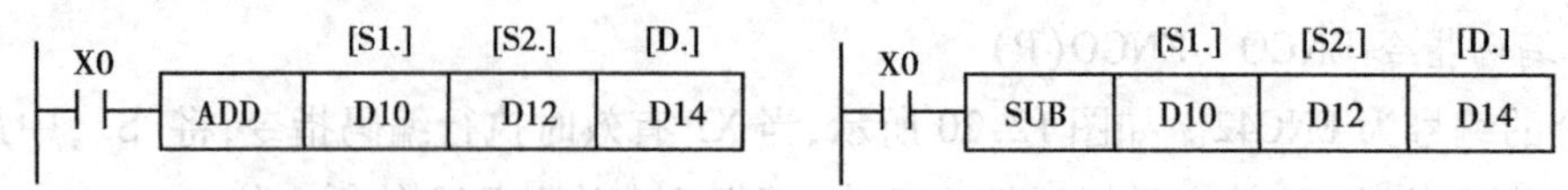

图 12.22 加法指令的使用　　　图 12.23 减法指令的使用

使用加法和减法指令时应注意以下 4 点:

①操作数可取所有数据类型,目标操作数可取 KnY,KnM,KnS,T,C,D,V 和 Z。

②16 位运算占 7 个程序步,32 位运算点 13 个程序步。

③数据为有符号二进制数,最高位为符号位(0 为正,1 为负)。

④加法指令有 3 个标志:零标志(M8020)、借位标志(M8021)和进位标志(M8022)。当运算结果超过 32767(16 位运算)或 2147483647(32 位运算)则进位标志置 1;当运算结果小于 -32767(16 位运算)或 -2147483647(32 位运算),借位标志就会置 1。

(3)乘法指令 MUL　(D)MUL(P)

指令的编号为 FNC22。数据均为有符号数。如图 12.24 所示,当 X0 为 ON 时,将二进制 16 位数[S1.],[S2.]相乘,结果送[D.]中。D 为 32 位,即(D0)×(D2)→(D5,D4)(16 位乘法);当 X1 为 ON 时,(D1,D0)×(D3,D2)→(D7,D6,D5,D4)(32 位乘法)。

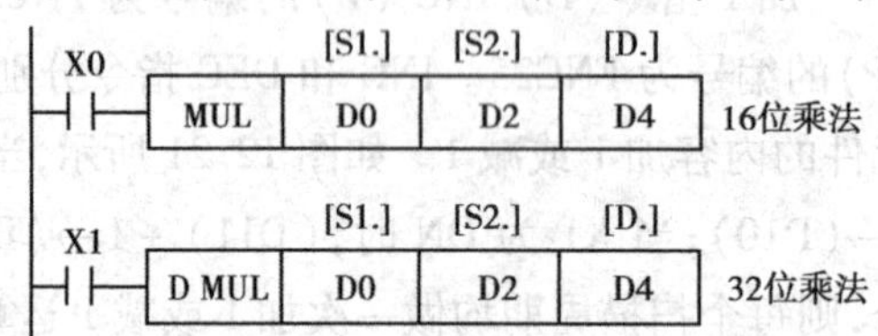

图 12.24 乘法指令的使用

(4)除法指令 DIV　(D)DIV(P)

指令的编号为 FNC23。其功能是将[S1.]指定为被除数,[S2.]指定为除数,将除得的结果送到[D.]指定的目标元件中,余数送到[D.]的下一个元件中。如图 12.25 所示,当 X0 为 ON 时(D0)÷(D2)→(D4)商,(D5)余数(16 位除法);当 X1 为 ON 时(D1,D0)÷(D3,D2)→(D5,D4)商,(D7,D6)余数(32 位除法)。

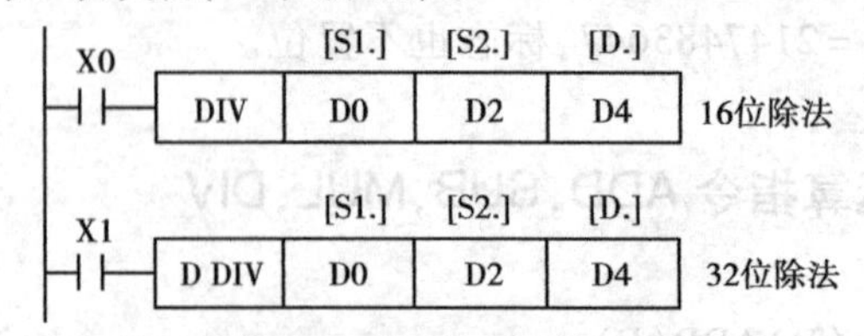

图 12.25 除法指令的使用

使用乘法和除法指令时应注意以下 4 点:

①源操作数可取所有数据类型,目标操作数可取 KnY,KnM,KnS,T,C,D,V 和 Z,要注意 Z 只有 16 位乘法时能用,32 位不可用。

②16位运算占7个程序步，32位运算占13个程序步。

③32位乘法运算中，如用位元件作目标，则只能得到乘积的低32位，高32位将丢失，这种情况下应先将数据移入字元件再运算；除法运算中将位元件指定为[D.]，则无法得到余数，除数为0时发生运算错误。

④积、商和余数的最高位为符号位。

【做一做】

实训12.2.1　八路花式喷泉系统模拟系统的安装调试

(1)实训目的

①进一步认识PLC功能指令的作用、格式和使用方法。

②会在YL-235A实训台上安装八路花式喷泉系统模拟系统。

(2)实训器件

①个人计算机PC。

②三菱FX2N-48MR可编程序控制器。

③亚龙YL-235A按钮及指示灯模块、电源模块。

④亚龙YL-235A警示灯组件。

⑤RS-232数据通信线。

⑥连接线若干。

(3)实训方法及步骤

①熟悉工作任务及I/O口地址分配，I/O口地址分配表见表12.2。

表12.2　I/O口地址分配表

PLC控制器I/O分配表					
输　入			输　出		
X000	QS0	花样1选择开关	Y000	HL1	模拟喷头1指示灯
X001	QS1	花样2选择开关	Y001	HL2	模拟喷头2指示灯
X002	QS2	花样3选择开关	Y002	HL3	模拟喷头3指示灯
X003	QS3	花样4选择开关	Y003	HL4	模拟喷头4指示灯
X004	QS4	花样5选择开关	Y004	HL5	模拟喷头5指示灯
			Y005	HL6	模拟喷头6指示灯
			Y006	红灯	模拟喷头7指示灯
			Y007	绿灯	模拟喷头8指示灯

②绘制出控制系统硬件接线图,按图 12.26 所示完成系统硬件接线。

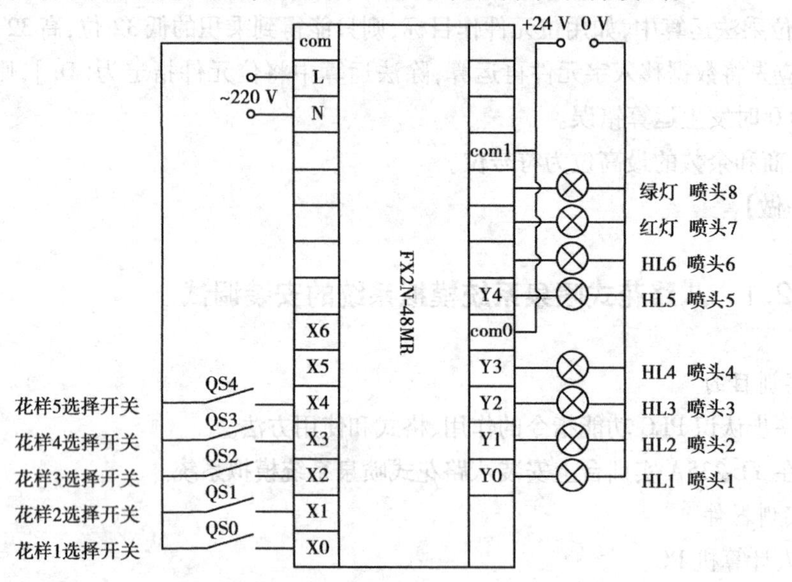

图 12.26 八路喷泉控制系统硬件接线图

③编写控制系统程序并传送到 PLC。

A. 八路花式喷泉控制主程序(见图 12.27)

先选择好花样工作方式,然后接通系统电源开关,喷水装置即开始工作。

B. 花样 1 控制程序(见图 12.28)

接通 X000,8 个喷头按正序 1,2,3,…,8 依次单个点喷方式工作。工作一个周期后继续循环。

C. 花样 2 控制程序(见图 12.29)

接通 X001,8 个喷头按正序 1,12,123,…,12345678 依次连续喷水方式工作。工作一个周期后继续循环。

D. 花样 3 控制程序(见图 12.30)

接通 X002,8 个喷头按正序 2,4,6,…,8 依次点喷方式工作。工作一个周期后继续循环。

E. 花样 4 控制程序(见图 12.31)

接通 X003,8 个喷头按正序 1,3,5,…,7 依次点喷方式工作。工作一个周期后继续循环。

F. 花样 5 控制程序(见图 12.32)

接通 X004,8 个喷头按全喷全停方式工作。工作一个周期后继续循环。

系统完整控制程序如图 12.33 所示。

图 12.27　喷泉控制主程序图

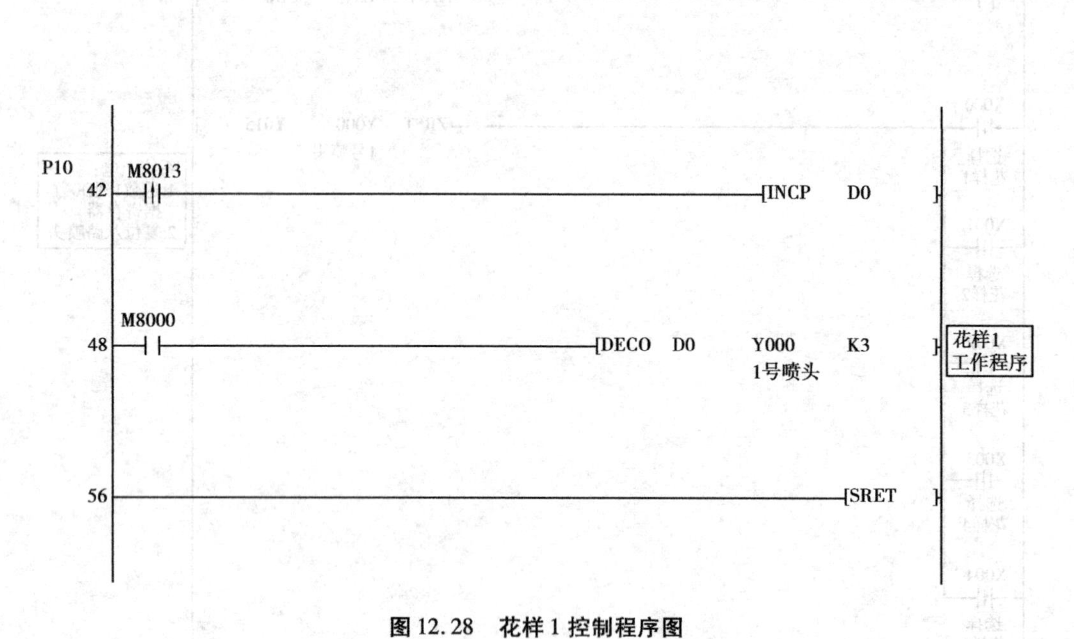

图 12.28　花样 1 控制程序图

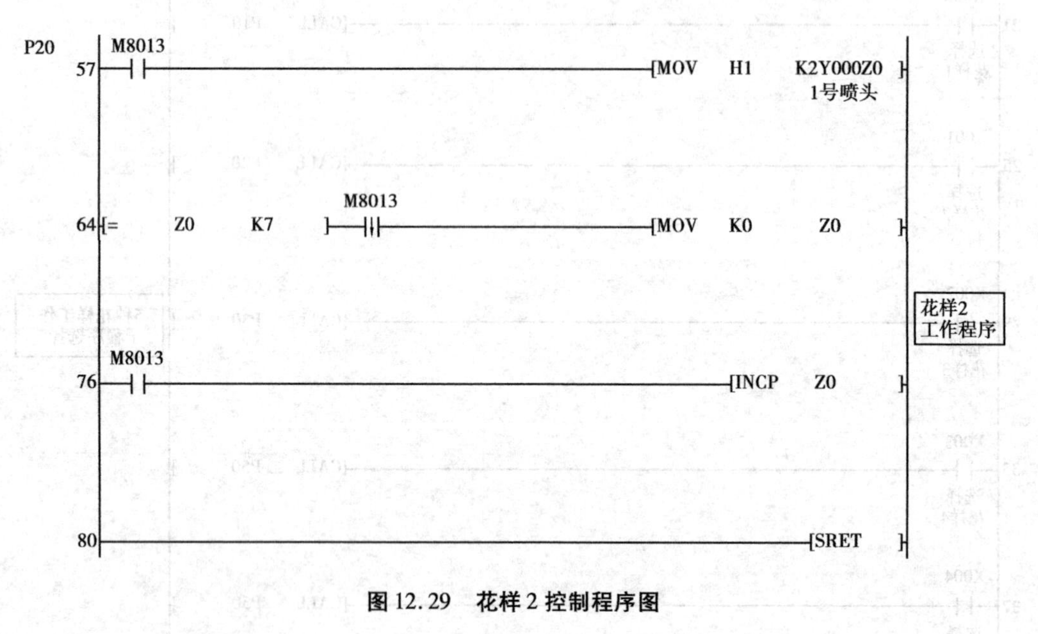

图 12.29　花样 2 控制程序图

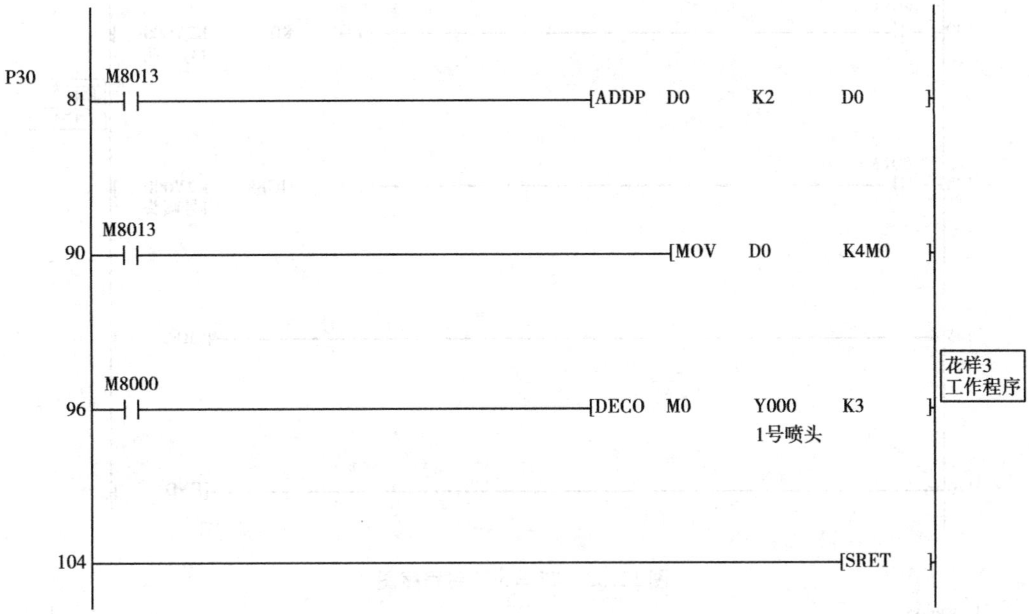

```
P30   M8013
 81 ──┤ ├──────────────────[ADDP  D0   K2    D0  ]

      M8013
 90 ──┤ ├──────────────────[MOV   D0   K4M0      ]

      M8000
 96 ──┤ ├──────────────────[DECO  M0   Y000  K3  ]
                                      1号喷头

104 ───────────────────────[SRET                 ]
```

花样3工作程序

图 12.30　花样3控制程序图

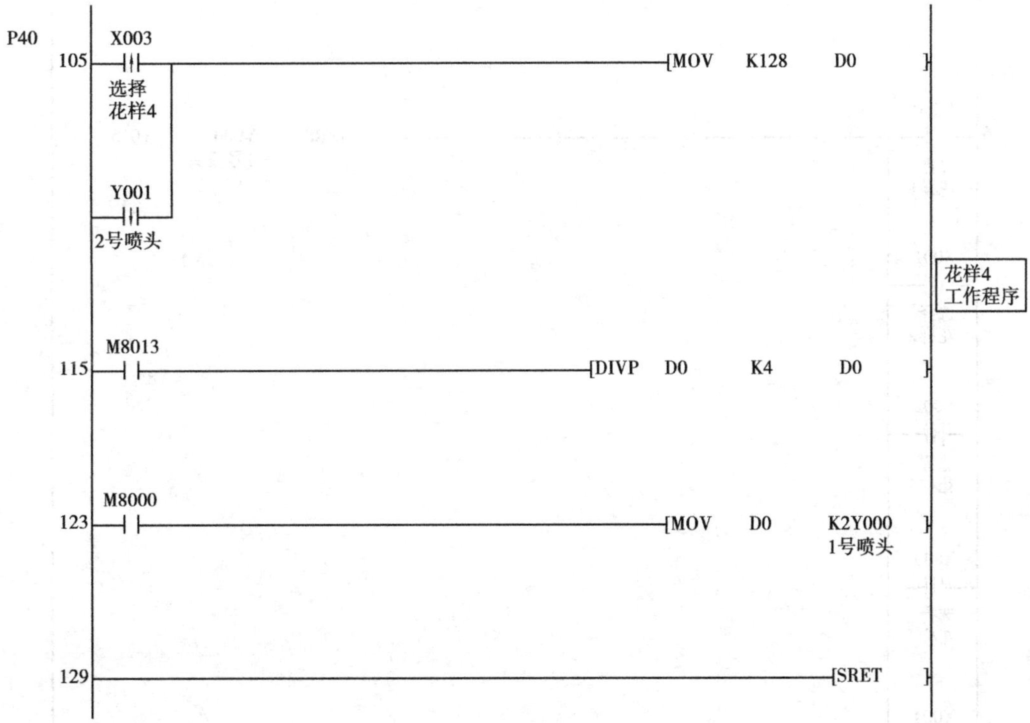

```
P40   X003
105 ──┤↑├──┬───────────────[MOV   K128   D0      ]
      选择   │
      花样4  │
      Y001  │
    ──┤↓├──┘
    2号喷头

      M8013
115 ──┤ ├──────────────────[DIVP  D0   K4    D0  ]

      M8000
123 ──┤ ├──────────────────[MOV   D0   K2Y000    ]
                                       1号喷头

129 ───────────────────────[SRET                 ]
```

花样4工作程序

图 12.31　花样4控制程序图

```
P50    M8013
130 ──┤├──────────────────[MOV   K0     K2Y000 ]
                                        1号喷头      花样5
                                                     工作程序
       M8013
138 ──┤├──────────────────[MOV   HOFF   K2Y000 ]
                                        1号喷头

145 ─────────────────────────────────[SRET    ]

146 ─────────────────────────────────[END     ]
```

图 12.32　花样 5 控制程序图

```
     M8002
0 ───┤├──────────────────[MOV    H1       D0     ]

     X000
6 ───┤↓├──┬──────────────[ZRST   Y000     Y015   ]
     选择  │                      1号喷头
     花样1 │
     X001  │
  ───┤↓├──┤
     选择  │
     花样2 │
     X002  │
  ───┤↓├──┤
     选择  │
     花样3 │
     X003  │
  ───┤↓├──┤
     选择  │
     花样4 │
     X004  │
  ───┤↓├──┘
     选择
     花样5
```

```
       X000
21 ────┤ ├──────────────────────────────────[CALL     P10    ]
       选择花样1

       X001
25 ────┤ ├──────────────────────────────────[CALL     P20    ]
       选择花样2

       X002
29 ────┤ ├──────────────────────────────────[CALL     P30    ]
       选择花样3

       X003
33 ────┤ ├──────────────────────────────────[CALL     P50    ]
       选择花样4

       X004
37 ────┤ ├──────────────────────────────────[CALL     P50    ]
       选择花样5

41 ─────────────────────────────────────────────[FEND        ]

       M8013
P10 42 ─┤↑├─────────────────────────────────[INCP     D0     ]

       M8000
48 ────┤ ├─────────────────────[DECO    D0     Y000     K3   ]
                                              1号喷头

56 ─────────────────────────────────────────────[SRET        ]
```

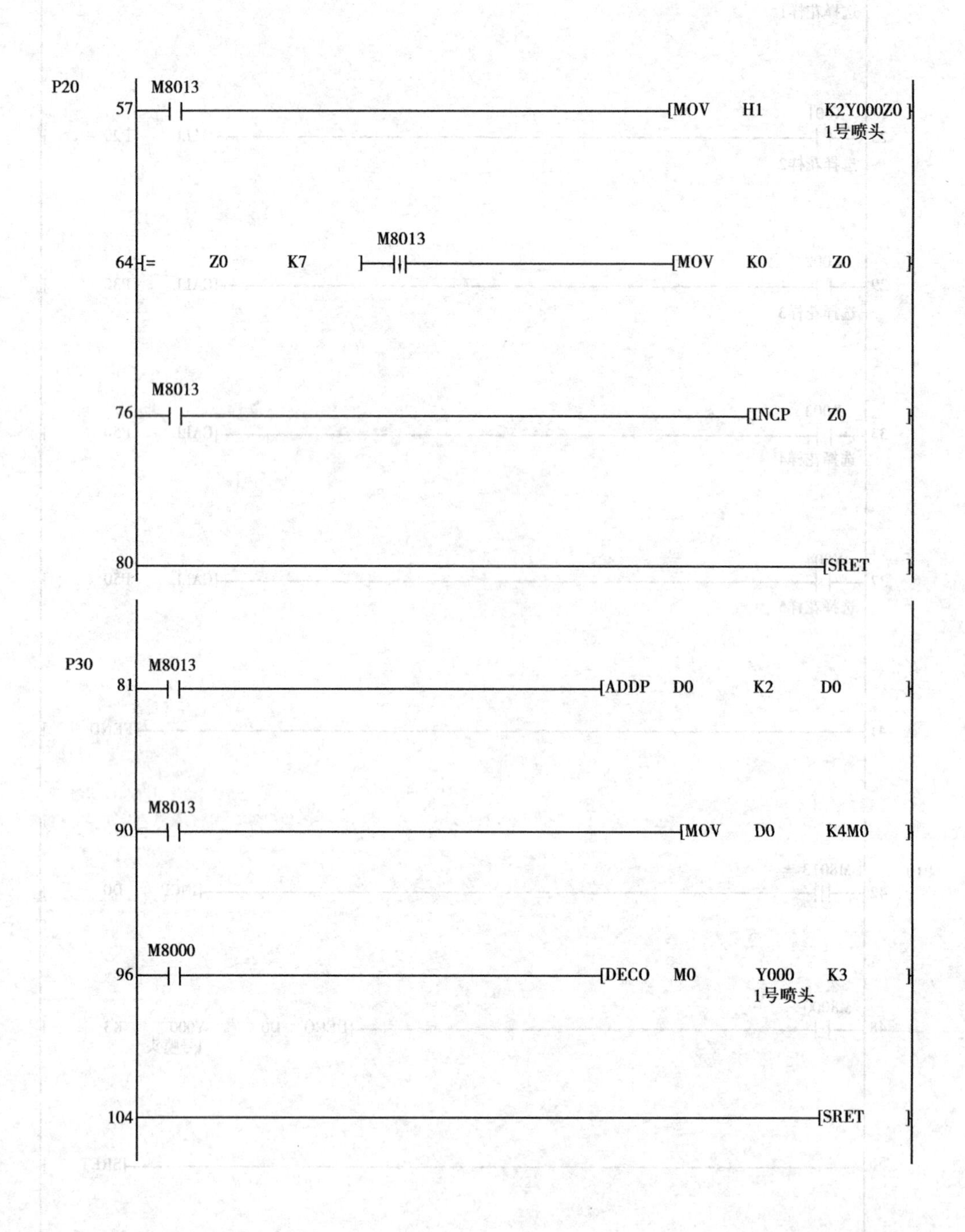
P20
M8013
57
MOV H1 K2Y000Z0
1号喷头
64
= Z0 K7
M8013
MOV K0 Z0
M8013
76
INCP Z0
80
SRET
P30
M8013
81
ADDP D0 K2 D0
M8013
90
MOV D0 K4M0
M8000
96
DECO M0 Y000 K3
1号喷头
104
SRET

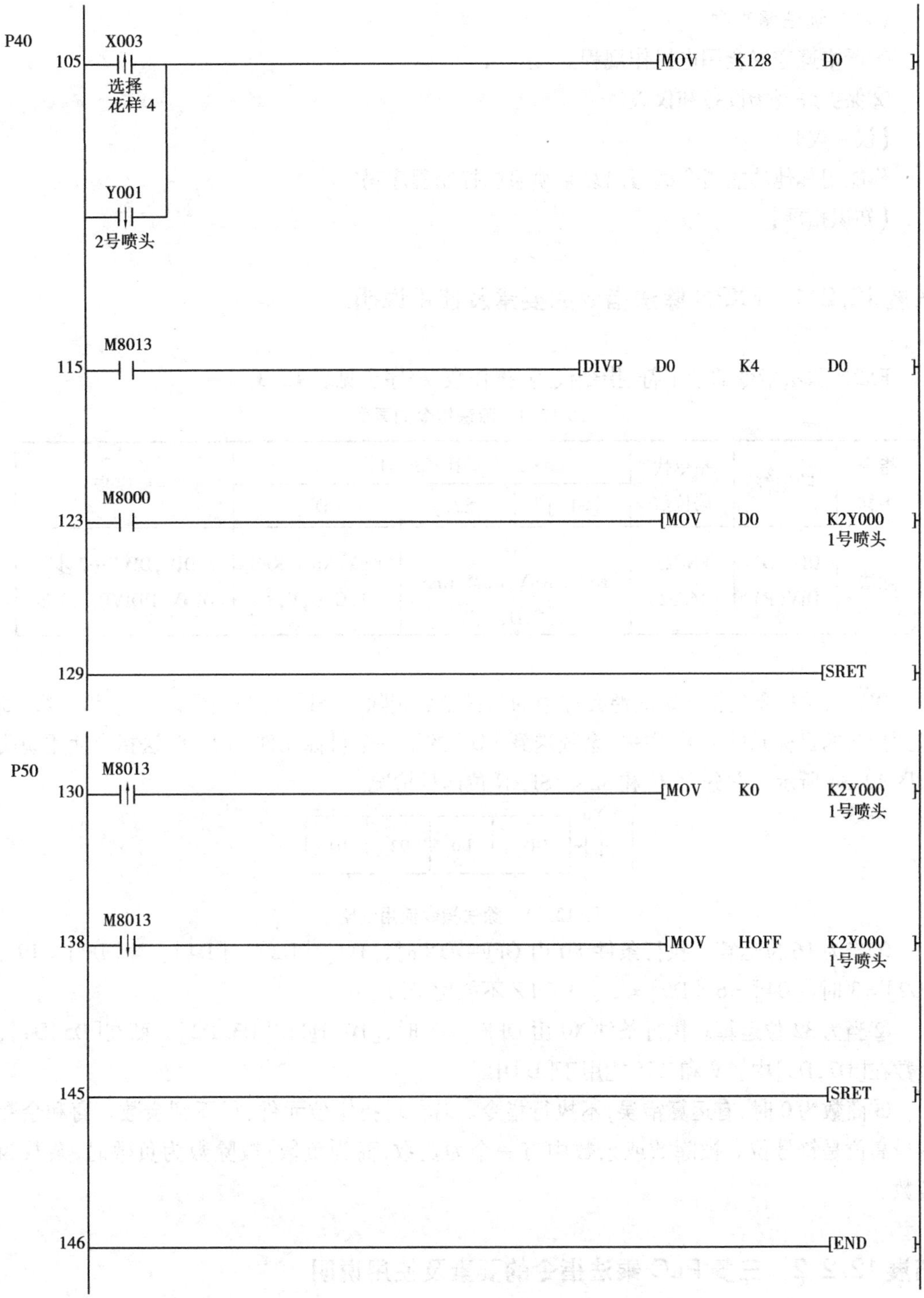

```
P40      X003
105 ────┤↑├──────────────────────────[MOV    K128    D0     ]
        选择
        花样 4
         Y001
    ────┤↓├
        2号喷头

         M8013
115 ────┤ ├──────────────────────────[DIVP   D0    K4     D0 ]

         M8000
123 ────┤ ├──────────────────────────[MOV    D0      K2Y000 ]
                                                      1号喷头

129 ─────────────────────────────────[SRET                  ]

P50      M8013
130 ────┤↑├──────────────────────────[MOV    K0      K2Y000 ]
                                                      1号喷头
         M8013
138 ────┤↓├──────────────────────────[MOV    HOFF    K2Y000 ]
                                                      1号喷头

145 ─────────────────────────────────[SRET                  ]

146 ─────────────────────────────────[END                   ]
```

图 12.33　完整控制程序图

④自检。

⑤检查无误后通电调试。

(4)实训注意事项

①严格遵守安全用电操作规程。

②保护好现场设备和仪表。

【议一议】

你能用其他功能指令编写出复杂喷泉的控制程序吗?

【知识拓展】

拓展12.2.1 FX2N除法指令的要素及使用说明

FX2N除法指令的助记符、指令代码、操作数、程序步见表12.3。

表12.3 除法指令的要素

指令名称	助记符	指令代码位数	操作数范围			程序步
			[S1.]	[S2.]	[D.]	
除法	DIV(O) DIV(P)	FNC23 (16/32)	K,H KnX, KnY,KnM,KnS T,C,D,V,Z		KnY,KnM,KnS T,C,D,V,Z	DIV,DIVP…7步 DDIV,DDIVP…13步

DIV除法指令是将指定的源元件中的二进制数相除,[S1]为被除数,[S2]为除数,商送到指定的目标元件[D]中去,余数送到[D]的下一个目标元件。DIV除法指令使用说明如图12.34所示。它分16位和32 </SPAN位两种情况。

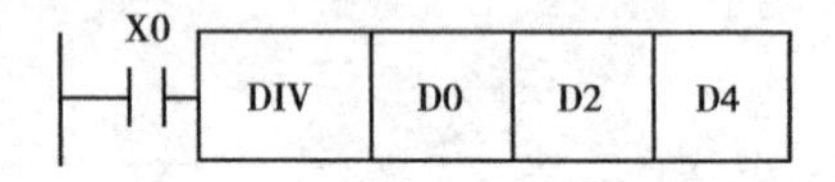

图12.34 除法指令使用说明

①当为16位运算。执行条件X0由OFF→ON时,[D0]/[D2]→[D4]。当[D0]=19,[D2]=3时,[D4]=6,[D5]=1。V和Z不能用于[D]中。

②当为32位运算。执行条件X0由OFF→ON时,[D1,D0]/[D3、D2]。商在[D5,D4],余数在[D7,D6]中。V和Z不能用于[D]中。

③商数为0时,有运算错误,不执行指令。若[D]指定位元件,得不到余数。商和余数的最高位是符号位。被除数或余数中有一个为负数,商为负数;被除数为负数时,余数为负数。

拓展12.2.2 三菱PLC乘法指令的要素及使用说明

三菱PLC乘法指令的助记符、指令代码、操作数、程序步见表12.4。

表 12.4 除法指令的要素

指令名称	助记符	指令代码位数	操作数范围			程序步
			[S1.]	[S2.]	[D.]	
除法	MUL(D) MUL(P)	FNC22 (16/32)	K,H KnX,KnY,KnM,KnS T,C,D,V,Z		KnY,KnM,KnS T,C,D,V,Z	MUL,MULP…7 步 DMUL,DMULP…13 步

MUL 乘法指令是将指定的源元件中的二进制数相乘,结果送到指定的目标元件中去。MUL 乘法指令使用说明如图 12.35 所示。它分 16 位和 32 位两种情况。

①当为 16 位运算,执行条件 X0 由 OFF→ON 时,[D0]×[D2]→[D5,D4]。源操作数是 16 位,目标操作数是 32 位。当[D0]=8,[D2]=9 时,[D5,D4]=72。最高位为符号位,0 为正,1 为负。

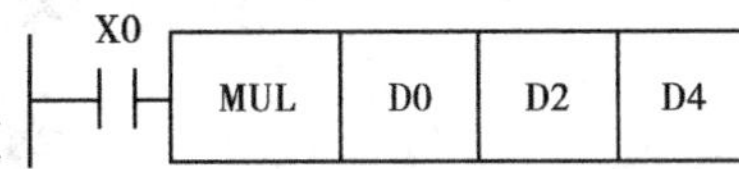

图 12.35 乘法指令使用说明

②当为 32 位运算,执行条件 X0 由 OFF→ON 时,[D1,D0]×[D3, D2]→[D7,D6,D5,D4]。源操作数是 32 位,目标操作数是 64 位。当[D1,D0]=238,[D3,D2]=189 时,[D7,D6,D5,D4]=44 982。最高位为符号位,0 为正,1 为负。

如将位组合元件用于目标操作数时,限于 K 的取值,只能得到低位 32 位的结果,不能得到高位 32 位的结果。这时,应将数据移入字元件再进行计算。

用字元件时,也不可能监视 64 位数据,只能通过监视高位 32 位和低 32 位。V,Z 不能用于[D]目标元件。

【评一评】

八路花式喷泉 PLC 控制系统的安装任务评价表

学生姓名		日期		自评	组评	师评
应知应会(80 分)						
序号	评价要点					
1	会使用 PLC 功能指令来编写系统控制程序(20 分)					
2	能正确按系统硬件接线图完成接线(20 分)					
3	能根据控制要点现场调试喷泉模拟控制系统(20 分)					
4	能分析和排除喷泉模拟控制系统的常见故障(20 分)					
学生素养(20 分)						
序号	评价要点	考核要求	评价标准			
1	德育(20 分)	团队协作 自我约束能力	小组团结协作精神 考勤,操作认真仔细 根据实际情况进行扣分,不出现安全事故			
整体评价						

项目 13

运料小车 PLC 控制系统的安装

●项目描述

运料小车是工业送料的主要设备之一，广泛应用于自动生产线、冶金、煤矿、港口、码头等工业控制场合。用 PLC 来搭建此类控制系统，将大大地改善运料小车的工作效率。

●项目目标

知识目标：

●能描述运料小车继电控制线路的结构及原理。

●能正确列举基本指令的功能及使用方法。

●能识读相应的控制系统硬件接线图。

●能列举比较指令和传送指令的作用及使用方法。

●能识读相应的控制系统硬件接线图。

技能目标：

●能用基本指令编写运料小车自动系统控制程序。

●能编写较复杂运料小车自动系统控制程序。

●能按控制系统硬件接线图完成系统的硬件接线。

●能安装和调试运料小车自动控制系统。

任务 13.1　安装简单的运料小车 PLC 控制系统

【任务教学环节】

教学步骤	时间安排	教学方式
阅读教材	课余	自学、查资料、组内相互讨论
知识讲解	2 课时	重点讲解运料小车的结构、工作原理及 PLC 改造方法
实训操作	4 课时	1. 会使用三菱 FX2N-48MR 控制器中定时器 2. 能安装和调试运料小车 PLC 控制系统

【任务描述】

运料小车是工业送料的主要设备之一，广泛应用于自动生产线、冶金、有色金属、煤矿、港口、码头等行业，各工序之间的物品常用有轨小车来转运。小车通常采用电动机驱动，电动机正转小车前进，电动机反转小车后退，运料小车工作示意图如图 13.1 所示。

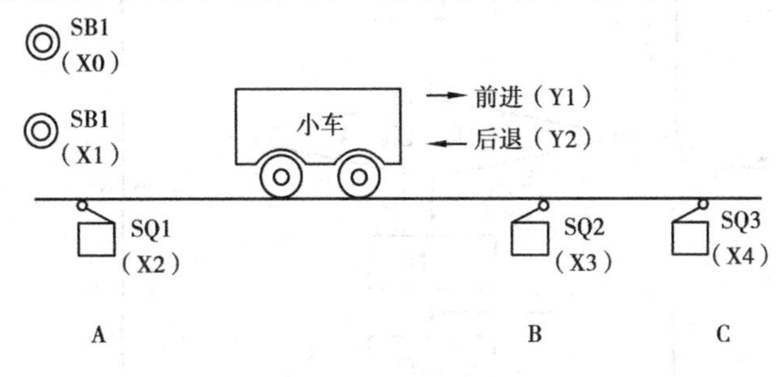

图 13.1　工作示意图

【任务分析】

需要组建的运料小车 PLC 控制系统的具体工作要求如下：

①按下启动按钮 SBl，系统工作，小车若不在原位，控制系统将自行驱动小车回到初始位置 A。

②小车回到从初始位置 A 处后，开始第一次装料，持续时间为 10 s。

③完成装料后小车第一次前进，到达 B 点后停车 8 s 卸料。然后返回 A 点进行第二次装料，持续时间为 10 s。

④完成装料后，小车第二次前进到达 C 点后停车 8 s 卸料，然后返回 A 点，重新装料。

上述过程自动循环，直到按下停止按钮，系统停止工作。

【任务相关知识】

知识13.1.1 运料小车控制PLC改造方案

将PLC应用到运料小车电气控制系统,可实现运料小车的自动化控制,降低系统的运行费用。PLC运料小车电气控制系统具有接线简单,控制速度快,精度高,可靠性和可维护性好,安装、维修方便的优点,系统的主电路可用变频器加以改造,控制电路则用PLC来完成。运料小车控制系统如图13.2所示。

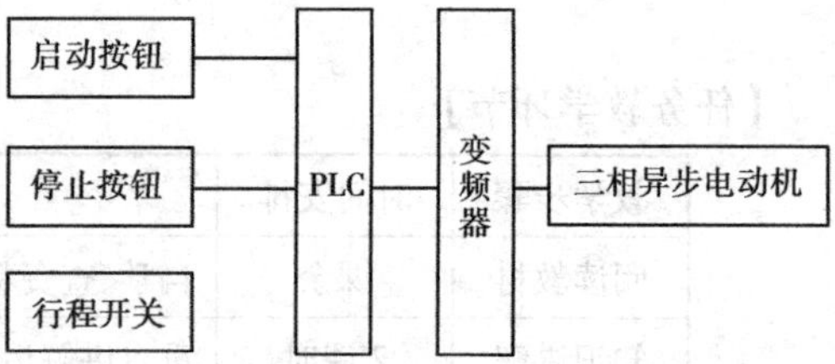

图13.2 运料小车控制系统图

PLC运料小车控制流程图如图13.3所示。

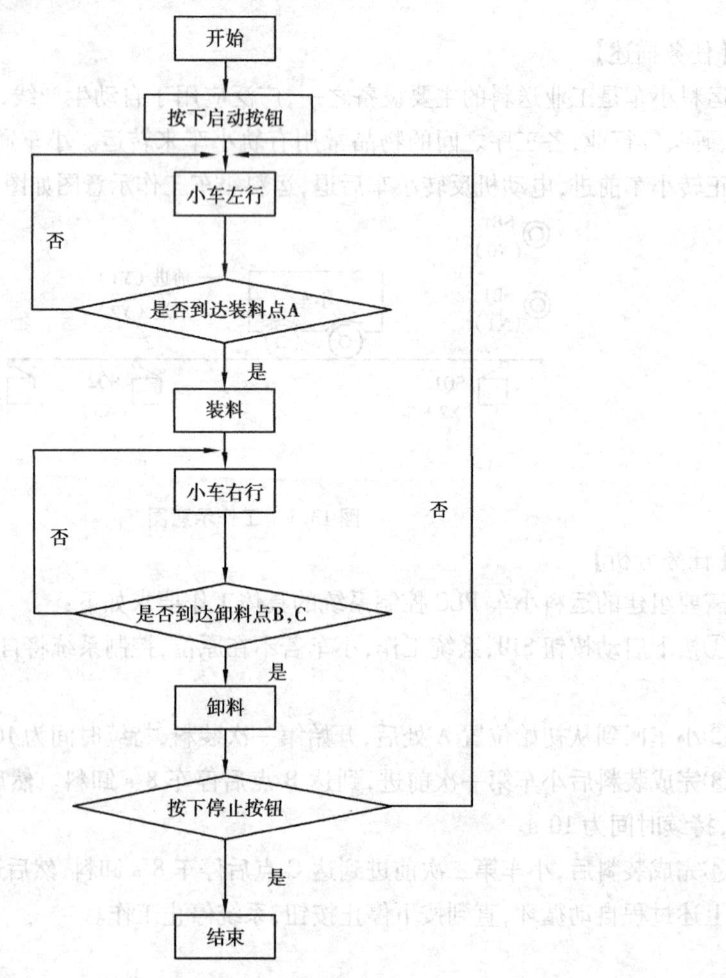

图13.3 PLC应用系统流程图

知识 13.1.2　变频器要设置的常用参数

E540 变频器主要参数见表 13.1。

表 13.1　E540 变频器主要参数

参数	名称	设定范围	出厂设定	用　途
P1	上限频率	0 ~ 120 Hz	120 Hz	设定最大和最小输出频率
P2	下限频率	0 ~ 120 Hz	0 Hz	
P3	高速	0 ~ 400 Hz	50 Hz	3 段速度设定
P4	中速	0 ~ 400 Hz	30 Hz	
P5	低速	0 ~ 400 Hz	10 Hz	
P7	加速时间	0 ~ 3 600 s	5 s	设定加减速时间
P8	减速时间	0 ~ 3 600 s	5 s	
P9	电子过电流保护	0 ~ 500 A	额定输出电流	设定为电动机的额定电流，防止电动机过热或损坏变频器
P77	参数写入或禁止	0,1,2	0	"0"—仅限于 PU 操作模式的停止中可写入 "1"—不可写入参数 "2"—运行时也可写入，与运行模式无关
P79	操作模式选择	0 ~ 4,6 ~ 8	0	"0"—电源投入时为外部操作，可用切换 PU 操作模式和外部操作模式 "1"—PU 操作模式 "2"—与"3"外部/PU 组合操作模式
P80	电动机容量	0.2 ~ 7.5 kW	9 999	可选择通用磁通矢量控制
P82	电动机额定电流	0 ~ 500 A	9 999	当用通用磁通矢量控制时，设定为电动机的额定电流
P83	电动机额定电压	0 ~ 1 000 V	200 V/400 V	设定为电动机的额定电压
P84	电动机额定频率	50 ~ 120 Hz	50 Hz	设定为电动机的额定频率

【做一做】

实训 13.1.1　运料小车控制系统的安装及调试

(1)实训目的

①能认识 PLC 顺控功能指令的作用、格式和使用方法。

②能在 YL-235A 光机电一体化设备上独立安装、调试运料小车模拟控制系统。

(2)实训器件

①个人计算机 PC。

②三菱 FX2N-48MR 可编程序控制器。

③亚龙 YL-235A 按钮及指示灯模块、电源模块。

④亚龙 YL-235A 警示灯组件。

⑤亚龙 YL-235A 变频器组件。

⑥RS-232 数据通信线。

⑦连接线若干。

(3)实训方法及步骤

①熟悉工作任务及 I/O 口地址分配表。这个控制系统的输入有一个启动按钮开关、一个停止按钮开关、3 个行程开关共 5 输入点。系统需要控制的外部设备只有控制小车运动的三相电动机一个。电动机有正转和反转两个状态,分别由 PLC 的 Y1,Y2 输出点控制三菱 E740 变频器来驱动。因此输出点应该有两个。对应的地址分配表见表 13.2。

表 13.2　PLC I/O 分配表

输入信号			输出信号		
名称	代号	输入点编号	名称	代号	输出点编号
启动按钮	SB1	X000	变频器正转	STF	Y000
停止按钮	SB2	X001	变频器反转	STR	Y001
行程开关	SQ1	X002			
行程开关	SQ2	X003			
行程开关	SQ3	X004			

②按图分别完成系统硬件和 PLC 硬件接线。运料小车由一台三相异步电动机拖动,电动机正转,小车向右行,电机反转,小向左行。小车控制系统的输入、输出设备与 PLC 的 I/O 端对应的外部接线图如图 13.4 所示。

③变频器参数设置,需要设置的参数见表 13.3。

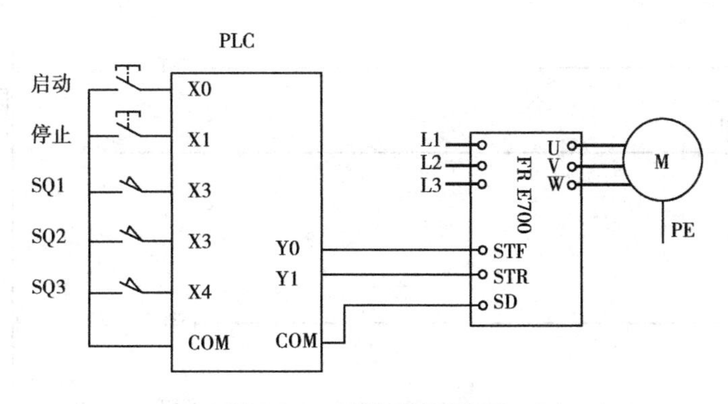

图 13.4　系统硬件接线图

表 13.3　变频器参数设置表

变频器参数号	设定值	备　注
Pr. 79	2	外部信号控制
Pr. 4	50	高速运行
Pr. 5	35	中速运行
Pr. 6	20	低速运行

④编写控制程序并传至 PLC,如图 13.5 所示。

⑤自检。

⑥通电调试并观察运行结果。

【议一议】

工控现场中,为什么常用 PLC 流程图来分析和解决问题?

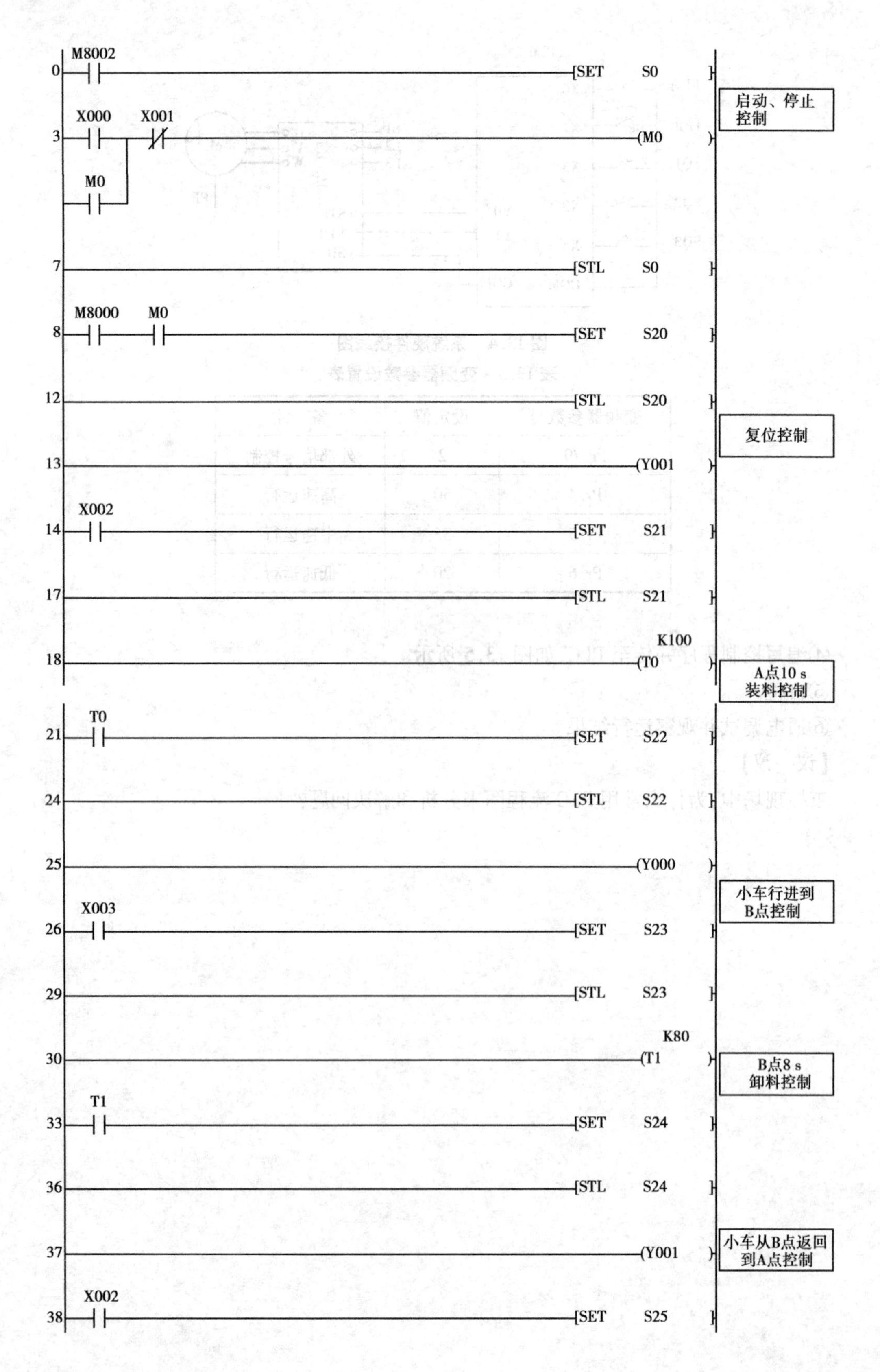
M8002
0
SET S0
启动、停止控制
X000
X001
3
M0
M0
7
STL S0
M8000
M0
8
SET S20
12
STL S20
复位控制
13
Y001
X002
14
SET S21
17
STL S21
K100
18
T0
A点10 s 装料控制
T0
21
SET S22
24
STL S22
25
Y000
小车行进到B点控制
X003
26
SET S23
29
STL S23
K80
30
T1
B点8 s 卸料控制
T1
33
SET S24
36
STL S24
37
Y001
小车从B点返回到A点控制
X002
38
SET S25

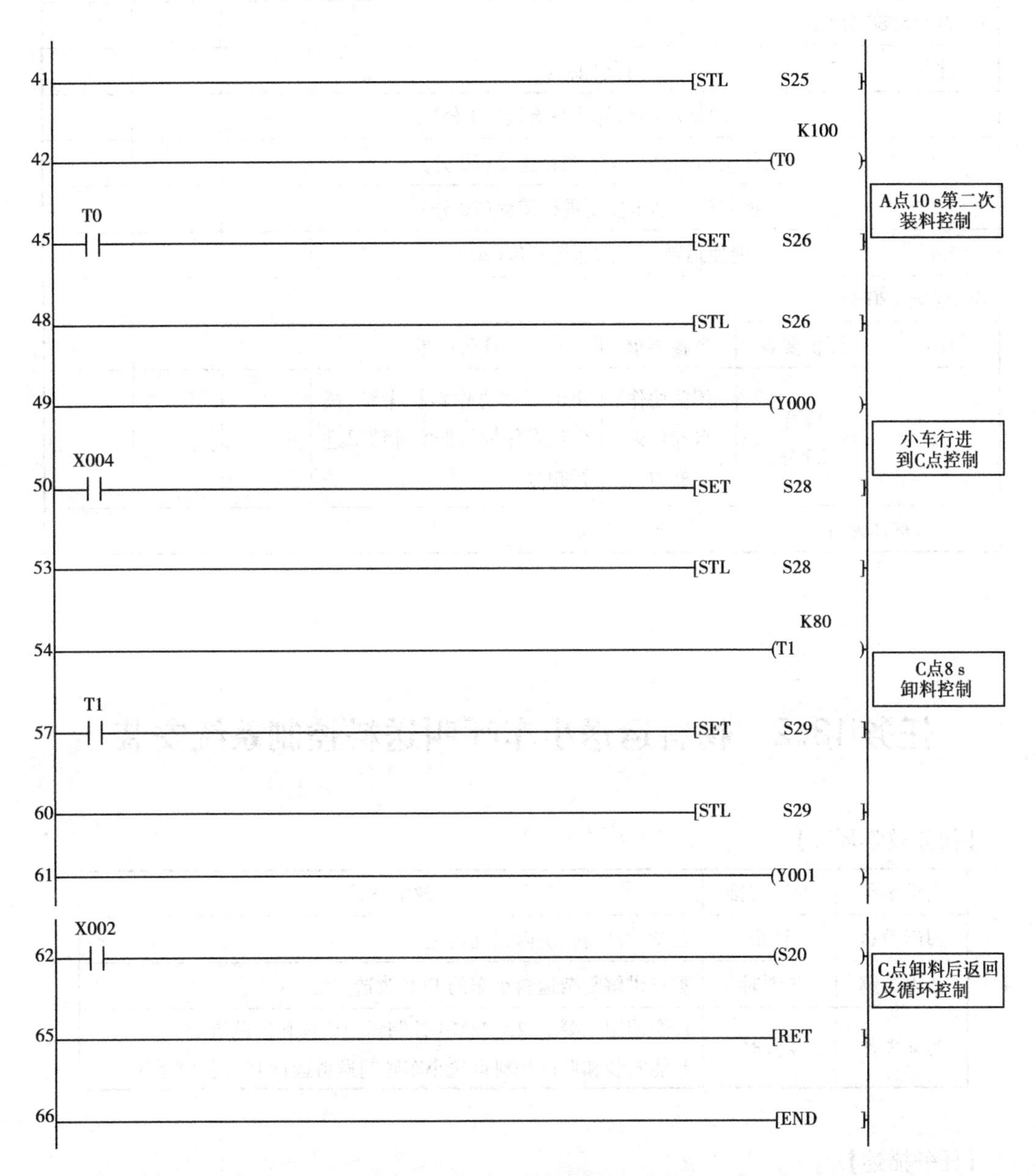

图13.5　运料小车控制程序图

【评一评】

安装简单的运料小车PLC控制系统任务评价表

学生姓名		日　期		自评	组评	师评
应知应会(80分)						
序号	评价要点					
1	知道运料小车的状态流程(20分)					
2	能说出运料小车的线路连接(20分)					
3	能对运料小车控制进行编程(20分)					
4	能使运料小车的运行到位(20分)					
学生素养(20分)						
序号	评价要点	考核要求	评价标准			
1	德育 (20分)	团队协作 自我约束 能力	小组团结协作精神考勤,操作认真仔细根据实际情况进行扣分			
整体评价						

任务13.2　物料运送小车呼叫送料控制系统安装

【任务教学环节】

教学步骤	时间安排	教学方式
阅读教材	课余	自学、查资料、组内相互讨论
知识讲解	2课时	重点讲解复杂运料小车的PLC改造方法
实训操作	4课时	1.会使用三菱FX2N-48MR控制器中比较和传送指令 2.能安装和调试物料运送小车呼叫送料运行PLC控制系统

【任务描述】

在某自动生产线上的运料小车的工作示意图如图13.6所示,运料小车由一台三相异步电动机拖动,电机正转,小车向右行,电机反转,小车向左行。在生产线上有5点编码为1—5的站点供小车停靠,在每个停靠站安装一个行程开关可以监测小车是否到达该站点,对小车的控制除了启动按钮和停止按钮之外,还设有5个呼叫按钮开关(SB1—SB5)分别与5个停靠站相对应。

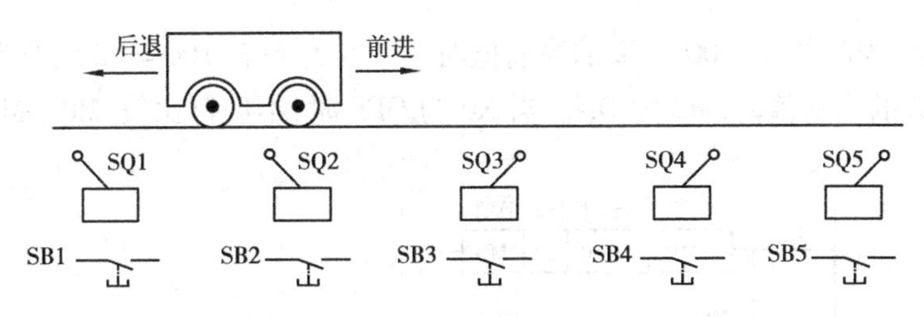

图13.6　工作示意图

【任务分析】

物料运送小车呼叫送料运行控制的要求如下：

①按下启动按钮，系统开始工作，按下停止按钮，系统停止工作。

②当小车当前所处停靠站的编码小于呼叫按钮SB的编码时，小车向右运行到按钮SB所对应的停靠站时停止。

③当小车当前所处停靠站的编码大于呼叫按钮SB的编码时，小车向左运行，运行到按钮SB所对应停靠站时停止。

④当小车当前所处停靠站的编码等于呼叫按钮SB的编码时，小车保持不动。

⑤呼叫按钮开关SB1—SB5应具有互锁功能，先按下者优先。

【任务相关知识】

知识13.2.1　数据传送指令MOV

指令的编号为FNC12，该指令的功能是将源数据传送到指定的目标。如图13.7所示，当X0为ON时，则将[S.]中的数据K100传送到目标操作元件[D.]即D10中。在指令执行时，常数K100会自动转换成二进制数。当X0为OFF时，则指令不执行，数据保持不变。

使用MOV指令时应注意以下两点：

①源操作数可取所有数据类型，目标操作数可以是KnY，KnM，KnS，T，C，D，V，Z。

②16位运算时占5个程序步，32位运算时则占9个程序步。

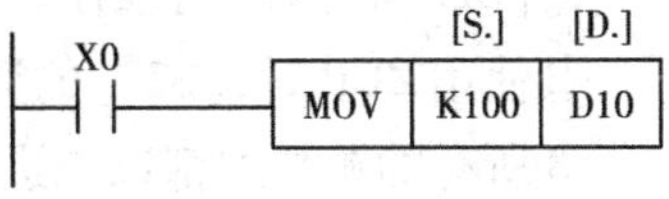

图13.7　传送指令的使用

知识13.2.2　比较指令CMP，ZCP

①比较指令有比较(CMP)、区域比较(ZCP)两种，CMP的指令代码为FNC10，ZCP的指令代码为FNC11，两者待比较的源操作数[S.]均为K，H，KnX，KnY，KnM，KnS，T，C，D，V，Z，其目标操作数[D.]均为Y，M，S。

②CMP指令的功能是将源操作数[S1.]和[S2.]的数据进行比较，结果送到目标操作元件[D.]中。如图13.8所示，当X0为ON时，将十进制数100与计数器C2的当前值比较，比

较结果送到 M0—M2 中,若 100 > C2 的当前值时,M0 为 ON;若 100 = C2 的当前值时,M1 为 ON;若 100 < C2 的当前值时,M2 为 ON。当 X0 为 OFF 时,不进行比较,M0—M2 的状态保持不变。

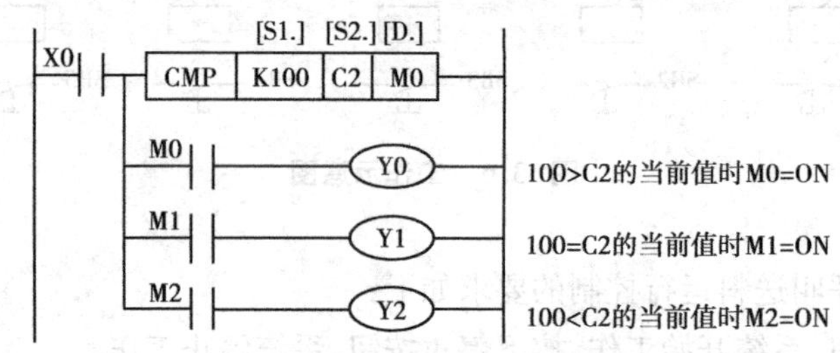

图 13.8 比较指令的使用

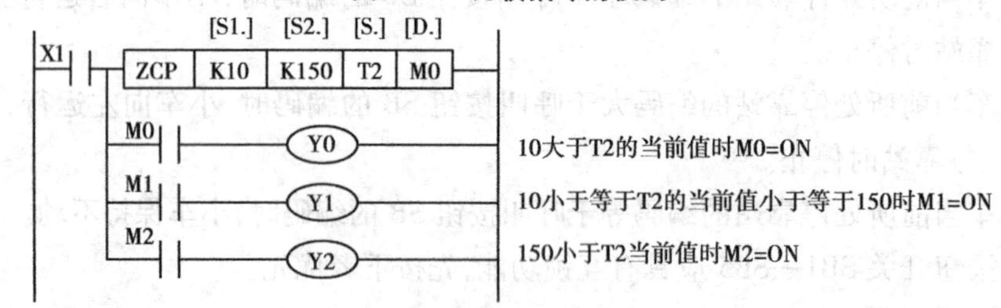

图 13.9 区域比较指令的使用

③ZCP 指令的功能是将一个源操作数[S.]的数值与另两个源操作数[S1.]和[S2.]的数据进行比较,结果送到目标操作元件[D.]中,源数据[S1.]不能大于[S2.]。如图 13.9 所示,当 X1 为 ON 时,执行 ZCP 指令,将 T2 的当前值与 10 和 150 比较,比较结果送到 M0 ~ M2 中,若 10 > T2 的当前值时,M0 为 ON;若 10 ≤ T2 的当前值 ≤ 150 时,M1 为 ON;若 150 < T2 的当前值时,M2 为 ON。当 X1 为 OFF 时,ZCP 指令不执行,M0—M2 的状态保持不变。

使用比较指令 CMP/ZCP 时应注意以下 3 点:

①[S1.],[S2.]可取任意数据格式,目标操作数[D.]可取 Y,M 和 S。

②使用 ZCP 时,[S2.]的数值不能小于[S1.]。

③所有的源数据都以二进制值处理。

知识 13.2.3 串联电路的并联(ORB)

ORB 指令的功能、电路表示等见表 13.4。

表 13.4 ORB 指令的功能

符号、名称	功 能	电路表示及操作元件	程序步
ORB(电路块或) (Or Block)	串联电路的并联连接	操作元件:无	1

ORB 指令是不带操作元件的指令。两个以上的触点串联连接的电路称为串联电路块，将串联电路块并联使用时,用 LD,LDI 指令表示分支开始,用 ORB 指令表示分支结束。如图 12.10 所示给出了 ORB 指令的使用情况。若有多条并联电路时,在每个电路块后使用 ORB 指令,对并联电路数没有限制,但考虑到 LD,LDI 指令只能连续使用 8 次,ORB 指令的使用次数也应限制在 8 次。

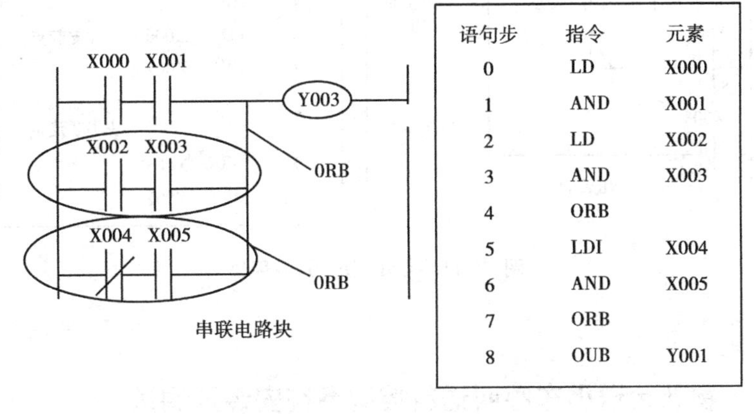

语句步	指令	元素
0	LD	X000
1	AND	X001
2	LD	X002
3	AND	X003
4	ORB	
5	LDI	X004
6	AND	X005
7	ORB	
8	OUB	Y001

图 13.10 ORB 指令的使用

知识 13.2.4 并联电路块的串联(ANB)

ANB 指令的功能、电路表示等见表 13.5。

表 13.5 ANB 指令的功能

符号、名称	功　能	电路表示及操作元件	程序步
ANB(电路块与) (And Block)	并联电路块的串联连接	操作元件:无	1

ANB 指令是不带操作元件编号的指令。两个或两个以上触点并联连接的电路称为并联电路块。当分支电路并联电路块与前面的电路串联连接时,使用 ANB 指令。即分支起点用 LD,LDI 指令,并联电路块结束后使用 ANB 指令,表示与前面的电路串联。ANB 指令原则上可以无限制使用,但受 LD,LDI 指令只能连续使用 8 次影响,ANB 指令的使用次数也应限制在 8 次。如图 13.11 所示为 ANB 指令使用的梯形图实例。

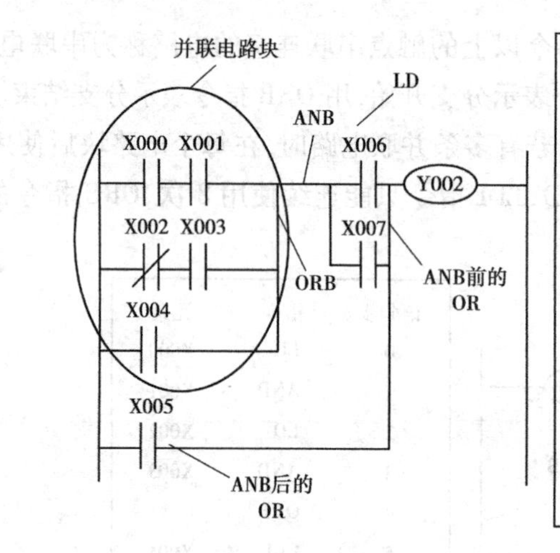

语句步	指令	元素	说明
0	LD	X000	
1	AND	X001	并联连接
2	LD1	X002	
3	AND	X003	
4	ORB		并联块结束
5	OR	X004	
6	LD	X006	分支起点
7	OR	X007	
8	ANB		与前面的电路块串联连接
9	OR	X005	
10	OUT	Y002	

图 13.11　ANB 指令的使用

【做一做】

实训 13.2.1　物料运送小车呼叫送料控制系统安装及调试

(1)实训目的

①能认识 PLC 顺控功能指令的作用、格式和使用方法。

②能在 YL-235 光机电一体化设备上独立安装、调试运料小车模拟控制系统。

(2)实训器件

①个人计算机 PC。

②三菱 FX2N-48MR 可编程序控制器。

③亚龙 YL-235A 按钮及指示灯模块、电源模块。

④亚龙 YL-235A 警示灯组件。

⑤亚龙 YL-235A 变频器组件。

⑥RS-232 数据通信线。

⑦连接线若干。

(3)实训方法及步骤

①熟悉工作任务及 I/O 口地址分配表。该控制系统的输入有启动按钮开关、停止按钮、5 个呼叫按钮开关、5 个行程开关共 12 点输入。系统需要控制的外部设备只有一台三相异步电动机。电动机有正转和反转两个状态，分别由 PLC 的 Y1，Y2 输出点控制三菱 E740 变频器来驱动。因此输出点应该有两个。对应的地址分配表见表 13.6。

表 13.6　PLC I/O 分配表

输入信号			输出信号		
名称	代号	输入点编号	名称	代号	输出点编号
启动按钮	SB1	X000	变频器正转	STF	Y000

续表

输入信号			输出信号		
停止按钮	SB2	X001	变频器反转	STR	Y001
呼叫按钮 1	SB1	X002			
呼叫按钮 2	SB2	X003			
呼叫按钮 3	SB3	X004			
呼叫按钮 4	SB4	X005			
呼叫按钮 5	SB5	X006			
行程开关 1	SQ1	X010			
行程开关 2	SQ2	X011			
行程开关 3	SQ3	X012			
行程开关 4	SQ4	X013			
行程开关 5	SQ5	X014			

②按图分别完成系统硬件和 PLC 硬件接线。运料小车由一台三相异步电动机拖动,电动机正转,小车向右行,电机反转,小向左行。小车控制系统的输入、输出设备与 PLC 的 I/O 端对应的外部接线图如图 13.12 所示。

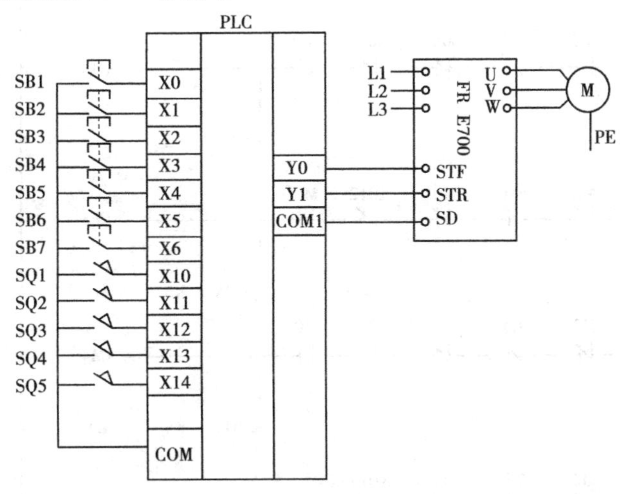

图 13.12　系统硬件接线图

③变频器参数设置,需要设置的参数见表 13.7。

表 13.7　变频器参数设置表

变频器参数号	设定值	备　注
Pr. 79	2	外部信号控制
Pr. 4	50	高速运行
Pr. 5	35	中速运行
Pr. 6	20	低速运行

④编写控制程序并传至 PLC,如图 13.13 所示。

```
0    X000  X001(常闭)                                   (M0)
     M0(并联自锁)
4    X010                                  [MOV  K1  D0]
10   X011                                  [MOV  K2  D0]
16   X012                                  [MOV  K3  D0]
22   X013                                  [MOV  K4  D0]
28   X014                                  [MOV  K5  D0]
34   X002  M2  M3  M4  M5  X010  M0                      (M1)
     M1                                    [MOV  K1  D1]
48   X003  M1  M3  M4  M5  X011  M0                      (M2)
     M2                                    [MOV  K2  D1]
62   X004  M1  M2  M4  M5  X012  M0                      (M3)
     M3                                    [MOV  K3  D1]
76   X005  M1  M2  M3  M5  X013  M0                      (M4)
     M4                                    [MOV  K4  D1]
90   X006  M1  M2  M3  M4  X014  M0                      (M5)
     M5                                    [MOV  K5  D1]
104  M0                                    [CMP  D0  D1  M6]
112  M1  X010  Y001  M6                                  (Y000)
     M2  X011
```

系统启、停控制

将小车的位置信息送入寄存器D0中

将1至5号呼叫信息送入寄存器D1中

将小车的呼叫信息D1与位置信息D0进行比较

小车右行

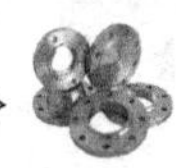

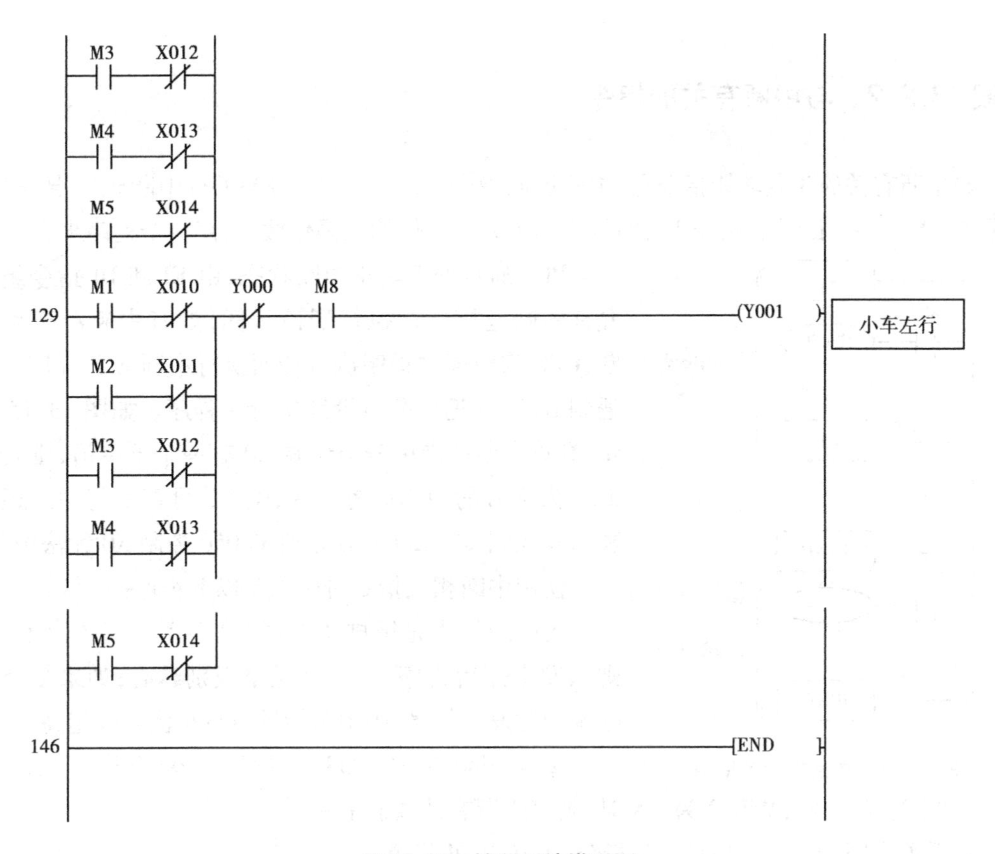

图13.13　控制系统梯形图

⑤自检。

⑥通电调试并观察运行结果。

【议一议】

你能用本次任务学到的知识,制作八位呼叫送料小车控制系统吗?

【知识拓展】

拓展13.2.1　取反传送指令

CML(D)CML(P)指令的编号为FNC14。它是将源操作数元件的数据逐位取反并传送到指定目标。如图13.14所示,当X0为ON时,执行CML,将D0的低4位取反向后传送到Y3—Y0中。

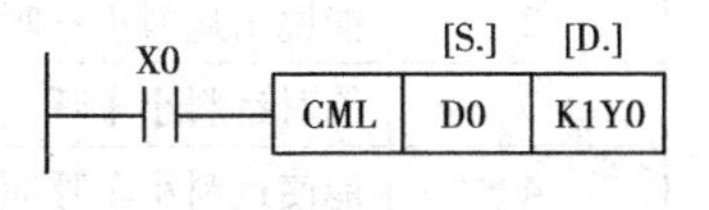

图13.14　取反传送指令的使用

使用取反传送指令CML时应注意以下两点:

①源操作数可取所有数据类型,目标操作数可为KnY,KnM,KnS,T,C,D,V,Z,若源数据为常数K,则该数据会自动转换为二进制数。

②16位运算占5个程序步,32位运算占9个程序步。

拓展 13.2.2 与中断有关的指令

与中断有关的 3 条功能指令是:中断返回指令 IRET,编号为 FNC03;中断允许指令 EI,编号为 FNC04;中断禁止指令 DI,编号为 FNC05。它们均无操作数,占用一个程序步。

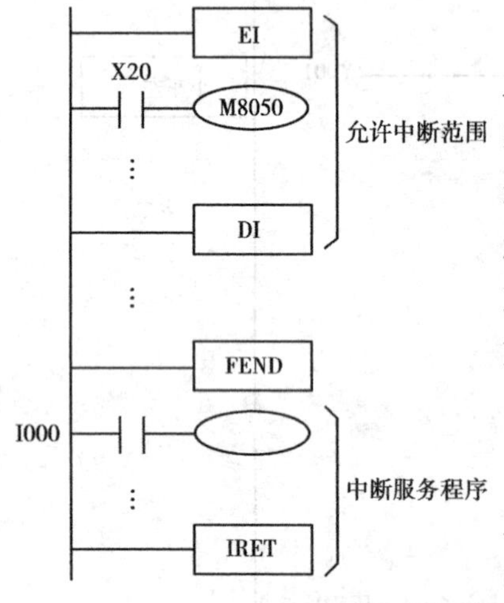

图 13.15 中断指令的使用

PLC 通常处于禁止中断状态,由 EI 和 DI 指令组成允许中断范围。在执行到该区间,如有中断源产生中断,CPU 将暂停主程序执行转而执行中断服务程序。当遇到 IRET 时返回断点继续执行主程序。如图 13.15 所示,允许中断范围中若中断源 X0 有一个下降沿,则转入 I000 为标号的中断服务程序,但 X0 可否引起中断还受 M8050 控制,当 X20 有效时则 M8050 控制 X0 无法中断。

使用中断相关指令时应注意以下 4 点:

①中断的优先级排队是:如果多个中断依次发生,则以发生先后为序,即发生越早级别越高;如果多个中断源同时发出信号,则中断指针号越小优先级越高。

②当 M8050—M8058 为 ON 时,禁止执行相应 I0□□—I8□□的中断;M8059 为 ON 时,则禁止所有计数器中断。

③无须中断禁止时,可只用 EI 指令,不必用 DI 指令。

④执行一个中断服务程序时,如果在中断服务程序中有 EI 和 DI,可实现二级中断嵌套,否则禁止其他中断。

【评一评】

物料运送小车呼叫送料运行控制系统安装任务评价表

学生姓名		日　期		自评	组评	师评
应知应会(80 分)						
序号	评价要点					
1	知道运料小车呼叫送料的状态流程(20 分)					
2	能说出运料小车呼叫送料的线路连接(20 分)					
3	能对运料小车呼叫送料控制进行编程(20 分)					
4	能使运料小车呼叫送料的运行到位(20 分)					
学生素养(20 分)						
序号	评价要点	考核要求	评价标准			
1	德育(20 分)	团队协作 自我约束能力	小组团结协作精神 考勤,操作认真仔细根据实际情况进行扣分			
整体评价						

参考文献

[1] 王国海. 可编程序控制器及其应用[M]. 北京:中国劳动社会保障出版社,2007.
[2] 杨少光. 机电一体化设备组装与调试[M]. 南宁:广西教育出版社,2009.
[3] 程周. 机电一体化设备组装与调试备赛指导[M]. 北京:高等教育出版社,2010.